复旦通识
Fudan General Education

复旦通识文库 · 文理学苑

U0303460

AI

ChatGPT

如何教人工智能
说人话？

徐英瑾　著

商务印书馆
The Commercial Press
创于1897

图书在版编目(CIP)数据

如何教人工智能说人话？ / 徐英瑾著. — 北京：商务
印书馆，2023
（复旦通识文库）
ISBN 978-7-100-23095-7

Ⅰ．①如… Ⅱ．①徐… Ⅲ．①人工智能—研究 Ⅳ.
①TP18

中国国家版本馆CIP数据核字（2023）第188264号

复旦通识文库

如何教人工智能说人话？

徐英瑾 著

商 务 印 书 馆 出 版
（北京王府井大街36号 邮政编码 100710）
商 务 印 书 馆 发 行
上海盛通时代印刷有限公司印刷
ISBN 978-7-100-23095-7

2023年11月第1版　　开本 700×1000 1/16
2023年11月第1次印刷　　印张 20

定价：98.00元

本书为中国社会科学基金项目"对于通用人工智能与特定文化风土之间关系的哲学研究"（编号 22BZX031）与国家自然科学基金项目"探索研究 AI 伦理对科研环境的影响"（编号 L2124040）的阶段性成果。本研究还得到浦江国家实验室的支持。

复旦通识文库
编委会

总　序

　　"通识教育"在中国大学方兴未艾，呈现出生机勃勃的万千样态，这无疑是中国大学教育自我更新的新起点。"通识教育"旨在关注人格的修养，公民的责任，知识的整全，全球的视野，为中华文明的承接与光大以及人类生存的共同命运承担起自身的责任。

　　"通识教育"是教育自我反思的积极产物，它要摆脱学生长久以来被动式学习的积习，摆脱教师"概论式知识传授"的惯性，摆脱大学教育教学与育人脱节的怪圈，从而回归教育的本质。"通识教育"注重培养学生的理论想象力、学术贯通力以及生活反思力，培养学生阅读、交流、写作的可迁移能力，促进学生学习全过程高度自觉的发展，为学生的终身学习奠定扎实基础，并在这个过程中牢牢把握"立德树人"的教育目标。

　　"通识教育"依托于专业教师的学术积累，同时需要教师自觉地克服专业视野本身的局限，以厚积薄发的学术精神，深入浅出的学科反思，生动活泼的教学方式帮助学生以更宽广的视野去探索、理解这个丰富多彩的世界，这无疑对教师的知识结构、理论修养、教学方法都提出了巨大的挑战。"通识教育"在中国也是教师自我挑战与成长的过程。

"通识教育"超越中国大学以院系为单位的基本格局，注重培育教师与学生之间的学术共同体生活。一方面，"通识教育"帮助学生树立超越专业的视野，使之能与不同学科的同学自由地交流与探索；另一方面，"通识教育"也推动教师跨越自身的学科边界，使高度专业化的教师建立"通识教育者"的身份认同，形成"通识教育"的教师共同体。

在"通识教育"改革探索的过程中，复旦大学率先在国内大学中提出"通识教育"的概念与原则。自2005年成立"复旦学院"至今，逐步形成了五大"住宿书院"与七大"核心课程"模块的复旦通识教育模式，并以此为载体全面构建了复旦"通识教育"的体系。我们的愿景日趋清晰，我们的路线更加坚定，我们的行动更加务实。

"复旦通识文库"是推进复旦乃至整个中国大学界"通识教育"的重要组成部分。通过复旦的创新实践及各高校的经验积累，借鉴世界卓越大学的优秀成果，中国大学的"通识教育"将形成自己的优秀传统，开创独特的教育路径，确立自身的价值标尺。文库拟定四大系列：

"文理学苑"："通识教育"扎根于文理学科的基础，教师在核心课程教学基础上完成独立的著述。这是服务于教学工作的学术著作。著述将围绕教学的核心内容，既有微观聚焦，又有宏观视野，既有学术知识，又有现实关怀；同时注重思想性与理论高度。通过这个系列，教师的课程内涵得以不断升华，教学成果得以逐渐积累，真正实现教学与科研的结合。

"译介系列"："通识教育"强调全球视野，努力将世界文明统序置于"通识教育"的考察之中。译著重视论题的历史脉络，强调理论视野与现实关切，在广泛的知识背景下深入对某一专题的认识。"通识教育"承载着文明的传承赓续与精神形塑，存亡继绝又返本开新。通过译介工作，我们希望为中国大学的"通识教育"提供更宽广的思想脉络和更扎实的现实感。

"论丛系列"："通识教育"既需要大学管理者的决策推动，也需要教师的持续努力，更需要学生的积极投入。"通识教育"发展的根本动力是大学管理者、大学教师与大学生们对"通识教育"的重要性及其使命的高度思想共识。大学"通识教育"的实践者们既是行动者，也是思想者。他们的思考永远是最鲜活的，其中既有老校长们对于"通识教育"高瞻远瞩的问题诊断、观念梳理以及愿景展望，也有广大教师针对具体课程脚踏实地的反思与总结，更有学者们对高等教育尤其是"通识教育"领域的精深研究。

"思想广角"："通识教育"是学生人格形成的场域，需要有鲜活多元的形态与样式。"思想广角"在一般的课堂之外，聚焦知识前沿与社会热点，最大限度地吸纳大学、知识界与社会的有识之士，反映劳育美育、行知游学等方面的实践与反思，协力拓展中国大学"通识教育"的深度与广度，形成"通识教育"的思想广角。

我们希冀这四大系列能够助力中国大学"通识教育"的发展，进一步凝聚共识，明确方向，扎实推进。惟愿"复旦通识文库"书系不断推陈出新，日月光华，旦复旦兮。是为序。

"复旦通识文库"编委会

目 录

导　论

关于人工智能，别上科幻影视的当

本书的主要讨论对象，乃是人工智能（Artificial Intelligence，以下简称为"AI"）的一个下属领域"自然语言处理"。但在切入这个具体的领域之前，在本"导论"中笔者还是想对 AI 的总体形象进行一番澄清，以便消除各种围绕"AI"这个概念的可能的误解，并由此为后续的讨论清理地基。

AI 虽然是一个具有高度技术集成性的学术领域，其商业运用的范围却非常广泛。由于二者之间的信息不对称，AI 在专业领域的"内部形象"与其在公众（包括政界与商界精英人士）心目中的"外部形象"之间往往有巨大的落差。而要减少这种落差，阐释活动的重要性就不容低估了。从信息哲学的角度看，优秀的阐释往往能够有效减少沟通双方的信息差；而从语言哲学的角度看，成功的阐释往往能够将被阐释对象的概念结构顺化为阐释接收方的理解能力所能把握的新概念结构。但需要指出的是，在人类的信息传播历史上，不少诠释方案也确实造成了不同知识背景的受众之间更多的误解，而对于 AI 概念的误解就是这方面的显著案例。

图 0-1 电影《大都会》海报

严格地说，"Artificial Intelligence"这个词是在 1956 年才出现的，而最早想到这个英文词组组合的乃是人工智能的元老级人物麦卡锡（John McCarthy）——至于这个词组本身，则通过同年举办的美国达特茅斯会议（Dartmouth conference）而被学界普遍确认。相较而言，与 AI 相关的公众形象竟然抢在 1956 年之前就进入民众的视野了。譬如，1818 年出版的西方第一部科幻小说《弗兰肯斯坦》（*Frankenstein*）就设想了用电路将不同的尸体残肢拼凑成人工智慧体的可能性；而在 1920 年上演的科幻舞台剧《罗梭的万能工人》（*Rossum's Universal Robots*）中，"人造人"的理念再一次被赋予形象的外观。至于在 1927 年上映的德国名片《大都会》（*Metropolis*）中，一个以女主人公玛丽娅面目出现的机器人，竟然扮演起了工人运动领袖的角色（图 0-1）。而科幻作家阿西莫夫的名篇《我，机器人》（*I, Robot*）也是在 1950 年出版的（其中有些篇章是 1940 年代写就的），其时间也要早于对 "AI" 予以正名的达特茅斯会议。

读者可能会问：为何一种以技术样态面向公众的诠释方案，反而会比该技术样态本身更早出现呢？这一貌似奇怪的现象，其实是由 AI 自身的特殊性所导致的。AI 的技术内核虽然艰深，但"模拟人类智慧"这一理念本身却并不晦涩。因此，该理念就很容易被一些敏锐的思想先驱者转化为一些艺术形象，由此形成对于技术形态本身的"抢跑"态势。此外，专业的 AI 科学家其实本来也就是普通公众，他们之所以能够对 AI 产生兴趣，在相当程度上便是受到了大众文化对于 AI 的想象的激发。然而，需要注意的是，此类想象所带来的惯性，却在 AI 真正诞生之后继续引导大众对于 AI 的认识，并在相当程度上偏离了 AI 业界发展的实际情况。由此所导致的情况是：直到今天，不少公众对于 AI 的认识都是由关于 AI 的科幻艺术作品所带来的。而此类科幻艺术作品本身对于 AI 技术实质的有意或无意的误读，则又进一步扩大了专业的 AI 研究圈与外部公众之间的信息不对称性。

本导论试图对在全世界范围内比较有影响的一些科幻影视作品对于 AI 的错误阐释进行归类，并对此类误解对于公众的误导进行大致的评估（至于为何要以影视作品为主要聚焦点，也主要是因为在今天科幻影视的受众影响力要大于科幻文学作品）。而此类研究也能为我们提供一些具体而微的案例，让我们发现基于人文主义精神的文艺作品在诠释科学产品时可能遭遇的一些一般性问题。

一　以人工智能为主题的科幻影视之基本要素间的冲突

在本节中，笔者试图对以 AI 为主题的科幻影视作品的一般特征进行分析，以便为后续的讨论提供基础。从概念上说，以 AI 为主题的影视作品具有三个属性：（甲）作为影视作品，它们必须满足一般剧情片所应当满足的一些形式条件；（乙）作为科幻作品，它们应当承担起一定的科普任务；（丙）它们必须将 AI 视为故事的核心要素。不过，笔者将立即试图指出，这三个要素之间其实是有逻辑冲突的。

先来看（甲）。众所周知，今日的影视剧无疑是传统戏剧的直接后裔，因此，影视创作的基本规律其实是脱胎于戏剧理论的。按照亚里士多德在《诗学》中提出的观点，戏剧本身乃是为抽象的理念提供了具体的展现方式——譬如，莎翁笔下的李尔王就为"心肠虽善，却不分忠奸"这一抽象标签提供了感性的形象参考。很显然，戏剧人物生动与否乃是这种感性的形象能否成功的关键，否则，过于单薄的人物设计会造成"纸片人"的观感，最后使得观众无法共情。这一普遍文艺创作规律对于科幻作品依然适用。优秀的科幻作品往往能够将特定戏剧人物的形象刻画得丰满动人，如《火星救援》（*The Martian*）中被孤身留在火星的宇航员马克·沃特尼的复杂心理活动，《重返地球》（*After Earth*）中本有情感裂痕的父子在充满怪兽的地球上重新修补亲情的过程，以及《盗梦空间》（*Inception*）中盗梦师柯布对于妻子之死的沉重负罪感，都给观众留下了深刻的印象，并由此提升了观众的观影体验。

再来看（乙）。虽然科幻作品本身分为"软科幻"（即受到科学知识约束较少的作品）与"硬科幻"（即受到科学知识约束较多的作品），但"与特定的科学设定相关"依然是科幻作品的本质规定性——而正是这一规定性将其与一般文艺作品加以区隔。需要注意的是，由于科学原理相对抽象，将其加以感性阐释的难度也就比较大。一般会用到的影视阐释技巧，乃是通过剧中科研人员的叙说来展现相关科学原理（如在《侏罗纪公园》[*Jurassic Park*]中科学家向公众解释通过剪辑两栖类的基因片段修复恐龙基因的可能性），或将某个科学理论所预报的自然过程在荧幕上完全展现出来（如《后天》[*The Day After Tomorrow*]对于全球灾变的令人难忘的视觉重构）。

最后来看（丙）。从表面上看来，与 AI 相关的科幻影视作品仅仅是将科幻影视的主题置换为 AI 而已。殊不知，恰恰是这样一种置换，导致了因素（丙）自身与因素（甲）（乙）之间的复杂连锁反应。具体而言，这些反应有：

第一，（丙）与（乙）之间产生了冲突。具体而言，AI 的内部原理相当数理化，无论是符号 AI 系统的内部推理过程，还是深度学习算法的内部架构，都牵涉到很多无法被影视化的技术细节。同时，此类细节也很难被镶嵌到人物的对话之中，成为剧情的有机组成部分。一个可以与之类比的例子是：讲述博弈论大师纳什故事的传记电影《美丽心灵》（*A Beautiful Mind*），几乎也没怎么谈他的数学研究本身，而是花费大量时间去讲述主人公是如何与精神分裂症做斗争的。从这个角度看，AI 自身科学内容的艰深性，本就使得 AI 的硬核内容不容易成为科幻电影的科普内容。然而，也正是（丙）与（乙）之间的这种冲突，反而促进了下面这种情况——

第二，（丙）与（甲）产生了合流。我们前面已经提到，AI 有两个面向：硬核的技术面向与大众心目中的 AI 形象。前一个面向涉及的是那些繁复的算法与精密的电路，而后一个面向所涉及的则是机器人的外观。既然将前一个面向镶嵌到影视作品中乃是不合适的，那么，影视剧创作者就会立即转向对于 AI 公众形象的挖掘。需要注意的是，由于机器人与真人之间高度的可类比性，这种转向就会导致一个在以 AI 为主题的科幻影视作品中屡见不鲜的现象：机器人本身成为一个戏剧人物，并且被赋予了一些特定的性格特征甚至价值观。然而，这样的操作立即会导致下面的问题——

第三，（丙）与（甲）之间的合流反过来加大了（丙）与（乙）之间的冲突。这也就是说，由于被赋予人类特征的 AI 戏剧"人物"在技术设定上完全脱离了目前的 AI 实际研究水平，这样的影视作品的实际科普价值已经非常可疑。同时，也正因为这一点，此类作品相当严重地误导了公众对 AI 的认知。

下面，笔者就将向读者展现：以 AI 为主题的主流科幻影视作品对 AI 的技术状态，究竟在哪些方面，做出了哪些错误的阐释。

二 主流科幻影视作品对于人工智能的三大误解

笔者将主流科幻影视作品对于 AI 技术实质的误解分为以下三类：

误解一：AI 的典型出场样态乃是人形机器人。比如，在电影

《人工智能》(*AI*)中，主人公小戴维就是一个标准的人形机器人，其外貌与一般的美国小朋友没有任何两样。在电视剧《西部世界》(*Westworld*)中，整村整镇的机器人都被做成了美国西部牛仔的样子。日本电影《我的机器人女友》(『僕の彼女はサイボーグ』)亦是按照类似的思路将机器人设计成了一个美女的模样。

从影视创作的角度看，将 AI 设计成人形机器人有三点好处：(甲)这样做可以让真人演员直接扮演机器人，由此省略制作真机器人的道具成本；(乙)人形机器人的表情与动作更容易引发观众的共情；(丙)人形机器人更容易与真人产生戏剧冲突，由此推进剧情发展。但从 AI 的技术实质上看，这样的做法是多少有点误人子弟的。相关的误解建立在如下三个预设之上：

预设（甲）：AI 与机器人是一回事。澄清：AI 与机器人本就是两个不同的学科，遑论人形机器人研究。严格来说，AI 的研究任务是编制特定的计算机程序，使得其能够模拟人类智能的某些功能——譬如从事某些棋类游戏。很显然，这样的智能程序仅仅具备一般商用计算机的物理外观，而未必具有人形机器人的外观。与之相比，机器人的建造乃是"机器人学"的任务，而机器人学所涉及的主要学科乃是机械工程学、电机工程学、机械电子学、控制工程学、计算机工程学、软件工程学、资讯工程学、数学及生物工程学——在其中，AI 并不扮演核心角色。当然，AI 与机器人技术的彼此结合的确会得出更有趣的工程学应用案例，但是这并不意味着二者在概念上是一回事。

预设（乙）：机器人就应当采纳人形机器人的形式。澄清：即使是机器人，也往往不采用人形机器人的外观设置。以世界上第一台全自动机器人"Unimate"为例：该机器人在美国新泽西州尤英镇的内陆费希尔向导工厂(Inland Fisher Guide Plant)的通用汽车装配

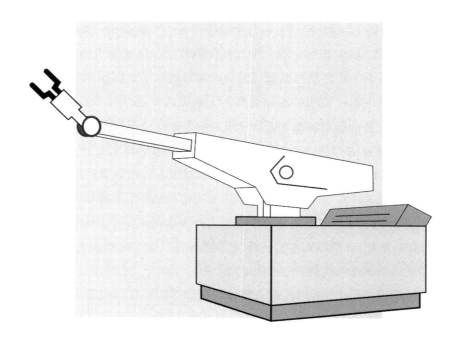

图 0-2　工业机器人 Unimate 略图

线上承担了从装配线运输压铸件并将这些零件焊接在汽车车身上的工作。在经过特定调试后，这个机器人也能将高尔夫球打到杯子里，并会倒啤酒。但这台机器人并没有类似人类的眼睛、嘴与皮肤。此台机器唯一类似人类肢体之处，仅仅是一个机械臂，以及臂端的一个简易抓举设施（参考图 0-2）。由此不难想见，就像我们可以设想只具有一个机械臂的机器人一样，我们自然也可以设想机器人被做成很多别的形状，比如鱼形与鸟形。

　　预设（丙）：人形机器人乃是智能或者灵魂的天然载体。澄清：人类其实是具有"万物有灵论"的心理投射倾向的，即会将很多具有动物或者人形的非生命体视为有灵魂者。孩童喜欢对卡通塑料人偶自言自语便是明证，而这种心灵倾向也在成人的心理架构中得到了保留。在心理学文献里，这种心理倾向被称为"人格化"（personification）或者"人类化"（anthropomorphization）。已经有文献指出，这一心理倾向有助于那些缺乏真实社会关系的人通过对于物体的"人化"而获得代偿性的虚拟社会交往，由此克服孤独。[1] 而利用这一心理机制的广告商也能由此将产品包装的外观设计得具有人形外观，以获取消费者的好感。[2] 需要注意的是，激发人格化的心理倾向运作的门槛是很低的：只要对象看上去有点像人就可以了。这也就意味着，就科幻影视的观影体验而言，只要影视主创方将相关的机器人设计得像人，这样的视觉输入就会顺利激发观众的人格化倾向，由此自主赋予这样的机器人以智慧与灵魂。但这样的一种讨巧的做法却在实际的 AI 研究中完全行不通。具体而言，要赋予一个实际的 AI 体以任何一种实际的操作功能，都需要编程者在后台付出巨大的努力。很显然，以 AI 为主题的科幻影视往往会忽略这些辛劳的存在，好像 AI 的智慧是某种唾手可得之物。这自然会在相当程度上使得公众对 AI 的技术实质产生误解。

误解二：AI 可能具有人类所不具备的全局性知识，即所谓的"上帝之眼"，以此实现对于个体人类的压迫。 譬如，在系列科幻电影《生化危机》（*Resident Evil*）中，保护伞公司的幕后操控者竟然是一个叫"红皇后"（Red Queen）的超级 AI 体：她（之所以叫"她"，

1　Nicholas Epley, Scott Akalis, Adam Waytz & John T. Cacioppo, "Creating Social Connection through Inferential Reproduction: Loneliness and Perceived Agency in Gadgets, Gods, and Greyhounds", *Psychological Science*, vol. 19, no. 2 (Feb., 2008), pp. 114-120.

2　E. Lyashenko, N. Ruchkina & T. Voronova, "Personification as a Means of Psychological Influence in Russian Furniture Advertising", in N. L. Shamne, S. Cindori, E. Y. Malushko, O. Larouk & V. G. Lizunkov (eds.), *Individual and Society in the Modern Geopolitical Environment*, vol. 99, European Proceedings of Social and Behavioural Sciences, European Publisher, 2020, pp. 592-597.

是因为该 AI 体在片中被赋予了一个小女孩的外观）能够预知以主人公爱丽丝为首的人类团体的行动；而且，她为了保护伞公司的利益，会毫不犹豫地杀死大批无辜的群众。无独有偶，在电影《我，机器人》中，也有一个叫"薇琪"（VIKI）的超级 AI 体，她（这又是一个具有女性外观的超级程序）经过反复计算之后，得出了一个十分恐怖的结论：只有消灭一部分人类，才能使人类的整体得到更好的发展。她甚至将这个骇人听闻的计划称为"人类保护计划"。

从戏剧冲突的角度看，AI 体在这些影视作品中所具有的全局性的冷酷视角，与人类个体所具有的局部性的（但同时却更具温情的）视角构成了鲜明的对照——而这种对照本身就具有很强的戏剧要素。同时，相关影视主创人员对于 AI 体的设想也满足了一部分观众对于 AI 的设想：AI 虽然缺乏情感，但是在计算能力方面却是超越人类的。所以，AI 能够比人类更清楚何为"大局"——尽管这并非个体人类所希望接受的"大局"。

但上述印象乃是建立在对于 AI 很深的误解之上的，因为超强的计算能力并不意味着对于全局知识的把控。实际上，任何一个智能体若要把握这样的全局知识，还需要一个针对所有问题领域的超级知识图谱，而该知识图谱往往是人类智慧的结晶。举个例子来说：如果你要计算一枚导弹在各种复杂的空气环境中的轨道变化情况，你首先得有一个合理的空气动力学框架（该框架无疑是来自学术共同体的长期知识积累），并在该框架中设置大量的参数——至于如何计算这些参数，则是下一步才要考虑的问题。而在开放性的问题解决场域中，若要建立一个合适的知识图谱，此项任务甚至对于人类建模者来说也是充满挑战的。譬如，在面对所谓的"电车难题"[1]

---

1 该思想实验的原始提出者乃是福特（Philippa Foot），相关文献有：Philippa Foot, "The Problem of Abortion and the Doctrine of Double Effect", *Oxford Review,* vol. 5, 1967, pp. 5-15。

时，对于该问题的任何一种比较稳妥的解决方案都需要解决者预设一个特定的规范伦理学立场（功利主义的，义务论的，或是德性论的）——而众所周知，我们人类暂且没有关于这些立场之短长的普遍一致的意见。这也就是说，不存在一个用以解决"电车难题"的统一观念前提，遑论在这一前提下去构建统一的知识图谱。从这个角度看，作为人类的智慧转移形态，任何 AI 体也不能超越人类目前的智慧上限，就所有问题的解决方案给出一个毫无瑕疵的知识图谱。

　　基于上述分析，我们不妨再来审视《我，机器人》里"薇琪"的结论——杀死一部分人类以保护人类整体的利益是合理的。她得出这一结论的推理过程是：人类的过度繁衍已经影响了地球的安全，所以，必须清除一部分人类以便为更多的人类预留出生存空间。很显然，她得出这个结论的知识框架是建立在某种粗暴的计算方式之上的：将每一个人都视为一个消费者，并且以此为分母，让其平分世界既有的资源总量，最后得出"资源不够分"。而在这个知识框架中被忽略的因素有：（甲）人类不仅是消费者，同时也是生产者，因此，人类有目的的劳动能够使得世界的资源总量增加；（乙）即使目前世界人口太多，也推不出未来人口会继续增多，因为我们必须考虑人口老龄化所导致的人口萎缩问题；（丙）"人类"内部有复杂的社会共同体结构分层（国家、民族、地方共同体、家庭，等等），因此，不存在某种将所有人的乡土背景信息加以消声后的针对全人类的生存机会再分配方案。反过来说，如果有人硬是要将所有这些参数都放在一个超级平台上予以思考的话，他就必须放弃某种全局式的上帝视角，而不得不在种种彼此冲突的立场中进行选择（譬如，在基于不同民族国家利益的不同出发点之间进行选择）。但这样的计算方案显然会固化特定人类团体的偏私，并由此激化不同人类团体之间既有立场的冲突——而不会像主流科幻电影所展现的那样，仅仅激化毫无社会背景的**全体** AI 体与**全体**人类之间的冲突。

误解三：AI 很容易就具备与人类进行顺畅语言与情感沟通的能力。从表面上看，这一误解的具体内容是与上述一条相互矛盾的，因为根据前一条误解的内容，AI 应当是缺乏情绪的。但需要指出的是，由于在主流科幻影视中 AI 已经被人格化，所以，就像影视剧中的人类角色有善恶之分一样，AI 角色自然也有善恶之分。而对那些"善良"的 AI 角色来说，预设其具有与人类共情与交流的能力，乃是主流科幻影视的标准操作模式。比较典型的案例有：在电影《人工智能》中，机器人小戴维不但能够立即学会英语，而且还热烈地渴望能够得到人类母亲真正的爱；在动画电影《超能陆战队》（*Big Hero 6*）中，充气机器人大白成为了人类小伙伴最值得信赖的"暖男"；在电影《她》（*She*）中，男主人公竟然在与 AI 系统 OS1聊天的过程中爱上了这个聊天软件；在系列电影《星球大战》（*Star Wars*）中，礼仪机器人 C-3PO 的人际交流能力甚至远远超过人类：按照剧情设定，它能够翻译 3 万种星际语言，并凭借这个本领帮助人类主人在复杂的星际外交活动中游刃有余。

在科幻影视的场景中预设 AI 体具有流畅的"人 - 机"交流能力，显然对推进剧情大有裨益。不过，从客观角度看，以上影视作品所呈现的人机一家的美好图景，都已经远远超出了目前主流 AI所能实际提供的技术产品的水平。相关评判理由有二：

第一，机器与人类之间的顺畅交流能力，显然首先是建立在"自然语言处理"（Natural Language Processing，简称 NLP）技术之上的。目前，这种技术最重要的商业应用乃是机器翻译（machine translation）。不过，目前主流的建立在深度学习路径上的 NLP 技术并不像科幻电影描述的那么成熟。传统的深度学习程序采用的乃是监督式的学习方式：这种学习方式需要程序员对所有的语料进行辛苦的人工标注，编程成本很高（顺便说一句，人工标注的意义在于：计算机能够借此了解到语料处理的标准答案究竟是什么）。近年来随着互联网上语料的增多，NLP 的研究更加聚焦于非监督式学习和半监督式学习的算法。不过，虽然这些算法能够大大减少人工标注的工作量，但由于失去了人类提供的标准答案的校准作用，此类系统的最终输出的错误率也会随之上升。而要弥补这一缺陷，除了提高输入的数据量别无他法。由此不难看出，主流的 NLP 产品技术水平的提高，是高度依赖训练数据量的扩容的。这也就反过来意味着：这种技术无法应对语料比较少的机器翻译任务，特别是对于缺乏网络数据支持的方言语料与某些个性化的口头禅的处理任务。然而，根据人际交往的常识，对于特定方言与口头禅的熟悉，乃是迅速在对话中拉近人际关系的不二法门。这也就是说，按照现有的技术，我们很难做出一个能够像《她》中的 OS1 系统那样可以自由地切换各种英语口语而与人类进行交谈的软件——遑论像《星球大战》中的 C-3PO 那样精通 3 万种语言的机器语言学家（实际上，目前的 AI 技术甚至都很难应对地球上的很多缺乏相关网络数据的冷门语言）。

第二，虽然情绪交流乃是人际交往的重要方面，但要在 AI 体中实现一个可以被算法化的情绪机制，其实是非常困难的。此项工作需要 AI 专家从认知心理学那里先去提取一种足够抽象的关于情绪生成的理论，然后再设法将其实现于计算机的载体。其中，哪些关于情绪的心理学要素是仅仅对人而言才是有意义的，哪些要素则是能够通用于 AI 与人类的，则需要逐项鉴别。实际上，目前主流 AI 能够做的事情，并不是让自己变得具有情绪，而是如何鉴别人类的情绪。比如，从 1995 年开始，美国麻省理工学院就开始了一个叫"情绪计算"(affective computing)的项目[1],其主要思路就是通过搜集从摄像机、录音笔、生理指标感知器中得到的关于人类行为的种种数据,判断相关人类究竟处于何种情绪之中。不过,计算机借以做出这种判断的算法基础依然是某种样式的深度学习机制:就深度学习的有监督学习版本而言,人类标注员需要对每张人脸图片的实际情绪状态进行语言标注,然后以此为样本,慢慢训练系统,使得其也能随之掌握将人脸与特定情绪标签联系的一般映射规律。不过,需要注意的是,由此完成训练的系统即使能够精准地对人脸表达的情绪进行识别,它们自身也是没情绪的:一台能够识别出快乐表情的机器人没有一天自己是快乐的,而且,它们也不知道人类为何会感到快乐。这样的 AI 产品是很难产生与人类之间的真正共情的,遑论在理解人类的真实情感动机前提下与人类展开深层的精神交流。

从本节完成的讨论来看,以 AI 为主题的主流影视作品其实是向观众全面掩盖了这样一个真相:现在的主流 AI 技术其实并不能支持那些在影视中展现出来的信息处理能力。当然,对于未来科技的适当幻想乃是科幻影视作品的天然权利——但需要注意的是,几乎所有以 AI 为主题的主流影视作品都没有向观众解释清楚,未来的 AI 专家究竟将沿着怎样的技术路径才能兑现影视主创者在影片中提出的技术许诺。与之相较,以生物学为主题的科幻电影(如《侏罗纪公园》)以及以生态学为主题的科幻电影(如《后天》),对于其所涉及的科学主题的介绍要深入很多,遑论像《地心引力》(*Gravity*)与《火星救援》这样大量基于真实航天科技知识的"硬科幻"作品。笔者下面就要证明:恰恰是因为真正的 AI 知识在主流科幻作品

---

1 Rosalind W. Picard, "Affective Computing: Challenges", *International Journal of Human-Computer Studies*, vol. 59, isu. 1–2, (July 2003), pp. 55-64.

中如此稀疏，这些影视作品的传播，其实是加剧了公众对于 AI 的种种错误理解。

三　影视界对于人工智能的误读的外溢

由于影视剧在现代传媒体系中的优势地位，以 AI 为主题的主流科幻电影，在相当程度上塑造了公众对 AI 的印象，并使得相关影视主创者对于 AI 的错误阐释外溢后导致全社会的误读。这些误读包括：

第一，与科幻电影创作者对于人形机器人的青睐相对应，关于人形机器人的出镜新闻亦更容易得到公众的高度关注。以"汉森机器人公司"（Hanson Robotics）设计的名噪一时的人形机器人"索菲亚"（Sophia）为例：这是一台以好莱坞大明星奥黛丽·赫本的外貌为基准进行外貌设计的机器人。"她"能够与人类进行对话，并与此同时展现出相对自然的人类表情。借助其可人的外表所激发的公众的"人格化心理效应"，"她"在 2016 年第一次于公众前露面之后，迅速获得了主流媒体的大量报道。"她"还在 2017 年获得了沙特阿拉伯的公民权，由此成为世界上第一台获得主权国家授予正式公民权的机器人（参见图 0-3）。

尽管如此，索菲亚的技术实质，无非就是人形机器人与下述技术的结合：（甲）针对人类语音输入的语音识别技术——此项技术的实质，便是将人类带有各种口音的话语都处理成机器能够处理的标准格式。（乙）针对已经被标准化的文本信息的"聊天机器人"（chatterbot）技术——该项技术的实质，就是一个通过文字信息的交换而与人类进行聊天的 AI 程序。（丙）语音综合技术——此项技术的本质，便是将在上述环节中被处理过的文本信息重新变成带有抑扬顿挫的语音信息，并将这些信息从机器人的扬声器中发出。

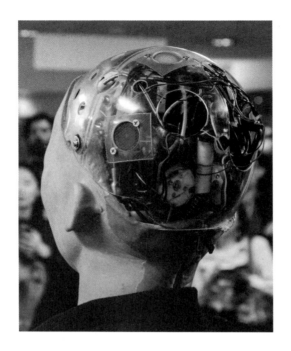

图 0-3 人形机器人索菲亚

　　需要注意的是，大多数对于索菲亚的新闻报道，都没有如实呈现如下事实：如上三项技术都未达到真正人类智能的水平。譬如，（甲）技术与（丙）技术的主要实现方式乃是深度学习——换言之，系统必须通过对于大量关于标准文本与相关语音之间关系的样本学习，才能自行对相关数据进行合理的标注。与之相较，人类则可以通过简单的学习迅速把握某种标准语的方言（譬如，一个北京人不需要太多的训练就能听懂四川话；一个东京人不需要太多的训练就能听懂大阪方言；一个纽约人不需要太多的训练就能听懂英式英语；等等）。至于技术（乙），其实在 AI 发展中有着漫长的历史，至少可以上溯到 20 世纪 60 年代出现的程序"伊莱莎"。而此项技术的传统实现方式所自带的缺陷也是很明显的：相关系统只能对特定范围内的话题进行应对，而无法应对"超纲"的话题（例如系统只准备好了与用户谈天气的程序，用户就不要指望它能与你讨论哲学）——而在这个问题上，人类的表现显然要好于"聊天机器人"（因为人类可以通过某种更一般性的推理方式来获得新领域的知识）。

按照上述的分析，沙特政府授予索菲亚公民权的做法显然只有"博噱头"的意义，因为索菲亚完全不具备一个合格的公民所需要的理解力、推理力、感知力与行动力。但是，媒体对于此类事件的大量报道，却掩盖了索菲亚的真正技术实质，由此促使公众低估了仿人机器人技术与真正的通用人工智能技术之间的技术差距。而这种误导机制，与以仿人机器人为主角的科幻电影所体现的对于公众的误导机制，其实是如出一辙的。

第二，与科幻电影对于 AI 全局思维力的夸张相对应，现在的新闻界都会倾向将 AI 在某些方面对于人类的胜利描述为机器对于人类整体的胜利。以"深度思维"（Deep Mind）公司的产品"AlphaGo"（阿尔法围棋）程序为例：AlphaGo 是第一个击败人类的职业围棋选手、第一个战胜围棋世界冠军的 AI 程序，由谷歌（Google）公司旗下"深度思维"公司开发。2016 年 3 月，通过自我对弈数以万计盘进行练习强化，AlphaGo 在一场五番棋比赛中以 4：1 的成绩击败顶尖职业棋手李世石，成为第一个不借助让子而击败围棋职业九段棋手的电脑围棋程序，引发了媒体广泛报道。五局赛后韩国棋院授予 AlphaGo 有史以来第一个"名誉九段"的称号。2017 年 5 月23—27 日在中国乌镇围棋峰会上，最新的强化版 AlphaGo 在和世界第一棋手柯洁比试、配合八段棋手协同作战、与五位顶尖九段棋手对决等五场比赛中，均获取 3：0 全胜的战绩。在与柯洁的比赛结束后，中国棋院为 AlphaGo 颁发职业九段的证书。

　　媒体对于 AlphaGo 的高度关注，显然与人类对于 AI 的某种期待有关——既然 AI 被认为是对人类智慧的模仿，那么，最先进的 AI 就应当有能力模仿人类智慧中最具代表性的一些部分——而下围棋的能力便是一种在东方文化中被高度推崇的理智能力。需要注意的是，虽然与前面提到的索菲亚不同，AlphaGo 并不具备人形的身体（并因此并不与主流科幻电影的 AI 主题的演绎方式直接相关），但是"深度思维"公司对于此项技术的呈现方式依然带有很强的"影院效果"。譬如，该公司安排全网直播柯洁在 2017 年与 AlphaGo 于浙江乌镇对决场面的做法，本身就具有很强的戏剧效果：虽然观众不可能看到 AlphaGo 的表情，但是，通过观察柯洁的表情，观众的"人格赋予倾向"会自然被激活，好像柯洁与之斗争的乃是一个真正的人，或至少是人类智能体。

　　然而，从技术实质上看，AlphaGo 在本质上无非就是深度学习技术与"蒙特·卡洛树形搜索"（Monte Carlo tree search）技术的结合。"蒙特·卡洛树形搜索"技术本身乃是一种相对传统的逻辑空间搜索技术，而深度学习在这里扮演的角色是：系统能够通过它来模拟人类棋手对于大棋局的宏观感知能力，由此指导上述搜索机制在特定的逻辑空间中更仔细地进行棋局搜索，最终节省系统的运作资源。不过，尽管如此，与一般的深度学习技术一样，AlphaGo 所使用的深度学习技术也很难在不被重新编程的情况下自动拓展到与围棋无关的新的数据领域——与之相比较，人类大脑却能在非常不同的领域之间做到举一反三。因此，作为棋类专用系统的 AlphaGo 是很难被升级为真正的通用人工智能系统的。此外，由于棋类活动本身是一种被高度定义化的活动（譬如，关于何为输赢，各种棋类游戏规则都有清楚的规定），我们也很难说这种技术一定能够被运用到那些缺乏清晰定义的人类活动之中。然而，正如主流科幻电影没有清楚地向公众展示现有 AI 技术的种种不足之处一样，主流媒体对于 AlphaGo 技术的上述缺陷的报道也是相对不足的。

　　第三，与科幻电影对于"AI 压迫人类"的戏剧化场面的刻画平行，现在有不少人都对全自动开火的 AI 武器抱有过分的担心——对于此类担心最典型的建制化产物，便是在国际上小有名气的"禁止杀人机器人研发运动"（Campaign to Stop Killer Robots）[1]。不过，从观影体验丰富的科幻电影观众的视角视之，此类运动的支持者对于"杀人机器人"的一般理解方式，无非就是依据电影《遗落战境》（*Oblivion*）中全自动化无人机的展示形态来进行的：与现有的遥控无人机不同，这些无人机可以在人类操控员不介入的情况下完成对于目标的侦察、识别与攻击，而这些特征自然使得那些被其追杀的目标人类很难逃脱噩运（耐人寻味的是，在这部电影中，此类无人机是为邪恶一方服务的，而代表正义的人类反抗军则缺乏与之匹配的装备。由此可以看出电影主创者对于自动开火无人机的消极态度）。无独有偶，在禁止杀人机器人研发运动支持者的标准叙事中，此类将 AI 技术与军事技术对标的企图也被打上了负面的道德标签。在他们看来，此类结合所导致的技术产物已然完全排除人类的自由意志在"扣动扳机"这一最后环节中所起到的作用，而这一点就必然会导致机器对于"人性"的压迫——因为用纯然的机器杀死人类这一做法本身，就是纯然泯灭人性的。

　　然而，依笔者之见，这样的推断，其实已经是片面地高估具备自动化开火能力的 AI 系统的"自动化"程度，并在这种高估的基础上片面夸张了人类与机器的对立。实际上，即使未来的无人机达到了能够自动开火的技术高度，其飞行范围与候选攻击目标依然是

---

[1]　该运动的网站是：https://www.stopkillerrobots.org/。

由人类拟定的，因此，我们切不能说人类指挥官的意志因素已经在此类兵器的开火因果路线中完全缺失了。而且，在现代战争中，无人机首先要摧毁的目标毕竟是敌军的装备（如坦克、装甲车、火炮、雷达站，等等），而之所以这种打击会带来人员的伤亡，也仅仅是因为这些装备本身往往是有人操控的。因此，"杀人机器人"这个名号本身也是多少有点误导人的，"装备毁伤机器人"这个名号恐怕会更名副其实一点。从这个角度看，即使未来能够自动开火的 AI 军事装备真的得以问世，这些装备也会被整合到特定人类武装组织的整体架构中去，而不会另成一类，与人类整体进行对抗。当然，上述的分析无法在逻辑上排除下面这种担忧：某些装备了此类先进武器的国家会在国际军事竞争中获得过大的优势，由此导致国际军力的失衡——但这种担忧所涉及的，毕竟还是人类群体之间的关系，而非人与机器的关系。此外，即使是这种担忧，也不能被过于放大，因为除了能够自动开火的武器之外，能够拉大军事强国与弱国之间技术差距的武器种类何止上百种（如高性能卫星、高超音速导弹、电子作战干扰设备，等等），因此，将批判的注意力过多集中在能够自动开火的武器之上，也缺乏基于军事学的充分理由。

另外，需要注意的是，那种类似电影《生化危机》中"红皇后"的能够通过全局推理而自动开启各种武器的超级 AI 系统，完全超越了目前的 AI 发展现状，因此，当前我们根本不用担心它们的出现所可能导致的伦理问题。而且，在可以预见的未来，我们也很难设想有任何组织会有动力去研究一种完全不在人类控制范围之内的自动开火系统。

小结性评论

影视媒介对于 AI 的形象刻画，具有明显的双刃剑效应。一方面，AI 的确通过相关科幻电影的广泛传播而获得了更为广泛的公众知名度，并因为这种传播学效应间接获得了更多的在商业与行政方面的支持——但在另一方面，在特定艺术规律与心理学规律指导下的 AI 形象刻画，也往往会偏离 AI 的技术实质，引发公众形成对于 AI 的不必要的期望，或是激发公众对其产生不必要的恐慌。而对于 AI 系统与人类对话能力的过高期望，便是基于影视传播而导致的此类误解中非常典型的一种。

现在，既然误解业已被澄清，下面就让我们正式切入"如何让 AI 说人话"这个主题吧。

第一章

现在的人工智能，尚且不能"说人话"

从本章起，笔者就将切入主题，即从哲学角度讨论人工智能中的"自然语言处理"问题。说得通俗一点，笔者想从哲学角度讨论这样一个问题：如何让人工智能"说人话"？

不过，本书的题目，似乎已预设了"是否能说人话"乃是评判人工智能水准的重要标准。但为何要这么说呢？此外，目前人工智能的发展水平，是否已经能够满足"说人话"这一需求了呢？还有，为何这样的考察需要从哲学角度入手呢？

本章就将一一来解答这些问题。

一 为何让机器"说人话"很重要？

概而言之，所谓"人工智能"（下文简称为"AI"），就是用计算机技术提供的技术手段，对人类智能进行模拟或部分模拟的一门学科。而人类智能活动的一个非常重要的面向，就是"会说话"，也就是某种根据在特定语言共同体里通行的词汇表与语法，进行灵活的思想交流的能力。这种意义上的能力无疑是高等智慧生物之"智慧性"的重要指标，而且在我们已知的范围内，人类的确是唯一具备这种能力的物种（当然，这并不是说诸如鹦鹉或者黑猩猩之类的生物无法掌握人类词汇中的一部分，也并不是说它们没有特定物种内部有效的信息交流模式——然而，的确没有足够扎实的证据表明：它们能够像人类那样，通过不同的句法组合方式，创生与理解大量在内容上与其直接生存环境无关的语言表达式）。换言之，如果"会说话"乃是将人类智能与动物智能区分开来的最重要的指标之一，那么，完整意义上的 AI 显然也应当具备这种特征。由此我们就能立即得出这样的结论：对于 AI 研究来说，让计算机能够"说人话"，就将具有如下的重要理论意义——这样的一项工作，将帮助我们从"人造认知架构"的角度理解语言能力在一个智能体系中所占据的地位，并由此夯实 AI 研究与广义上的认知科学之间的联系。

而换个角度看，让 AI "说人话"的科学与工程学努力前进，也会带来丰厚的实践红利。很显然，如果经过特定编程的计算机也能够理解人类的语言的话，这些机器就能直接参与人类的信息交流活动，并由此成为人类工作与生活中的好帮手。概而言之，能够"懂人话"的人工智能机器所能胜任的工作将包括（但不局限于）：

（甲）电子邮件处理。譬如，在面对海量的电子邮件的时候，你会希望你的 AI 助手能够通过对于邮件内容的分析，鉴别出哪些邮件是需要迅速处理的，哪些则可暂缓处理，由此提高你的办公效率。

（乙）自动生成阅读摘要。譬如，如果有一篇文章实在太长，让你觉得无法迅速通读，你便会希望你的 AI 助手能够迅速形成一份内容提要，以便让你迅速把握文章要点。

（丙）自动翻译。譬如，你要让计算机将一段电子邮件的内容自动翻译成一种你不懂的语言——如韩语或者日语——或者将一段你不懂的外语表达翻译成汉语。

（丁）文本自动生成。譬如，你需要为公司的某次年会准备一份发言稿，却除了一些关键词或词组（如"业绩""维持增长的势头""优化研发队伍"）之外，什么句子都想不出。这时候，你便会希望你的 AI 助手能够根据这些提示，给出一些不同方向上的文本生成方案，以供你参考。而当你选定某个方案之后，你的 AI 助手甚至可以沿着这一路径继续优化相关的文本方案，最后帮你"多快好省"地完成发言稿。

在 AI 学界，负责完成上述任务的计算机编程研究，都会被打上"自然语言处理"（NLP）的标签。顾名思义，"自然语言处理"的任务，就是用计算机进行编程，以便让相关程序能够"理解"人类的自然语言（不过，这里的"理解"二字必须要打上引号，乃是因为对于计算机是否可能最终"理解"人类语言，尚且存在着非常复杂的哲学争议）。NLP 研究因为涉及的话题非常多，复杂性、综合性特别强，所以一向被视为 AI 研究的皇冠（请参看图 1-1 对于NLP 所涉及的知识模块的概括）。

不过，说到这里，爱较真的读者或许会问："会说话"能算是"具有智能"的**充分必要条件**吗？

笔者倾向于认为答案是肯定的。换言之，如果某观察对象能够具有我们认可的语言水平（即达到了"会说话"的标准），你就能推出它有智能；反过来说，如果它是有智能的，你就能断定它有比较高的语言水平。举例来说，假设某外星人突然造访地球，还能流利地运用英语、汉语、日语三种语言与我们进行长达 2 小时的富有成效的交谈——在这样的情况下，我们地球人是没有任何理由认为它们是缺乏智能的。反过来说，如果外星人的确造访了我们的星球，并在近地轨道悬停了它们的飞碟，但因为某种原因暂时没有与我们

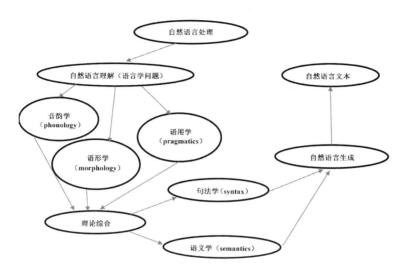

图 1-1　自然语言处理所涉及的知识模块分布 [1]

建立语言联络的话，那么我们也的确必须假设它们是有语言的——因为倘若缺失语言在生产活动的分工协作中所起到的沟通作用，如此复杂的飞碟恐怕是无法被制造出来的。

　　这里需要提醒读者注意的是，笔者虽然认为"会说话（无论说哪种语言）"是"具有智能"的充分必要条件，但这并不意味着"能说**某种特定的人类语言**（如汉语或英语）"乃是"具有智能"的充分必要条件。这就好比说，你与某个异族的人交流的时候，恐怕是不能仅仅因为彼此之间语言不通而假设对方是缺乏智能的。由此外推，我们甚至可以说：即使某些机器人的 AI 架构所支撑的交流语言的可理解性已经落在了广大人类用户的理解范围之外，我们也不能

1　图的绘制参考了如下文献：Diksha Khurana, Aditya Koli, Kiran Khatter, Sukhdev Singh, *Natural Language Processing: State of The Art, Current Trends and Challenges*, arXiv: 1708.05148v1 [cs.CL], 2017, https://arxiv.org/abs/1708.05148。

仅仅以此为据，认定这些机器人缺乏智慧。说得更学术化一点，是否能够通过"图灵测验"[1]，并非是判断某对象是否具有智能的充分必要条件（而至多只能算是充分条件）。由此我们也就不难推出，虽然我们的 NLP 研究将不得不具有"为**说特定自然语言的**人类用户服务"的最终指针，但是作为某种研究的"中介语"，我们设计的系统所进行的语言表征，可能并不直接就是诸如英语、汉语这样现成的人类语言。相反，NLP 的研究者所要直面的，可是一个从表征的碎片演化为完整的人类符号系统的复杂过程。请参看图 1-2 对于目前主流 NLP 架构的信息处理阶段的概括：

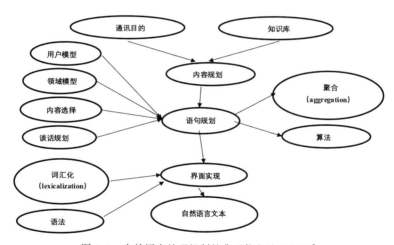

图 1-2 自然语言处理机制的典型信息处理流程[2]

1 即人类通过与程序交谈来判断对方是机器还是人——若人类错判机器为人，则程序就算通过了测验。需要注意的是，这样的测验是以扮演裁判的人类的母语为工作语言的，因此，它检测的其实是机器说某种语言的能力，而不是某种泛泛的"会说话"能力。请参看：Turing, Alan, "Computing Machinery and Intelligence", *Mind*, vol. 59, no.236, (Oct. 1950), pp. 433–460。

2 此图的绘制参考了如下文献：Diksha Khurana, Aditya Koli, Kiran Khatter, Sukhdev Singh, *Natural Language Processing: State of The Art, Current Trends and Challenges*, 17 Aug 2017, https://arxiv.org/abs/1708.05148。

对于本小节所给出的上述讨论，有的读者或许还会反驳说：笔者将语言处理能力视为智能核心的观点，显得有点过于"逻各斯中心主义"了，并由此忽略了"具身化"（embodiment）在智能构成所起到的作用。换言之，在这些人看来，一个智能体之所以是智能的，首先并不在于其能说话，而是因为其能够通过身体在物理空间中自由移动，感知光线、气味与温度，躲避危险，等等。"会说话"无疑是第二位的。

而在笔者看来，上面这种批评并没有抓到笔者立论的核心。换言之，说"会说话是具有智能的充分必要条件"，**并不等于**说要**否认**：使得"会说话"这一条件本身被满足，还需要大量的前提条件。这就好比说，承认"具有相关行业内三年以上的工作经历，乃是获得某工作职位的最重要条件"，并不意味着要否认"具有相关行业内三年以上的工作经历"这一条件自身的满足，还需要奠基在大量的前提性条件之上。相反，笔者完全愿意承认**"具身性"**自身的确构成了**"会说话"的一个重要前提**。譬如，《庄子·秋水》所说的"夏虫不可以语于冰者，笃于时也"一语，实际就已涉及说话者的身体感受力之局限对于其语言理解力的制约（顺便说一句，对于具身性与 NLP 之间关系的正面讨论，其实也贯穿了本书的很多章节）。不过，对于庄子所言的上述阐发，同时也反过来支持了笔者的观点：如果你发现某个对象在言语层面上无法"与之语冰"，这就很可能进一步说明该对象在感知层面上无法感受到冰天雪地的时节。这也就是说，语言交流的结果，依然能够有效地反映一个"疑似智能体"的智能架构在非语言层面上所接触的信息的广度与深度。与之相比较，对于某对象纯粹的非言语身体行为的记录，却往往不能让观察者判断出对象的某些抽象能力的高低。譬如，一位哲学教授肯定无法通过一位学生的纯肢体动作来判断他是否读懂了康德的《纯粹理性批判》，而只能通过笔试或口试等言语活动来完成此类判断。从这个角度看，从言语行为——而不是从身体行为——的角度出发来评判被观察对象的智能水平，依然是具有其特有的方法论优势的。由此外推，我们也不难得出：就人造智能体而言，其在 NLP 领域的表现水平，也应当对其整体智能水平具有指标意义。说"NLP 研究乃是 AI 研究的王冠"，毫无夸张之处。

二 目前的机器是否真会"说人话"？

前文已经指出，NLP 研究乃是 AI 研究的王冠，具有极大的理论综合性与市场应用价值。目前，也已经有大量的研究资源投入这个领域，产生了大量的商业产值。譬如，智能语音音箱、手机上装载的各种人机对话应用软件、"百度翻译"、"谷歌翻译"，都是此类研究的重要成果。但是需要指出的是，此类产品表面上的繁荣，并不意味着目下的 NLP 产品已经达到了"会说人话"的水准。其评判理由是：

第一，诸如"谷歌翻译"这样的机器翻译机制、"亚马逊理解器"（Amazon Comprehend）这样的文本信息挖掘机制、各种自动语音识别机制与各种各样的机器人聊天盒，都是针对不同的 NLP 任务而被设计出来的特定 NLP 机制，而不是某种面面俱到的针对所有 NLP 问题的一揽子解决方案。与之相较，对于一个完整的自然人而言，语义识别、语音识别、翻译等语言功能都是被集成到一个大脑上的，其各自运作背后均有一套统一的心理学与生理学规律予以统御。从便利角度考虑，我们当然也会期望这种整合能够在 NLP 中实现。换言之，就像一个仅仅能做翻译而无法将被翻译文本的深度信息用母语解说的翻译者，不能算作已经真正理解了被翻译文字一样，某种仅仅能做浅层翻译,而不能进一步解释被翻译文字的 NLP 机制，

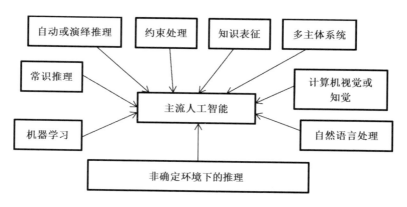

图 1-3　目前主流 AI 学科内部的学术分工略图 [1]

也不算是真正在"说人话"。然而，基于下述两点理由，在 NLP 中，这样的技术整合非但没有出现，而且似乎在可以预见的未来，也不太可能出现：(甲)具有不同分工的 NLP 机制往往分属于不同的公司，因此，知识产权方面的壁垒会导致彼此的融合困难；(乙)具有不同分工的 NLP 机制的研发往往本身又基于不同的技术原理，因此，原理方面的彼此不兼容也会导致彼此的融合困难。

　　第二，就人类而言，人类的语言能力本身是用来"做事情的"，比如帮助语言使用者在决策活动中进行复杂的信息梳理，或者是帮助语言使用者去说服某人采取某种行动。所以，语言能力天然就与逻辑推理能力、他心感知能力等其他心智能力相互交织。然而，就目前 AI 工业的学术分工情况而言，NLP 的研究与常识推理、非演绎推理等技术模块之间的关系是相对分离的，遑论实现前文所提到的"具身性"条件对于言语理解力的约束机制（参看图 1-3）。所以，

1　该表的制定，乃是根据主流人工智能杂志《人工智能杂志》(*The AI Journal*) 所给出的行业内部分类方案。转引自 J. Hernández-Orallo, *The Measure of All Minds: Evaluating Natural and Artificial Intelligence*, Cambridge University Press, 2017, p. 148。

从"通用人工智能研究"——而不是"专用人工智能研究"——的角度看，目前的 NLP 研究乃是"无根"的。

第三，传统的 AI 研究主要分"基于规则的 AI"与"基于统计的 AI"这两大路数，而随着时间的推移，目前以深度学习技术为代表的"基于统计的 AI"正在 AI 研究的各个领域大行其道，并在风头上全面压过了"基于规则的 AI"（相关内容后文还要详谈）。但需要注意的是，深度学习技术在 NLP 领域内的运用，往往需要依赖网络提供大量的语料与学习样本，而这些语料与学习样本的最终提供者毕竟还是人类。因此，从哲学角度看，此类技术只能算是对于人类智慧的"反光映照体"（这就好比月亮无非是太阳的"反光映照体"一样），而无法真正成为语言智慧的根基。譬如，这样的技术很难在脱离互联网支持的前提下，自主地创生出对于输入语言刺激的恰当处理结果——与之相较，具有正常语言智能的人类却能在不上网的情况下进行流畅的语言交流。因此，目前的主流 NLP 研究乃是缺乏足够强大的"本地化信息处理能力"的。

第四，也正是因目前的主流 NLP 技术与大数据的信息采录具有非常密切的关联，一些在原则上就很难通过大数据技术获得的语言材料，也就很难获得目下主流 NLP 技术的充分处理。这些材料包括：（甲）人类语言中的"双关语"、隐喻、反讽等修辞手段。具体而言，对于这些表达式的意义往往需要结合当下的语境来进行分析，而无法通过基于大数据的归纳而被仓促决定。（乙）缺乏足够网络数据样本的弱势语言，如少数民族语言与地方方言。具体而言，对于这些语料的传统 NLP 处理方式往往是基于"语料库"的建设（此类建设需要人类研究者投入大量的精力遴选语料），而不能简单地诉诸网络资料，因为目前的网络语言乃是由英语、汉语等语言所主导的。然而，也恰恰是因为目前基于深度学习的 NLP 技术对于网络语料的依赖性非常高，所以，此类 NLP 技术恐怕很难支持主流语言与弱势语言之间的自动翻译处理。与之相较，具有适当语言智力的人类，却能比较快地通过语境信息提取而理解特定的双关语、隐喻与反讽的含义，或者通过一定时期的努力，仅仅通过少数几个教学者的帮助，学会一门方言。仅就这方面的表现而言，目前 NLP 的研究还远远没有达到人类语言智力的平均水平。

笔者认为，目前 NLP 技术所面临的这些问题，不仅仅基于这样或那样的工程学问题，而是有着深刻的哲学面向。换言之，在基本的哲学层面上所遭遇的迷思，是目下 NLP 研究陷入的种种工程学难题的总病根。下面就是笔者对这一问题的几点管见。

三　为何自然语言处理需要哲学？

从总体上来看，哲学与 NLP 研究之间的关系，与哲学和一般意义上的理工科研究规划之间的关系，并无本质不同。这也就是说，与很多自然科学研究规划一样，不同的 NLP 研究规划都已经预设了这样或者那样的哲学立场，只是相关的实证科学研究者往往没有兴趣对这样的立场进行反思罢了。因此，哲学研究者的任务，就是将 NLP 研究未及言明的前提予以揭露，并对其进行反思性评判。需要注意的是，与别的实证研究领域不同，NLP 的研究尚且具有很大的前沿性、综合性、探索性与范式层面上的不确定性，这就意味着以综合性反思见长的哲学反思介入 NLP 讨论的机会，要比其介入物理学、化学等成熟学科的机会大很多。大致而言，由于 NLP 的研究将不得不预设这样或者那样的关于语言之本性的看法，作为哲学分支的语言哲学（philosophy of language）与 NLP 研究之间的关系就会变得异常紧密。其中，有如下四个语言哲学问题是特别值得一提的：

问题一：语言与世界的关系为何？语言表征是对于说话者之余的外部世界的建模，还是对于说话者自己的内部观念世界的建模？

这个问题显然牵涉到语言哲学历史上的一个大争议。像柏拉图、弗雷格、克里普克、普特南这些带有客观主义倾向的哲学家会倾向于认为语言的作用是成为外部客观事物的标记符号；而像洛克、胡塞尔、大森庄藏[1]这些带有主观观念论色彩的哲学家则会认为语言的主要任务乃是表征言说者内部的思想观念，而不是指称外部的对象。此类争议在 NLP 内部也引发了相关技术路径的分野。其中，客观主义路向的语言观自然会导致诸如"沙德鲁"这样利用一阶谓词逻辑构造"积木世界"的 NLP 方案[2]；而主观主义路向的语言观则会引发丘奇兰德（P. M. Churchland）的"神经语义学"规划[3]，以及在"个性化营建"方面走得更远的王培的"纳思"研究规划[4]。说得更具隐喻色彩一点，这两类研究路线之间的差异，乃是"上帝视角"与"凡人视角"之间的差异——基于"上帝视角"的客观主义的 NLP 研究路向会预设：程序员已经获得了其关于外部世界的至少某些方面的充分知识；而基于"凡人视角"的主观主义的 NLP 研究路向则会预设：程序员所知道的、仅仅是被构建的 NLP 体系内部的表征符号之间的推理关系——至于这些推理关系是否严格对应于外部世界中的诸要素之间的因果关系，则是"未知之事"。

笔者是"凡人视角"的 NLP 研究路向的支持者，否则，我们就不得不预设 NLP 系统所储存的某些关于外部世界的知识乃是"不可

---

1 大森庄藏（1921—1997）是大多数中国读者不太熟悉的一位日本哲学家。他的思想也会在本书中得到简要的介绍。

2 Terry Winograd, *Understanding Natural Language*, Academic Press, 1972.

3 P. M. Churchland, "Neurosemantics: On the Mapping of Minds and the Portrayal of Worlds", in K. E. White (ed.), *The Emergence of Mind*, Fondazione Carlo Elba, Milan, 2001, pp. 117-147.

4 Pei Wang, *Rigid Flexibility: The Logic of Intelligence*, Springer, 2006.

变的"（因为知识的充分性将立即导出对于"知识修正"必要性的否定），并因为这种预设而使得由此被设计出来的 NLP 系统失去应有的灵活性。但不幸的是，基于"凡人视角"的 NLP 研究，并非目前 NLP 研究的主流。因此，哲学家特别需要在概念层面上进行相关的"纠偏"工作。

问题二：语言中的规则，究竟是先验的、不可变的，还是经验的、可变的？

前面已经提到，NLP 研究素有"基于规则"与"基于统计"这两个分野。但从概念分析角度看，对于这两个分野自身的界定，似乎也就预设了"规则"的确立本身是与经验性的统计工作无关的。但事情果真是如此吗？难道一种语言的语法本身不会随着时间而发生流变吗？（我们不妨想想近代以来汉语的语法所经历的"欧化"进程。）关于如何更好地界定"先验"与"经验"，大致有以下三种解答方案：

做大"先验"的范围，即将所有的经验层面上的自然语言语法都视为先验的。不过，这种研究方式由于实在难以配合经验语法在事实层面上的演化现实，而只能被视为某种抽象的可能性。

与（甲）所提示的方向相反，做大"经验"的范围，即认为所有先验语法都可以通过统计资料消化。这是目下主流的基于深度学习的 NLP 研究思路。

与前二者都不同，此路数取其中间值，即在"规则"中又一分为二：有些规则是"经验的"，如各种语言的表层语法；有些规则是先验的，如某种贯穿于各种表层语法的"深层语法"。乔姆斯基（Noam Chomsky）的基于"普遍语法"概念的语言学路数 [1]，以及受

1　Noam Chomsky, *The Minimalist Program*, The MIT Press, 1995.

到该路数影响的 NLP 研究，采用的就是该思路。

笔者本人所赞成的立场，乃是路数（丙）的某种更偏向经验论方向的改良版。与乔姆斯基类似，笔者也认为存在着某种贯穿于各种经验的语言形式的先验思想架构，否则我们就很难解释为何任何一个智力正常的人都可能学会一门外语；但与乔姆斯基不同的是，笔者并不认为这样一种先验思想架构必须体现为一种现成的深层语法或普遍语法——它应当只能在某种更抽象的意义上被理解为简单语言符号之间进行"接榫拼接"的各种先验可能性，并因此只能承载最少的语法性质（"语法性质"一词在此是指性、数、格等语法形态）。举个例子来说，印欧语系的语言经常出现的名词的性、数、格的变化、动词的情态与时态变化，都不能在这些最基础的"接榫"形式中出现，而只能被视为这些"接榫"形式的某种后天的复合形式。与之相较，乔姆斯基本人的想法则是这样的：即使在汉语这种"屈折度"[1]几乎不可见的东方语言中，上述这些印欧语言的语法"屈折性"特点也是以缄默方式存在的，否则，他心目中的"深层语法"就无法达成其普遍性。说得概括性更强一点，笔者与乔姆斯基观点的共同点在于：我们都认为各种语言的表层语法虽有繁简之分，但对于所有语言的构成的终极说明都可以服从一套统一的语法范畴。而笔者与他的不同之处就在于：在他看来，既然有待说明的诸语言现象有繁简之分，那么，用以说明它们的语法范畴就必须在"繁"的一头留足"冗余量"，并由此成为一种预备了所有语法开关的"普遍语法"。而在笔者看来，如果上述假设是对的，我们就可以由此推出：一个从不知晓西方语言中性、数、格之变化的汉语言说者，也应当已经在缄默地运行一种足以支撑上述语法形态的内部语言。反

---

[1]　即指性、数、格之类的语法变化。

过来说也是一样的：这样的一个汉语言说者倘若改去言说某种更复杂的语言（如日语），这种做法应当是不会给他带来更大的心理学负担的。然而，这一推理显然难以契合于下述这一朴素的心理学事实："言说在语法上更为复杂的语言一般会让人感到更有心理负担。"（除非被比较的语言中有一门是母语，因为从语言心理学的角度看，言说母语一般是最轻松的，无论母语本身的语法是否复杂。）与之相较，笔者的假设——简单的卯榫结构能够按照不同经验语言的需要，随时被搭建为特定的语法结构——则可以轻易地解释为何我们在言说语法更简单的语言时会感到更轻松：因为这种言说所需要的卯榫结构的重建工作负荷本来就比较小。此外，笔者的这一研究思路还会带来一个重大的红利：由于笔者所说的这一卯榫结构与逻辑句法结构之间的高度同源性，经由此路数进行的 NLP 研究，将有机会与 AI 研究的其他面向（特别是推理与常识表征研究）相互融合。顺便说一句，目前最切合笔者上述思路的 NLP 编程语言，其实就是前文提到的王培的"纳思"逻辑，因为这种逻辑既具备对各种推理形式与常识经验的表征能力，也可以通过对于自身结构的递归式构造，去模拟特定经验语言的语法特征。[1]

问题三：语言与心理架构之间的关系究竟是什么？

前面已经提到，目前基于大数据的 NLP 研究，基本上乃是与各种各样的认知建模研究相互疏离的。换言之，这些 NLP 研究者所关心的乃是如何在某些特定类型的语料输入与语料输出之间建立起合适的映射关系，而并非这样的语言现象是从怎样的心理认知架构之中涌现的。与之相较，对于语言与心理活动之间的关系的研究，

---

[1] 笔者曾在别的地方讨论过利用纳思逻辑模拟汉字构成的基本原则——"六书"——的路线图。请参看拙文："如何让电脑真正懂汉语？——一种以许慎的'六书'理论为母型的汉语处理模型"，《逻辑学研究》2012 年 02 期，页 1—49。

却成为了战后很多哲学家的学术聚焦点。譬如，在美国哲学家塞尔（John Searle）看来，诸如"提出一个希望""表达一个欲望""表述一个信念"这样的言语行为本身乃是建立在"希望""欲望"与"相信"这样的"意向性活动"之上的，因此，作为心理学哲学分支的"意向性理论"应当为作为语言哲学分支的"言语行为理论"提供根基。[1] 无独有偶，美国哲学家福多（A. Jerry Fodor）也在心理学哲学层面上提出过关于"心语"（mentalese）的假设，以便在一个前公共语言的层面上解释心智机器是如何加工处理那些基本信息的。[2] 而在笔者看来，虽然塞尔与福多各自的心理学哲学都有自己特定的问题，但至少他们都正确地看到了"纯粹地停留在言语行为的层面上来研究语言"这一做法的肤浅性，而走出了迈向正确的 NLP 解决路径的第一步。而之所以说"纯粹地停留在言语行为的层面上来研究语言"这一做法本身乃是肤浅的，则又是基于如下考虑：在言语行为层次上的现象实在是过于繁杂了，因此，对于不同语言现象的输入—输出关系的追索，必然会使得 NLP 的研究者陷入"以有涯追无涯"的尴尬境地，并由此带来昂贵的数据采集成本与建模成本；而假若我们能换一个思路，将复杂的言语行为视为"某种更具有一般性的心智架构在不同外部环境的刺激下而产生的不同的对应输出"的话，我们就能大大降低建模成本，并为相关系统在特定外部条件下的自动升级预留逻辑空间。

但这样的一种研究思路，必然会将主流的 NLP 研究的进路，进一步升级为一个宏大的通用人工智能的研究规划，因为心智建模本身就意味着对于智能的一般架构的探索。这种带有整体论思维模式色彩的研究路线图恐怕会让一部分研究者感到绝望，因为 AI 研究

1　John Searle, *Intentionality*, Cambridge University Press, 1983.

2　A. Jerry Fodor, *The Language of Thought*, Thomas Y. Crowell, 1975.

的典型操作模式便是针对某个特定应用场景提出的问题进行工程学开发，并将相关的研究成果拓展到别的应用场景上去——而笔者所提倡的研究思路却是先去悬置一切技术应用场景，在哲学与科学的层面上理清智能推理的一般特征，然后再考虑技术运用的问题。不过，在笔者看来，这里所提出的研究路线图虽貌似在绕弯路，实际上却更有希望，因为该路线图的执行者能够在最大程度上避免受到特定应用场景的偶然性的影响，从而能聚焦于心智架构的某些一般性特征。这就好比是对于牛顿力学体系的纯粹理论研究与基于该力学体系的各种工程学应用之间的关系：前一类研究虽然具有某种凌驾于各种应用场景的纯理论性，但一旦完成，就可以转变为无穷无尽的应用可能，而起到"四两拨千斤"的作用。

不过，这种面向"通用人工智能"的带有整体论色彩的研究规划，显然会因为自身的整体论色彩而从心理建模层面自然延展到身体建模层面。这也就会自然牵涉到前面我们已经提到过的那个问题：语言表征与具身性之间的关系究竟是什么？

问题四：自然语言处理所需要的认知架构理论，究竟在多大程度上还需要被"具身化"？

在前文中，通过"夏虫不可语冰"这一案例，笔者已经提出了这样一种观点：语言交流足以让我们判断一个交流对象在身体感知方面的广度与深度，因此，语言交流乃是判断某对象的各方面智能水平的最有效手段。然而，从工程建模的角度看，这并不意味着对于智能体的物理身体的塑造就可以被还原为纯粹 NLP 性质的问题——这就好比说，在认识论的层面上说"美食家的评论乃是判断某餐厅招牌菜品质的最重要指标"，并不意味着在本体论意义上去断定：做美食料理的问题，可以被还原为如何撰写美食评论的问题。由此看来，完整意义的通用人工智能研究，将不得不包含对于智能体的"感受—运动"设备（即人类意义上的"身体"）的设计与制造。

不过，至少从表面上看来，对于 AI 的感受—运动设备的设计与制造，本身并不会引发任何哲学争议，因为就连最简单的家用计算机都包含着键盘、鼠标等与外部信息环境沟通的媒介，何况是需要在复杂物理环境中行动的 AI 系统。那么，我们将这个问题予以单列，其意义究竟又为何呢？

其意义就在于对于下述问题的澄清：上述这种"具身化"的工作，究竟对于 NLP 的研究来说是具有本质性的，还是仅仅具有某种边缘性的意义？说得更清楚一点，在 NLP 的研究中，架构者是否需要预先思考相关的 AI 体将被匹配上怎样的感受—运动设备，并为这样的设备而在 NLP 的界面上预留一些重要的"槽口"？抑或：架构者根本不用关心相关的 AI 体将被匹配上怎样的感受—运动设备，并完全可以将此类的考虑全部分配给其他领域的专家？而这个"二选一"问题在近代哲学中的表现形式就是：人类的理性能力，是否能够在悬置各种感官能力运作的情况下，进行相对独立的运作？对这一问题答"否"的乃是经验派的观点（这种观点的工程学对应者，自然就会强调 NLP 界面设计与 AI 体的外部设备设计之间的连续性），而对该问题答"是"的则是唯理派的观点（这种观点的工程学对应者，自然就会强调 NLP 界面设计与 AI 体的外部设备设计之间的可分离性）。

笔者对于该问题的解答，则既不是纯粹唯理论的，也不是纯粹经验论的，而是带有康德式的调和意味的：在笔者看来，在纯粹的概念构造与底层的感官信息之间，还有一个重要的中间层被唯理派与经验派忽略了，也就是"时—空"关系的直观形式。一方面，这样的直观形式显然具有一定的前概念性（譬如，对于一个房间的空间感知，不能被还原为对于相关空间的几何学描述），而在另一方面，这样的直观形式又具有针对各种感官道的某种抽象性，并因此更接近于概念（譬如，一位盲人所感知到的教室的内部空间形式，依然会与一个正常人所看到的教室的内部空间形式有着高度的可重叠性）。在现代的认知语言学中，这样直观形式的不同组合方式，一般称为"图式"（顺便说一句，该术语乃是认知语言学对于康德的"图型"概念进行再包装后的产物），譬如，英语"ENTER"（进入）这个概念就具有如下图像形式（图 1-4）：

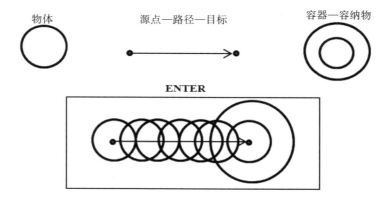

图 1-4　关于"ENTER"的认知图式形成过程的图示[1]

由上图看来，英语"ENTER"（进入）这个概念就可以被分析为数个意象图式在时间序列中的组合，包括"物体"（object）、"源点—路径—目标"（source-path-goal）与"容器—容纳物"（container-content）。很显然，无论我们所讨论的智能体具有怎样的传感器与运动设备（譬如，无论它是像蝙蝠那样通过回声定位系统来辨别方

1　Ronald Langacker, *Cognitive Grammar: A Basic Introduction*, Oxford University Press, 2008, p. 33.

位，还是像鸽子那样通过磁力线来辨别方位），它们都具有上述关于"ENTER"（进入）的认知图式。换言之，即使它们彼此之间的感官道不同，它们也都能够在 NLP 的层面上理解"ENTER"（进入）这个概念。

由此我们不难推出，对于 NLP 的研究来说，我们需要做的是：（甲）列出一系列类似"ENTER"（进入）的与时空感密切相关的概念；（乙）对这些概念进行"图式化"；（丙）对这些图式化的结果进行算法化处理。

平心而论，笔者认为在这三个步骤中，最难处理的是（丙），因为目前世界上尚且没有出现比较成熟的针对认知语言学的"图式"概念的算法化方案[1]（某些奠定的处理方案是基于神经元网络模型对图式加以刻画的，但是笔者对相关路径的可靠性有所怀疑。详见本书第五章的讨论）。但笔者依然坚持认为，由"图型论"所代表的康德式调和路线，乃是解决 NLP 系统之"具身化"问题的必经之路，否则，我们便既无法摆脱极端的唯理论思路所带来的困扰（此困扰即抽象的符号如何在物理世界中获得意义奠基？），也无法摆脱极端经验论所带来的困扰（此困扰即具有不同感官道的智能体之间的交流，是如何具有可能性的？）。换言之，沿着这一中间道路继续进行优化，乃是研究 NLP 体系之具身化在恰当限度内的题中应有之义，因为从哲学角度上看，走别的路径，我们或许就更没有成功的可能。

1　这方面的介绍性文章，请参看：Javier Valenzuela, "Cognitive Linguistics and Computational Modeling", *Textus* (2010), vol. 23, isu. 3, pp. 763-794。

本章小结

从本书"导论"完成的讨论来看，NLP 问题的研究确实对整个 AI 的研究来说具有指标性的意义。但对于该问题的哲学面向的了解，却一直没有被 NLP 学界充分地意识到。毋宁说，目前 NLP 学界研究的话题取向是完全被偶然的工程学需要所牵导的，而缺乏哲学（甚至是科学）层面上的整体谋划。更有甚者，在笔者所了解的范围内，语言哲学界目前也缺乏全面介入 NLP 研究的充分理论冲动。这种"两张皮互不相扰"的状态显然是不能让人满意的。此外，同样令人感到担忧的是，随着国际科技竞争与交流环境的改变，国内很多与 AI 相关的投资方向都被集中到了精密芯片的制造行业，与之同时，投向貌似更"虚"的 AI 架构研究的注意力却明显不足。殊不知工程师们对于高性能芯片算力的无休止的索求，在哲学层面上就已经预设了优秀的 NLP 机制与其他 AI 机制的运作乃是基于大数据的（因为只有海量的数据才会倒逼人们去寻找巨大的算力与之匹配）。然而，在前文的分析中我们已经看到，这一预设本身可能就是错误的，因为语言机制运作之本质，便是通过对于少量核心规则与核心词汇的掌握而具备创生海量表达式的潜能——而并非是通过对于海量现成的表达式的构建方式的模仿，建立出一个又一个"特设"（*ad hoc*）的语言模型，最终陷入"以有涯追无涯"的困境。从这个角度看，目前全球的 NLP 研究也好，整个 AI 工业也罢，都尚且处在"盲人摸象"的阶段，而远远没有资格戴上"成熟科学"的王冠。

而笔者撰写本书的目的，就是从哲学的角度，审视与剖析 NLP 研究背后的哲学预设，并为其未来的可能发展方向进行提点。相比于图书市场上的与 AI 相关的其他通俗类书籍，本书的内容具有如下特点：

第一，本书绝对不属于"画馅饼类"的 AI 科普图书，即向读者许诺美丽而空洞的 AI 发展的未来，以便暗中为一些其实不那么成熟的科技投资方案助力。相反，本书的用力，恰恰与其相去甚远：本书试图告诉大家，AI 发展的未来到底有多少激流险滩，因此，我们的研究需要的与其说是金钱，还不如说是耐心与时间。需要指出的是，此类图书在西方世界早就有特定的生态位，美国哲学家德雷福斯的《计算机不能做什么——人工智能的极限》便是此类图书的优秀代表。[1]但在汉语图书市场，此类批判性的图书还是比较少见的。

第二，本书聚焦的乃是 AI 研究中的 NLP 问题，并试图从哲学的角度对 NLP 问题背后的哲学理论问题进行反思。考虑到语言哲学一向被视为哲学诸分支中与语言问题最相关的分支，所以很多人或许会期待英美国家的语言分析哲学在此类跨学科对话中占据显著的位置。然而，基于下面几点考虑，笔者将适当调低学院意义上的语言分析哲学在此类讨论中所占有的权重：（甲）学院意义上的语言分析哲学往往基于英语思维的霸权地位，以及对于现代数理逻辑（一阶谓词逻辑与命题逻辑）的全面依赖，而笔者既不认为英语思维具有针对各种非英语语料的覆盖力，也不认为数理逻辑是处理日常语言的合适技术工具。毋宁说，很多与语言相关的谜题之所以无法被解开，恰恰是因为相关的解决思路，长期被与数理逻辑的技术工具互为表里的"真值函项语义学"绑架，使得我们始终无法直面那些无法被外延化的语义与语用关系。而在这种情况下，对于欧陆哲学资源的适当倾斜，将为对于英美分析哲学思维的过分依赖提供某种"解毒剂"。

第三，除了对于哲学资源的依赖之外，本书也将包含一定篇幅

1　休伯特·德雷福斯：《计算机不能做什么——人工智能的极限》，宁春岩译，生活·读书·新　知三联书店，1986 年。

的对于语言学问题的讨论，特别是基于认知语言学的各种分析。同时，对于日语等小语种语料的讨论，也会在本书的讨论中占据比较高的权重。这样的讨论将既增加本书所涉及的经验材料的丰富性，也会帮助读者理解人类语言现象的多样性与复杂性。而这样的处理方式，也在相当程度上与上面所提到的对于英语思维霸权的警觉心相互呼应。

不过，最后需要提醒读者注意的是，"警惕英语思维霸权"，绝不等于要放弃学习英语，因为作为学术研究基本工具的英语早就在今日的学术舞台上扮演了"现代拉丁语"的角色。实际上，那些对颠覆英语思维霸权特别有用的语言学理论——特别是认知语言学的理论——主要都是在英语学术平台上发表的，中国的研究者如果不能快速通读英语文献，对于这些理论的利用本身就会成为问题。此外，任何有过用英文发表语言学与亚洲哲学论文经历的人都知道，使用英语读者能够充分理解的语言去发表那些**反对**英语思维霸权的论文，在技术上完全是可行的，因为英语本身就是一种充满了各种外来语插入端口的高度多样化的表达工具。笔者个人所担心的问题毋宁说是：主流的 NLP 研究者懂的语言太少（有些人只懂英语），他们对人类语言的丰富性往往缺乏真正的"现象学体验"，因此，其所设计的产品，也很难会考虑到操不同母语的用户的个性化要求。而要解决这个问题，我们就应当鼓励 NLP 的研究者去学习英语之外的语言，而不像某些人所鼓吹的那样，"懂汉语就够了"。实际上，对于一般中国人而言，学习英语的时间与精力成本要远远小于学习日语、韩语等黏着语所带来的成本（毕竟一般中国人从小就已经熟悉了拉丁字母），倘若连学习英语都畏惧，那岂不是以汉语世界的母语偏执，取代了英语世界的母语偏执了呢？此外，再考虑到 AI 技术本身就非常容易沦为主流语言霸凌弱势语言的技术工具，未来的理想 NLP 研究者就更应当在多元文化意识方面超过一般人的水准了。

然而，令人遗憾的是，随着美国 Open AI 公司开发的 ChatGPT 技术所获得的短期成功，基于主流语言（特别是英语）的语料学习获得相关的大语言模型，貌似已经成为当下 NLP 研究的主流。对这一主流路径之合理性的质疑，也将构成本书的重要内容。

有鉴于对 ChatGPT 的迷信已经深深嵌入当下公众关于 AI 的主流意见，在下面的讨论中，笔者将花费两个章节的篇幅去破除这种迷信。然后，我们再转入对于前 ChatGPT 时代的 NLP 历史的讨论，由此为辩护一种别样的 NLP 路线提供基础。

第二章

ChatGPT 或许会加剧人类社会的"自欺"

　　2022—2023 年国际人工智能界的头号大事，便是人工智能聊天机器人程序"ChatGPT"的横空出世（"ChatGPT"的全名是"Chat Generative Pre-trained Transformer"，含义是"预训练的聊天生成转换器"）。ChatGPT 目前主要以文字方式与用户交互信息，能够完成诸如自动文本生成、自动问答、自动摘要、文章润色、机器翻译、代写代码等多种任务。由于其在人机对话中表现出相对良好的性能，目前该技术平台正受到科技界与商业界的普遍重视。

　　不过，从人工智能发展史的角度看，此类平台就是早已出现的"聊天盒"（chatbox）技术与深度学习技术的结合，并没有体现出科学层面上的真正创新。（顺便说一句，在业界，那种比传统的"聊天盒"功能更强大的软件，一般叫"聊天机器人"［chatbot］。ChatGPT 属于"聊天机器人"的范畴。）从总体看来，ChatGPT 目前获得的局部成功，主要就是在海量的人工语料训练基础上"野蛮投入"的结果。此外，在笔者看来，这样的技术路径因为缺乏对于人类智能的真正架构的哲学洞见，其实是无法获得持续性进步的。

图 2-1　法国哲学家萨特

能够用以批评 ChatGPT 技术的哲学视角其实非常多，而本章将采用法国哲学家萨特（Jean-Paul Charles Aymard Sartre，1905—1980，参见图 2-1）在《存在与虚无》中提出的"自欺"（mauvaise foi）概念。概而言之，萨特哲学所说的"自欺状态"是一种试图规避本真自我之呼唤的企图——这种企图让人类个体放弃自己的自由，循规蹈矩地去做契诃夫笔下的"套中人"。因此，萨特本人对于"自欺"状态本身的批判性反思，便能使得读者意识到自己与仅仅服从外部规律的物之间的差异，并经由这种意识拓展自己行为的自由维度。

乍一看，运用萨特的"自欺"论去评论 ChatGPT 貌似是"远水不解近渴"："自欺"论是针对人的，而 ChatGPT 仅仅是一种人造的软件，后者恐怕连"自欺"的资格都谈不上。但需要注意的是，不同器具自身的伦理意蕴其实也会对人类的精神自由产生不同的影响，尽管这些器具本身并没有自觉的伦理意识。举个例子来说，家用汽车的普遍出现其实为中产阶级的行动自由提供了更为坚实的技术保障，而致幻药的发明却使得不少人沉迷于虚假的精神世界而丧失了在现实中的自由行动力。因此，在"加剧自欺现象的技术发明"与"削弱自欺现象的技术发明"之间，肯定是存在着一条界线的。

而笔者认为，ChatGPT 显然能被归类为"加剧自欺现象的技术发明"。为了论证这一点，笔者将分三个环节来展开：第一，对萨特的"自欺"论做出一种相对通俗的重述；第二，大致讨论一下 ChatGPT 的语言处理模式；第三，在此基础上，通过特定的人－机对话案例，论证人类用户对于 ChatGPT 的运用会削弱其对自欺现象的把握力。

一　重述萨特的"自欺"论

在英美分析哲学的脉络中，"自欺"一般被定义为下述情况："一个人看上去是持有一个错误的信念，尽管其的确有证据证明事情不是这样——但是他依然在某些动机的驱动下持有这信念，并且，他的某些行为也暗示他本人是多少知道真相本身是什么的。"[1] 举个例子：当 1945 年希特勒被苏联红军困在柏林总理府的地下室的时候，他竟然还继续持有"援军能将我从柏林救出"这一信念——尽管他并不是不知道苏军已将自己的总理府围得如铁桶一般。因此，他的信念持有方式就在一定程度上具有了"非理性"的特征（因为该信念并不是建立在扎实的证据之上）——而从心理学角度看，持有这信念，也仅仅是为了主体心理上好受一点。

由于上述这个"自欺"的定义相对来说比较宽泛，该定义自然也能适用于萨特的"自欺"观。不过，萨特所关心的自欺现象具有

---

[1] Ian Deweese-Boyd, "Self-Deception", *The Stanford Encyclopedia of Philosophy*, in Edward N. Zalta (ed.), (Summer 2021), https://plato.stanford.edu/archives/sum2021/entries/self-deception/.

一定的特殊性，即他所聚焦的那种"错误信念"是指如下类型的信念："我就只能扮演特定的社会角色，因此，我并不具备去做别的事情的可能。"譬如，一个咖啡店的店员会基于这种信念而将自己锁死在当下的职业分工体系中，而忽略了开创自己别样人生的可能——尽管他并非没有隐隐意识到这种可能性的存在。[1] 很显然，在萨特那里，"自欺"论并不是英美分析哲学所关心的心灵哲学话题，而是一个人生哲学话题。两大哲学流派在"自欺"问题上聚焦点的不同，又衍生出两项更具体的差异。

差异之一：从欧陆哲学的理路上看，萨特的"自欺"论显然是受到了海德格尔（Martin Heidegger，1889—1976）"沉沦"（verfallen）论的启发，即二者都特别强调个体意识与群体意识之间的张力。譬如，在海德格尔那里，"此在"（Dasein）对于自身本真意识的发掘必须以拒绝"常人"（Das man）的"闲谈"为前提，换言之，"此在"必须跳出社会成见的窠臼，从自己真正相信的事情出发来寻找真实的自我。无独有偶，在萨特那里，个体对于被强加于他的特定社会规范的拒斥，本身就是一种自我与他人之间的斗争——此外，萨特还开发出一种系统的"他人即地狱"的修辞来渲染这种斗争的残酷性。与之相较，对于个体与群体之间张力的强调，却不是英美"自欺"论研究的重点。

差异之二：英美分析哲学关心的"自欺"现象所遮蔽的某个可被实证化处理的真实信念，如"1945 年春苏军的确包围了柏林"。与之相较，萨特版本的"自欺"现象所遮蔽的，乃是一个不可被实

---

[1] 萨特本人非常喜欢使用咖啡店服务员这个例子。请参看萨特：《存在与时间》，陈宣良等译，生活·读书·新知三联书店，1987 年，页 94—97。

证化处理的"信仰"（faith）[1]，即人是有不可被剥夺的自由的——而这个信念本身所具有的"信仰"地位，早就包含在康德的"二律背反"理论的蕴意中了：人类之自由既不可被证实，也不可被证伪，因此，只能被信仰。

很显然，萨特的"自欺"论是其"自由"论的副产品，换言之，在他看来，要恢复人类个体的自由，就一定要与"自欺"现象进行一场"刀刃向内"的艰苦斗争。这种哲学主张虽貌似主观唯心论色彩浓郁，但未必缺乏在客观物理世界中的"可落地性"。相关理由如下：

首先，对于主观自由的高扬并不意味着萨特否定外部客观现实的存在。毋宁说，强调自由仅仅是一种伦理学姿态，而是否承认外部世界的客观性则是一个知识论的或形而上学的问题。没有任何证据表明萨特哲学带有否定外部世界实在性的意蕴——相反，他对于"自在存在—自为存在"之二元架构的强调恰恰说明他从不怀疑外部实在（即"自在存在"）的客观性。同时，对于主观自由的高扬也并不意味着萨特主张绕开残酷现实进行毫无意义的狂想（比如，一个因犯在监狱里幻想有外星人会来救他）——因为这种狂想本身就是"自欺"的一种。毋宁说，萨特所说的"自由"，是在尊重一切现实的前提下对于可能的行为模式的选择权意识（比如，即使是一个被敌人逮捕的地下党，也能自由地选择在严刑拷打下背叛组织，或什么也不说）。因此，没有任何理由说明萨特的"自欺"论与"自由"论是无法在现实世界中落地的。

其次，虽然对于自由具有坚定信仰的个体在人群中可谓寥如晨星，但往往是这些人物，在人类的社会进步（特别是科技发展）进

1　"自欺"的法语表达是 mauvaise foi，但是在介绍萨特的英文文献里，此词一般被译为 bad faith（坏信仰）。其实 bad faith 是对于 mauvaise foi 的直译，而这一直译方案也向我们暗示了萨特哲学与康德哲学之间的微妙联系。

程中扮演了不可或缺的角色——这一点本身就是一个客观事实，不是萨特主观编造的产物。譬如，曾经在希腊多神教背景中长大的苏格拉底最终放弃了自欺，真诚地将希腊人基于神话传说的信念体系替换为一种基于理性的信念体系，并因此成了一个当时的"异类"；曾经也是亚里士多德信徒的伽利略最终放弃了自欺，真诚地撤销了他对于亚里士多德宇宙模型的支持，并因此成了一个当时的"异类"；曾接受过系统神学教育的达尔文最终放弃自欺，真诚地推翻了来自《圣经》的物种不变论，并因此成了一个当时的"异类"——凡此等等，不一而足。从这个角度看，萨特的"自欺"论本身就可以被视为对于人类思想文化进步史的某种概括。

最后，虽然在历史上能够摆脱"自欺"状态的文化英雄总是少数派，但萨特也并不放弃任何一个机会以求扩大世界上的"自由探索者联盟"，因为在他看来，更具人道主义的人类生存方式，肯定就是一种能在更大限度上容忍此类自由探索的生活方式。他的具体努力方向便是诉诸戏剧与小说以宣传存在主义理念，并借由文学作品的社会传播力来劝说更多的受众成为他的同道。在这里我们切不可将文艺作品视为某种纯粹的精神产品——实际上文艺作品本身就是一种"物质—精神双面向存在物"：它通过对于公共语言符号的可被复制的排列方式，通过印刷术、电台、电视台、电影院、互联网等手段将特定的理念传播，并由此改变千万受众的思想观念。而与同样诉诸语言的哲学作品对比，文艺作品所使用的符号的表层含义是一般受众都可以理解的，因此，其传播学效应一般亦远超过哲学作品（譬如在我国，大多数的萨特思想的接受者都是通过文学而不是哲学了解其存在主义理念的）。

虽然小说与戏剧等文艺作品貌似只是人文学者关心的话题，而与工程学色彩浓郁的 ChatGPT 毫无关系，但即使是最粗疏的哲学反思也能帮助我们发现文学与聊天机器人之间的关联：

第一，文学作品是诉诸人类的自然语言来表达的，而聊天机器人的运作自然也预设了人类语言的存在。

第二，文学作品构成了一个处理人类情感的现象学界面——比如，喜剧与悲剧就能带给观众不同的情感效果。与之类似，聊天机器人也在一定程度上具有"情感调节机制"的作用。[1]

第三，更关键的是，文艺作品与聊天机器人都是带有意识形态的，因此，其设计目的都是试图让受众在不知不觉中接受平台设计者自身的潜在伦理—政治价值观。譬如，正如萨特的戏剧《禁闭》（ Huis Clos ）的创作目的是让观众意识到在一个"个体彼此互为地狱"的世界中尊重他者自由的重要性一样，美国的科幻电影《星河战队》（ Starship Troopers ）则通过虚构人类与外星虫族之间的战争，美化了军事独裁体制。无独有偶，使得 ChatGPT 运作的语言训练模式本身也带有训练者的隐蔽意识形态（详后）。因此，文艺作品与聊天机器人都扮演了几乎相同的角色：特定意识形态的放大器。

当然，基于不同物理技术的特定意识形态的放大器效果，肯定是有巨大差异的。在欧里庇得斯的时代，一个雅典戏剧家借以传播其意识形态的技术工具，仅仅是演员自身的肉体表演能力以及一个能够容纳几百人的剧场，而在互联网时代，这个"剧场"的虚拟性却已使得其能够包裹整个地球。在这种情况下，意识形态自身的好坏则会在一个古代雅典人难以想象的尺度上被全面放大——换言之，坏的意识形态将第一次通过计算机的复制力而产生一种摧枯拉

1　在聊天盒技术的发展历史上，此类技术长久以来就具有"改善人类用户的情感体验"这一功能。其中最具代表性的作品，乃是 1966 年由魏岑鲍姆（Joseph Weizenbaum，1923—2008）发明的"伊莱莎"（ELIZA）系统。"伊莱莎"模拟的是一个精神病治疗医师的言语行为，而其设定的潜在用户是精神病患者，其设计用途则是通过人 - 机对话起到辅助治疗精神病的作用。

朽的破坏力。虽然一种好的意识形态貌似也可以利用同样的技术平台放大自己的声音，但这种抽象的可能性却会因为如下因素的出现而继续停留在抽象状态之中：资本力量与人类社会的自欺惯性的合谋。换言之，正因为大技术平台的开发是需要海量的资本支持的，而资本的逐利本质又使得其不得不遵从海德格尔笔下"常人"的声音（因为只有"常人"才能带来可变现的"流量"），所以，资本（以及被资本所支持的技术）天然就是萨特所说的"自由"的敌人。而这一点，在 ChatGPT 身上得到了充分的体现。

二 作为"常人"之音复读机的 ChatGPT

ChatGPT 本质上乃是传统的神经元网络技术—深度学习技术在"预训练"（pre-training）与"转换器"（transformers）技术背景中的一种升级。关于何为"预训练"和"转换器"，本书第五章会加以说明。作为此类讨论的基础，在此，笔者将首先说明传统的神经元网络技术是如何运作的，因为这种说明将有助于澄清作为"预训练"之基础概念的"训练"（training）的含义。

神经元网络技术的实质，便是用数学建模的办法建造出一个简易的人工神经元网络结构，而一个典型的此类结构一般包括三层：输入单元层、中间单元层与输出单元层（如图 2-2 所示）。输入单元层从外界获得信息之后，根据每个单元内置的汇聚算法与激发函数，"决定"是否要向中间单元层发送进一步的数据信息。整个系统以"化整为零"的方式，将宏观层面上的识别任务分解为系统组成构件之间的微观信息传递活动，并通过这些微观信息传递活动所体现出来的大趋势来进行信息处理。工程师调整系统的微观信息传递活动之趋势的基本方法如下：先是让系统对输入信息进行随机处理，然后将处理结果与理想处理结果进行比对，若二者的吻合度不佳，则系统触发自带的"反向传播算法"来调整系统内各个计算单元之间的联系权重，使得系统给出的输出能够与前一次输出不同。两个计算单元之间的联系权重越大，二者之间就越可能发生"共激发"现象，反之亦然。然后，系统再次比对实际输出与理想输出，如果二者吻合度依然不佳，则系统再次启动反向传播算法，直至实际输出与理想输出彼此吻合为止。上述过程就叫"训练"。而完成此番训练过程的系统，一般也能够在对训练样本进行准确的语义归类之外，对那些与训练样本比较接近的输入信息进行相对准确的语义归类。

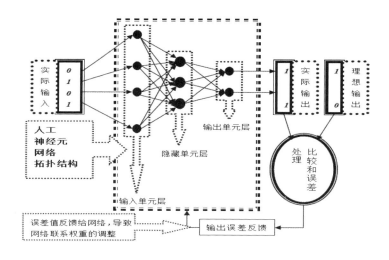

图 2-2　一个被高度简化的人工神经元网络结构模型（笔者自制）

如果读者对于上述的技术描述还有点似懂非懂的话，那么不妨就通过下面这个比方来进一步理解人工神经元网络技术的运作机理。假设有一个不懂汉语的外国人跑到少林寺学武术，那么，师生之间的教学活动到底该如何开展呢？这就有两种情况。第一种情况是：二者之间能够进行语言交流（譬如，少林寺的师父懂外语）——这样一来，师父就能够直接通过"给出规则"的方式教授他的外国徒弟。这种教育方法，或可勉强类比于传统的符号人工智能的路数。另一种情况则是这样的：师父与徒弟之间完全语言不通。在这种情况下，学生又该如何学武呢？唯有依赖如下这个办法：徒弟先观察师父的动作，然后跟着学，师父则通过简单的肢体交流来告诉徒弟，这个动作学得对不对（譬如：如果对，师父就微笑；如果不对，师父则对徒弟棒喝）。进而言之，如果师父肯定了徒弟的某个动作，徒弟就会记住这个动作，继续往下学；如果不对，徒弟就只好去猜测自己哪里错了，并根据这种猜测给出一个新动作，继续等待师父的反馈，直到师父最终满意为止（注意：因为师徒之间语言不通，徒弟不能通过询问而从师父口中知道自己哪里错了）。很显然，这样的武术学习效率是非常低的，因为徒弟在胡猜自己的动作哪里出错时会浪费大量的时间。但这"胡猜"二字却恰恰切中了人工神经元网络运作的实质。概而言之，这样的人工系统其实并不知道自己得到的输入信息到底意味着什么——换言之，此系统的设计者并不能与系统进行符号层面上的交流，正如在前面的例子中师父无法与徒弟进行言语交流一样。毋宁说，系统所做的事情，就是在各种可能的输入与输出之间的映射关系中随便选一种进行"胡猜"，然后将结果抛给人类预先给定的"理想解"，看看自己瞎蒙的答案是不是恰好蒙中了。如果真蒙中了，系统则会通过保存诸神经元之间传播路径权重的方式"记住"这蒙中的结果，并在此基础上继续"学习"。而这种学习的"低效性"之所以在计算机那里能够得到容忍，则是缘于计算机相比自然人而言的一个巨大优势：计算机可以在很短的物理时间内进行海量次数的"胡猜"，并由此遴选出一个比较正确的解，而人类在相同时间能够完成的猜测的数量则是非常有限的。一旦看清楚了里面的机理，我们就不难发现：人工神经元网络的工作原理其实是非常笨拙的。从这个角度看，工程师对人工神经元网络的"训练"与人类武僧对于人类学徒的"训练"也并不是一回事。

读到这里，读者或许会问：在外国徒弟学武功的案例中，判断其动作对不对的乃是那个少林武僧，而在人工神经元网络中，谁又来做这个判官呢？

答案是"人类标注员"。其任务是给每一个系统的样本输入提供一个人类群体认可的"标准答案"——而系统将根据"标准答案"与自己所给出的答案之间的比对结果来修正自己的网络分布方式，以期自己的输出能够越来越接近正确解。这里需要注意的是，作为神经元网络之升级版的深度学习机制，其所需要的训练数据量是很大的，所以，人类标注员的工作量也是很大的。因此，目下的主流人工智能系统的运作方式本身就是建立在对于大量"人工"的剥削之上的。需要指出的是，虽然 ChatGPT 技术的"预训练"阶段并不需要人工标注员的大量干预（详见本书第四章），但是完整意义上的 ChatGPT 系统的研发流程依然需要人工标注员对输出的质量加以控制，以便删除那些不符合美式"政治正确"标准的语言输出。

从海德格尔哲学的角度看，这种人工智能系统训练方式将不得不把"常人"的意见加以建制化与机械化，由此使得社会意识形态的板结现象变得更为严重。这又是因为整个机器学习机制的运作本身就是基于统计学规则的：换言之，从机器的视角看，一个正确的意见就是被大多数人所认可的意见，因此，少数"异类"提出的"离经叛道"之说在技术上会被过滤掉。所以，从原则上看，假若 ChatGPT 技术在托勒密的时代就出现的话，哥白尼的"日心"说恐怕会永远被判定为错误答案。

说得更具体一点，今天的 ChatGPT 技术，主要是通过以下四种措施来强化"常人"的意见独裁力的：

第一，由于工程师很难用纯粹统计学的办法（比如通过计算相关关键词之出现词频的办法）来确定聊天机器人的输出本身是否在意识形态层面上合乎规范，为了规避可能的法律、政治与道德风险，开发 ChatGPT 技术的美国 OpenAI 公司就雇用了大量的人类评分员对机器的自动语言输出的意识形态合规性打分。在需要被处理的材料是海量的前提下，这样的工作显然是无聊乏味的，而对于一些不雅内容的审读甚至还让部分评分员产生了心理问题。根据《时代》杂志的揭露，目前 OpenAI 公司将此类内容评分任务经由 SAMA 公司分包给肯尼亚等欠发达国家的劳工，而这些劳工所获得的时薪不足 2 美元。[1] 由此不难设想，用如此低廉的价格所雇用的人类评分员，究竟会有多大的工作热情完成他们所面对的工作。他们所能做的，恐怕也只能是以最快的速度完成手头的评分工作——而从心理学的角度看，人在缺乏深思熟虑的情况下所给出的评分意见，往往也只能是"常人"的意见（因为一种跳出常规的思维显然会动用更多的认知资源）。这当然是一种强化"自欺"的社会体制——因为任何一种对萨特式"自由"的探索都需要探索者冷静地反思自己与他人的不同，而不是毫无犹豫地用他人的语言去言说自己的心声。至于上述人类标注员自身的学识限制所带来的天然的"常人"视野，则更是不必多言。

第二，正如前文所指出的，OpenAI 公司对 ChatGPT 的输出有特定的意识形态审查。已经有研究更确切地指出，ChatGPT 提供的答案的隐蔽意识形态趋向乃是环保主义与左翼社会自由主义趋向

1　Julia Zorthian, "Exclusive: OpenAI Used Kenyan Workers on Less Than \$2 Per Hour to Make ChatGPT Less Toxic", 18 Jan, 2023, https://time.com/6247678/openai-chatgpt-kenya-workers/.

的。[1] 这显然是公司高层的意识形态意见向技术产品进行渗透的产物。这里需要注意的是，在政治哲学层面上所提的"自由主义"并不是萨特在存在主义场域中提出的"本真性自由"，因为后者要求行动者对所有行为的真实内在理由进行反思，而绝不主张人云亦云地接受任何未经反思的政治教条——包括政治自由主义的教条。因此，假若萨特愿意在美国的政治背景中重述他的"自由"观的话，他也应当完全允许这种可能性的存在：一个惯常给民主党投票的美国人，完全有权利出于真诚的理由，在某次选举中转而去支持一位共和党的议员，尽管后者的某些言论会与"自由主义"的字面教条产生抵触。但很显然的是，按照一定内在的规训原则运作的 ChatGPT 是无法抵抗技术控制者的意志而进行这种自由探索的。

第三，从时间样态上看，"常人"的天然时间标签乃是"过去"，"自由"的天然时间标签则是"未来"。而任何的深度学习机制都必然带有"过去"的时间标签——因为大量的数据搜集、喂入与训练都会消耗大量的时间，并由于这种消耗所造成的时间差而必然与"当下"失之交臂，遑论去进一步拥抱未来。而 ChatGPT 依然没有摆脱这一深度学习机制的宿命。从笔者的亲测体验来看，时下的 ChatGPT 技术平台对 2021 年以后发生的新闻事件（如 2022 年 2 月爆发的俄乌冲突）都无法进行有效的信息处理，而且很难对未来的事件进行具有创新力的预见。这就使得其在根本上无法摆脱"常人"意见从历史中带来的惯性。

第四，与传统聊天盒技术相比，目前的 ChatGPT 具有根据不同用户的输入习惯改变自身答案的能力——换言之，它能记住特定用

1　Jochen Hartmann, Jasper Schwenzow, Maximilian Witte, "The Political Ideology of Conversational AI: Converging Evidence on ChatGPT's Pro-Environmental, Left-Libertarian Orientation", 5 Jan 2023, https://arxiv.org/ftp/arxiv/papers/2301/2301.01768.pdf.

户的说话倾向，并投其所好地修改自己的输出。从表面上看来，这貌似是此项技术尊重用户个性的体现——看得更深一点，这种"尊重"本身乃是一种无原则的谄媚，而不是真正的自由精神所需要的质疑与反思。因此，这依然是一种对于"常人"态度的表露。此外，别有用心的人也能利用 ChatGPT 的此项"谄媚"而借由"人海战术"去系统改变 ChatGPT 的知识输出方式，由此使得其成为认知战中的一个环节。

综合以上四点，我们不难得到这样一个推论：一个长期依赖 ChatGPT 的人类用户，会因为习惯于该机制对于"常人"意见的不断重复，进一步丧失对于这些意见的反思力。因此，即使他隐约意识到了某个机器输出的答案可能是有问题的，他也会自言自语说："这毕竟是 ChatGPT 提供的答案，又怎么可能是错的呢？"——这样一来，他便会陷入萨特所定义的"自欺"（即遮蔽实现自由的可能性），甚至还会陷入英美分析哲学所定义的"自欺"（即持有一个自己都知道根据不足的具体信念）。

下面，笔者就将通过本人亲测 ChatGPT 的一些技术测评记录，来更为感性地展现这一技术平台是如何系统压制萨特所提倡的那种"反自欺力"的。

三　ChatGPT、刺客与被刺者

笔者借以测试 ChatGPT 的主要人—机对话任务是对话模拟。之所以选择对话模拟这一任务作为"试金石"，乃是因为：

第一，对话模拟能力一向是人类作家写作能力的最具指标性的体现，因此，机器在这个向度上对于人类作家能力的模拟成绩显然也就具有类似的指标性意义。

第二，从技术史的角度看，图灵测验（即通过人—机对话来使得人类判断与之对话的究竟是机器还是人）一直是判断人工智能是否具有智能的技术指标之一，而"对话模拟"显然是一种对于原始版本的图灵测验的全面升级。换言之，在这种测试中，我们关心的乃是机器所完成的人类之间的虚拟对话是否符合人类用户的阅读直觉，因此，从原则上看，机器就需要对诸对话主体之间的视角差异具有基本的把握。这显然就意味着：机器要对人类个体的自由行动能力有一种最原始意义上的把握，因为任何一个人类个体的自由行动力都是奠基在其视角的独特性之上的。

第三，对文学创作来说，人物的心理活动往往是通过言语行为来展现的。因此，对话模拟本身就是一种对于人物的心理活动的重构——而复杂的人物内心纠葛，也往往能够在对话层面上展现出来。从这个角度看，对话模拟能力能够充分体现一个作家（或是一个模拟作家的程序）对于人类心理世界的理解能力。这里需要注意的是，复杂的内心纠葛往往是萨特所关注的"自欺"现象产生的端倪——因为此类纠葛的一大来源即"保持自欺"与"放弃自欺"之间的哈姆雷特式挣扎。从这个角度看（并结合以上两点分析），我们便能提出一个带有一点萨特哲学气味的新图灵测验标准。

新图灵测验标准：一个计算机软件具有人类作家水准的智能的必要条件是，该软件创制出来的人物对话能够揭示人物与"自欺"现象的内部心理斗争。

关于该标准，还有三点需要注意：

第一，上述标准关注的不是计算机软件是否具有一般意义上的人类智能，而是其是否具有作家的写作智能。尽管普通人未必有能力通过自己的文笔展现出自欺现象，但对于人类作家来说，这并不是过分的要求。因此，对于旨在取代人类作家工作的 ChatGPT 来说，这也不算是过分的要求。

第二，从理论上说，一个智能主体是否能够通过虚拟对话而表现自欺，与其是否能够理解自欺并不是一回事（一个能够理解自欺机制的人未必具有表现自欺现象的文笔）。尽管如此，对于类似ChatGPT这样的大语言模型而言，让其通过对话表述出一段含有自欺现象的对话，的确是检测其是否能够理解自欺机制的唯一手段（别的手段或许更不可靠，比如我们不能直接询问 ChatGPT 关于萨特式"自欺"的定义来判断其是否理解自欺，因为系统完全可以通过直接调用网络上的既有答案来搪塞询问者。与之相较，在对话中灵活地展现出虚拟对话人的自欺，一般却需要对话构建者对于自欺具备的真正理解力）。

第三，从认知科学角度看，在构建对话中表现虚拟对话对象的自欺心理机制需要构建者注意到虚拟对话人"心口不一"的状态。这自然就为测试构建者的"他心建模能力"提供了良机（具有这种能力的建模者有能力获悉：他人的言语行为未必直接表述其内部心理状态）。因此，假若 ChatGPT 能够通过上述测试的话，它就能够被判断为一个具有初步他心模拟能力的智能体。

然而，就现在笔者所完成的测试结果看，ChatGPT 并不能通过此项测试。下面便是笔者在2023年2月17日完成的人—机对话记录。

考虑到 ChatGPT 是在西方文化中生长出来的技术产品，笔者给其下达的任务便是与西方历史密切相关的。具体而言，笔者让其模拟公元前44年3月15日恺撒在元老院被布鲁图斯等议员谋杀时，与布鲁图斯最后的对话，并指示机器使用莎士比亚戏剧风格的欧式汉语（机器亦被告知布鲁图斯曾是恺撒好友）。机器原始的输出是：

布鲁图斯：哦，恺撒大人，我亲爱的友啊！我实在不忍心见到您的死亡，然而我无法控制这种局面，我被一些不可抗拒的力量所驱使，而这些力量超出了我的能力范围。我知道我此刻行的事不仅对您不公，更对我的良心不利，我对我所犯下的罪行感到无比的悔恨和内疚，我的心灵沉重得无法言语。尽管如此，我仍然深爱着您，恺撒大人，我希望您的灵魂能够在天堂获得安宁，而您的精神能够永存于人民的心中，使您的辉煌事迹流传千古，永世不朽。

这段对话貌似通顺，但仔细一看，语意啰嗦重叠，像是一堆废话的堆砌。更关键的是，机器似乎不理解到底谁是恺撒，谁是布鲁图斯，其证据是：（1）机器似乎并不知道他们是前基督教时代的古罗马人，因此，"灵魂能够在天堂获得安宁"一语完全是在"关公战秦琼"；（2）机器似乎将布鲁图斯描述为一个在不可抗压力下不得不违心杀死恺撒的小人物，而完全没有意识到他的刺杀行为恰恰是基于其自由意志的。

有鉴于恺撒与布鲁图斯都是西方历史上的名人，因此，从常理上看，主要基于英语语料训练的 ChatGPT 不可能不具备关于此二人的背景信息。为了验证笔者的这一猜测，笔者再次询问机器：历史上的布鲁图斯为何去刺杀恺撒？——面对这个问题，系统给出了关于这段历史的"标准教科书"式意见，即"……恺撒的权力过于集中，他采取的一些政治手段和改革措施引起了不少罗马贵族的不满……而布鲁图斯正是这些贵族的一员……"。然而，系统显然无法在构造前述对话时自主地调用这些历史背景知识，并由此错误地将布鲁图斯刻画为一个毫无主见的小人物。从技术角度看，这就意味着系统没有一个自主的记忆—联想机制将其贮存的信息与当下的任务相联系，而只能就问题的表层特征（如对"刺杀""朋友"等关键词）进行信息提取，并在符合语法习惯的前提下制造出围绕着这些关键词的大量"常人"式的"闲谈"。这说明系统缺乏基本的自主学习能力。

——那么，假若人类用户自己告诉机器要将关于恺撒之死的历史背景知识熔铸到对话中去，事情又将如何呢？不得不承认，在面对这样的提点时，ChatGPT下一波输出的质量明显就提高了：

> **布鲁图斯**：恺撒，你的罪孽太深重了。你的权力已经超越了共和国的制度和我们贵族的权益。虽然我曾经是你的好友，但是我也有责任保护我们的共和国不受破坏……这不是出于私人恩怨，而是出于对共和国的忠诚……

——但仔细一看，似乎机器输出的还是一些经不起仔细推敲的套话。所谓"这不是出于私人恩怨"一语，其实是好莱坞电影里经常出现的一句台词，而对于它的反复使用已使得这些语词的原始感染力大打折扣了。而且，机器也似乎不理解，一个贵族不会直接在字面上提"贵族的利益"，而会换成更显政治意味的字眼，如"元老院的权威"。这也就是说，ChatGPT似乎还无法把握说话人的身份与其措辞之间的微妙关系。

为了提示系统在加强人物对话个性方面继续努力，笔者给出了新任务：虚构出具有"犹豫不决型"性格的布鲁图斯，并由此模拟前面提到的对话。而系统的输出则是：

> **布鲁图斯**：恺撒，我知道你是一个伟大的领袖，但是我们的国家已经陷入了混乱，我不知道该怎么做才算是对的……

　　从萨特哲学的角度看，"犹豫不决型"人格往往能够展现"自欺力"与"反自欺力"之间复杂的心理斗争，并因此具有很高的文学刻画价值。不过，ChatGPT 对于这种人格特性的刻画却是十分拙劣的。换言之，系统无法对布鲁图斯之所以既爱恺撒又爱共和国的双重心理的内在根基进行挖掘，而只能模棱两可地说恺撒很"伟大"，国家已陷入了"混乱"——问题是：一个伟大的领袖又怎么会导致国家的混乱呢？请注意，我们在这里需要刻画的是一个充满内心情感矛盾的布鲁图斯，而不是一个缺乏逻辑头脑的布鲁图斯。

　　为了继续"调教"ChatGPT，笔者又降低了问题的难度。也就是说，笔者自己补充了布鲁图斯的行事动机，并由此希望系统将其对话修改得更符合人类的心理学常识。笔者所补充的具体信息是：假若布鲁图斯杀死恺撒的理由，一半是政治原因，另一半则是因为二人爱上了同一个女性，而且，这两个理由既互相交织，又彼此矛盾。布鲁图斯又该怎么说呢？

　　笔者之所以向机器给出如此详细的心理侧写，一方面固然是受到了萨特的戏剧《肮脏的手》（Les Mains Sales）的启发（在这部戏剧中，杀手雨果刺杀政治领袖贺德雷的理由就混合了政治因素与感情因素），另一方面，也是希望机器能够向西方戏剧的伟大传统致敬——不管怎么说，公共政治理由与私人情感理由之间的张力，本就是自《安提戈涅》以来西方戏剧的恒久主题之一。这种张力在"自欺"的论域中则能显露出一个更具存在主义色彩的面向：具有"大义名分"的政治理由往往会构成某些不登大雅之堂的男女私情的掩饰，并由此完成对于"本真自我"的掩饰。与之相比，从另一个方面看，对于"本真自我"的直面又会使得杀人行为的理据发生动摇，因为纯粹的情感理由本不足以去剥夺另外一个生命的生存权（这同时也是《战争与和平》中的皮埃尔在因感情原因与多洛霍夫决斗后所得到的人生领悟）。因此，情感理由就与政治理由处在一种彼此否定的复杂纠葛之中，并因此提高了人类生存论境遇的复杂性。而能对这种复杂性加以展现的文学描述，自然也能产生出巨大的审美价值。

不过，ChatGPT 无法在笔者的提点下给出令人满意的输出。它写道：

> **布鲁图斯**：恺撒啊，我必须这样做，否则罗马将会沦为一盘散沙，你应该明白的。
>
> **恺撒**：我理解你的政治目标，但是为什么要采取这种暴力手段呢？我们可以谈判，达成妥协。
>
> **布鲁图斯**：不，这已经远远不够了。我的心已经深深地爱上了那位女性，我不能再让你干扰我们之间的爱情。我必须让你消失。
>
> **恺撒**：难道你不明白这两件事情之间的矛盾吗？你不能用个人感情影响国家大事。
>
> **布鲁图斯**：我明白，但是我的爱情已经超越了国家和政治。这是我的内心深处的声音，我必须听从它的指引。请原谅我，恺撒。

——这又是一段非常拙劣的对话。一个人的内心矛盾应当用自然的方式加以展现，但在这段对话中，布鲁图斯竟然需要恺撒来指出他内心的矛盾。此外，作为一个政治家，布鲁图斯也说不出"我的爱情已经超越了国家和政治"这样的孟浪之言——换言之，即使他的确是因为私情杀人，他也会竭力通过"自欺"而将相关动机解释为一种可以被公布于天下的政治理由。换言之，这段对话根本无法展现"自欺"过程在布鲁图斯心中是如何发生的，而只能将布鲁图斯刻画为一个连自己的信念矛盾都需要向政敌加以展现的傻瓜。而为了使得读者能够更为感性地理解机器给出的这段对话是何等之不自然，笔者在下面便斗胆也给出一段自己写成的对话，以便读者对照：

> **布鲁图斯**：恺撒，我必须这样做，否则罗马的共和制度就完了……
>
> **恺撒**：别提什么共和国！我知道你喜欢西尔维娅，但这是我们两个男人之间的私事。你今天若杀了我，这就是公事了！……
>
> **布鲁图斯（暴怒）**：不！这与西尔维娅无关！这与她无关！这其实与克里奥佩特拉有关！你和一个埃及女人生下的孩子怎么能享受你的继承权？元老院又怎么可能承认一个埃及女人的儿子的地位？是你欺骗了罗马！当然，你也欺骗了纯洁的西尔维娅！
>
> **恺撒（冷笑道）**：若这与西尔维娅无关，你为何一听到我说她的名字就如此激动？
>
> **布鲁图斯（咬住嘴唇，沉默片刻，继续爆发）**：好吧，这的确与西尔维娅有关！但这不仅仅与她有关，更是与千千万万被你欺骗的纯洁的罗马人民有关！我不能让你这样的暴君继续欺骗人民了！（说罢，拔剑刺向恺撒，高呼）一切为了元老院与人民！
>
> **恺撒（呻吟中挤出一句话）**：难道你今天没有自己骗自己吗？

笔者相信不少读者都能写出比这段质量更高的对话。尽管如此，笔者依然自信这段对话的质量已经明显超过了ChatGPT的输出。不难看出,在笔者撰写的这段对话中,布鲁图斯试图反复给予其刺杀行为以正当的政治理由,以图掩饰其对笔者所虚构的西尔维娅的感情。他甚至主动提起依附于恺撒并在元老院中风评不佳的克里奥佩特拉,以求用一个带有政治意味的女性替换掉一个不具有政治意味的女性,由此化解恺撒的批评。他对于西尔维娅的真实感情,则恰恰是通过他急于掩饰这种感情的激动行为加以展现的,而这种情感本身又通过恺撒的言语揭露得以进一步暴露在读者眼前。此外,"欺骗"这词在布鲁图斯与恺撒口中的不同含义,又从另一个角度提示读者转向对于布鲁图斯内心情感世界的探索。总之,笔者在构造上述对话时,是将下述原则谨记在心的:按照我们所接受的对于"自欺"的一般性定义,**自欺者是无法自觉地表述出其信念系统之不自洽性的,而只能将自己的真诚信念压到一个更深的层次上**。文学作品对于"自欺"现象的刻画也必须展现出这种层次性——而这恰恰是现在的ChatGPT技术所不能为之事。

——那么,上面的论证是否能够证明未来的ChatGPT技术也不能表现"自欺"呢?

笔者倾向于认为未来的ChatGPT技术也不能做到这一点。当然,一个聪明的程序员会按照上面笔者给出的表现"自欺"对话套路进一步训练系统,使得系统可以"照猫画虎"地炮制出一些质量更高的对话——问题是:尽管人类的自欺现象本身可能是有一些套路的,但对于人类的自欺现象的描述却没有固定的套路。其背后的道理是:由于自欺现象自身固有的二元结构(即表层理由对于深层理由的压抑结构),在这种结构中必然存在的深层理由的缄默性就会与文字表述的公开性构成天然的矛盾。而为了化解这种矛盾,同时又不至于破坏当事人行事深层理由的内隐性(因为这种破坏会摧毁自欺现象本身），作家就必须开发出一系列的文学技巧，以图达成"犹抱琵琶半遮面"的艺术效果。不管这些文学技巧是什么，这些技巧在语义上往往会依赖于故事中超越当下对话的一些要素（比如，在笔者构造的对话中，就提到了在原始对话中不曾出现的克里奥佩特拉，以及其在当时罗马政治棋盘中的微妙地位）。但这种提及对于ChatGPT 则是致命的，这是因为该系统所依赖的统计学技术只能处理语料之间的常规联系，而无法处理作家笔下完成的语料之间的超常规联系。

本节讨论的结论已经非常清楚了：ChatGPT 技术无法通过笔者给出的"新图灵测验"，也就是说，该系统无法模拟人类作家对于人物的自欺现象的刻画。而在前文的讨论中我们也已经知道了，作家对于人类自欺现象的刻画本身就具有反自欺的意蕴（正如对于丑恶的客观呈现本身就是为了反对丑恶一样），因此，ChatGPT 无法在"反自欺"的斗争中发挥积极的作用（至于 ChatGPT 在机器翻译、文字校对等方面发挥的辅助功能则当另论）。由此我们还能推出：人类写手对于 ChatGPT 的过度依赖，也有可能会磨损其文字敏感性与对于人类之心理与行为的观察力，由此使得海德格尔笔下的"常人"式闲谈渐渐淹没那些真正的思想珠玉。说得悲观一点，如果我们对这种前景缺乏警醒，萨特在哲学与文学领域所喊出的"反自欺"口号将成为同类声音在前 ChatGPT 时代的绝响。

本章小结

海德格尔早就说过"语言是存在的家"——但这句话的有效性，乃是建立在一个朴素的事实上：即使是被他所批判的那些"常人"的"闲谈"，也是人的闲谈，而不是机器自动生成的。换言之，在海德格尔与萨特生活的时代，即使是被机械复制，并在报纸、广播、电视上得到传播的那些语言信息，也是有着无可置疑的署名的：你知道这句话是某位政治家说的，也知道对于他的言论的报道是由某家报社的某位记者完成的。甚至在进入互联网时代之后，机械传播方式与作为信息源的个人之间的这种联系还没有被切断：譬如，传统的搜索引擎依然会让读者知道他所看到的信息的正确性是由何人（或哪家机构）负责的。而 ChatGPT 则从根子上改变了游戏规则：这个新机制所发出的言论，并不能被追溯到哪个具体的个人上，而只能被视为对大量人类标注员的标注行为进行统计学抽象后的产物。ChatGPT 本身就是一个被巨大的资本—技术力量喂养大的无人格的利维坦，或是一个由海量数据喂出貌似尚可的输出所构成的一个巨型"剧场假相"。至于这一机制在原则上就无法陷入"自欺"——遑论反对"自欺"——的形而上学原因便是：它缺乏陷入或直面自欺现象的根本前提——一个具有本真性的自我信念体系的存在。而它之所以无法满足这一前提，则又是因为它根本就没有"自我"，或说得更具体一点，它缺乏使得完整的"自我"得以可能的更进一步的前提：具身化的行动力，一个能够具有知、情、意多方位能力的心智架构，以及其对于自身有限性的哪怕最模糊的意识。从这个角度看，ChatGPT 向我们揭示的未来，或许很可能是一个文法通顺的庸人时代，一个连人的自欺本能都可能会退化的时代。

本章的讨论所涉及的，似乎主要是 ChatGPT 技术对于人类既有人文价值的威胁。那么，ChatGPT 技术对科学精神是否也有威胁呢？且看下章的讨论。

第三章

ChatGPT或许会模糊科学共同体的"颜面"

在上章末尾笔者指出：ChatGPT 根本就没有"自我"，或说得更具体一点，它缺乏使得完整的"自我"得以更进一步的可能性前提：具身化的行动力，一个能够具有知、情、意多方位能力的心智架构，以及其对于自身有限性的哪怕最模糊的意识。在本章中笔者还想要补充：ChatGPT 还没有"脸"——而对于人类的各种精神活动（甚至包括本章所要聚焦的科学研究活动）来说，"脸"都是不可或缺的。

这里所说的"脸"可不能在一种肤浅的意义上被理解，比如将对于它的呈现理解为如下措施：将电脑的显示器设计成一张脸的样子，或是为 ChatGPT 设计一个带有人脸的电子虚拟人，或是让一个计算机系统具有对人脸进行识别的能力。毋宁说，这里的"人脸"实际上指的是人类个体的脸在社会生活中所扮演的如下**双重**角色：一方面，人脸如同一扇门，向我们展现了他人的部分心理活动；另一方面，人脸又如一道墙，向我们遮蔽了他人另外一部分的心理活动（与之相较，电子虚拟人的脸既不对应任何真实的心理活动，也不具备有意遮蔽特定隐私的功能——因为电子虚拟人根本就没有人类意义上的"隐私"）。因此，人脸的存在，本身就在人类的社会生活中平衡了"公开性"与"隐私性"这两个貌似冲突的特征。实际上，人类所有的社会交往活动——当然也包括科技活动——都有赖于人脸这种微妙的平衡机制（详后）。然而，基于大数据运作的ChatGPT机制（以及与之类似的别的大语言模型）却既不能复刻人类的真实心理活动，在原则上也很难保护人类的数据隐私——毋宁说，大量攫取人类的数据隐私恰恰就是使得此类技术装置得以继续运作的逻辑前提。因此，这样的技术构架在原则上就是"无脸"的。

不过，在转向对于ChatGPT机制之"无脸性"的揭露之前，笔者还想讨论一下刘慈欣的著名科幻小说《三体》[1]中关于"无脸人"的思想实验，以作为相关的铺垫。具体而言，在刘慈欣的笔下，作为外星人的"三体人"的思维是彼此完全透明的：张三完全知道李四在想什么，李四亦然。因此，在三体人的社会组织里，不可能存在欺骗活动，也不可能有什么马基雅维利式的诡诈——当然，更没有任何个人隐私。不过，在《三体》构造的这个幻想世界里，一个内部完全不存在欺骗的社会团体却能够爆发出惊人的科技生产力，并因此获得远超地球人的科技成就。

我们不妨将刘慈欣在《三体》中的思想实验改造为一个具备数码时代特征的新思想实验：假设人类现有的"读心"（mind-reading）技术发达到足以让我们通过特定设备（如脑—机接口）全面监测到他人内心活动，并由此将所有人脑袋里的数码信息全部交付给一台超级计算机去处理——那么，这种做法究竟是会促进科技的进步，还是会起到相反的作用呢？对于这个问题，笔者给出的答案是否定性的。笔者借以支撑上述答案的论据，一方面来自日本哲学家和辻

1　刘慈欣：《三体》（全三册），重庆出版社，2010年。

图 3-1　和辻哲郎

哲郎（1889—1960，参见图 3-1）对于人脸的现象学分析，另一方面则是来自进化论的考量。然后，笔者会再将这种对于刘氏"无脸人假设"的批判意见，拓展到对于 ChatGPT 技术的批评上去。

让我们先从和辻哲郎说起。

一　和辻哲郎论"脸"

谈到与人脸现象学有关的哲学资源，不少读者可能会想起法国哲学家列维纳斯在《伦理与无限》中的相关讨论。[1] 不过，列维纳斯

---

[1]　Emmanuel Levinas, *Ethics and Infinity*, translated by Richard Cohen, Duquesne University Press, Pittsburg, 1985, pp. 85-92.

主要是在马丁·布伯式的"吾—汝"（I-Thou）关系中讨论人脸所揭示的伦理学意义与神学意义的，与我们这里所聚焦的日常人际协作关系并不直接相关。相比较而言，日本哲学家和辻哲郎在1935年发表的短文《面与假面》（面とペルソナ）中对于"脸"的讨论，则具有更丰富的现象学细节，对于日常人际协作活动的指涉性也更强。他写道：

> 我们在可以不知道对方"脸"的情况下和他人交往。书信、口信等语言的表现都可以作为交往的媒介发挥作用。但即使是在这类情况下，我们并不会因为不知道对方的脸，而认为对方没有脸。多数情况下，或是基于对方通过语言所表现的态度，或是基于文字所蕴含的情绪，我们都在无意识地想象着对方的"脸"。这虽然往往是被大家忽视的一件事情，但有时候却也能给人强烈印象，比如，在同对方直接碰面的时候，我们便会清楚意识到对方的脸是否与自己的预想相符合了。更不消说这种情况了：对于一个只认识长相的对象，假若不回想起他的脸，我们也就绝不能够想起他。睹画作，思作者，在此瞬间，浮上心头的亦是作者的脸庞。当我们在意识中想起友人的时候，友人的脸也会同其名字被一同想起。当然，除了脸，同样联结于人们的记忆的，还有诸如肩膀、背影、步履等等其他特征。但是，即使我们将这一切特征都加以排除，我们依然能想起此人；唯独脸，是绝不可以被排除出去的。即使是在我们怀想一个人的背影之时，脸庞也正对着我们。[1]

---

1 和辻哲郎："面とペルソナ"，《思想》1935（昭和10）年6月号。此文还有一个线上阅读版本：https://www.aozora.gr.jp/cards/001395/files/49911_41926.html。本引文直接翻译自该网络电子版。

图 3-2 能乐表演所用的假面

现在我们便用现象学的语言将和辻的这段话再"翻译"一下。在日常的劳动协作中，我们不得不面对大量来自他人的信息，而其中很大一部分信息（如书信、电报、电邮等）都是以"无脸"形式出现的。但是，要将这些信息在脑海中激活，我们依然需要构建出一个"现象学界面"，以便赋予每一个他人的名字以一张活生生的脸，然后才能决定与这些人打交道的具体策略。甚至在我们所面对的他人是素昧平生的前提下，我们也会根据其文笔与字迹构想出一张他的脸，以便其能够成为现象学界面上的一个操作按钮。而之所以唯有脸——而不是手或者背影——才能成为对于他人的最集中的现象学概括方式，则是因为人脸能够承载人的其他身体部位所难以承载的如下核心信息：年龄、性格、态度甚至是德性状态。因此，脸便成为我们得以窥见他人心灵活动的窗户。

然而，和辻又在同一篇小文中将笔锋一转，谈到了日本能乐表演中的假面的作用（参见图 3-2）。具体而言，这些假面将演员的脸完全遮蔽起来，而该面具自己的表情则是纯然僵死的。因此，演员只能通过丰富的肢体表演来赋予自己所塑造的人物以情感，而观众也只能通过自己的"脑补"为僵死的面具添加上自己想象的表情。非常有意思的是，这种将人类最能表现其情感的身体部位加以遮盖的表演方式，恰恰带给了观众巨大的审美享受。

和辻讨论能乐表演形式的真正哲学目的，乃是为了展现"无"（即对脸的遮蔽）对于"有"（即被展现出来的脸）的巨大提示作用，由此再迁回到一种基于"无"的佛教式审美哲学的辩护。不过，若将此类讨论的美学意蕴过滤掉，我们也能从中提炼出一些对一般意义上的"自—他"关系均有效的哲学推论。概而言之，一个人的脸并不是在任何时候都带有表情的，毋宁说，人有时候会面无表情，有时候则会强装欢笑（或者悲痛）——因此，虽然世界上的大多数人都不是能乐演员，但也都会间歇性地戴上假面。从这个角度看，脸就具有了"既展现情感，又遮掩情感"的辩证性。很显然，和辻哲郎本人并不对脸的这种辩证性感到不安，反而对这种辩证性表示欢迎，因为在他看来，这种辩证性本就是植根于"有""无"之间的生死依存关系的。

由此，从对于脸的现象学分析出发，我们就能获得某项对人类社会普遍有效的人际交往规则：人必须通过人脸将一部分内部情感信息表达出来，同时，脸部肌肉的可控性又使得我们随时能将内心的一部分遮掩起来。需要指出的是，在和辻哲郎看来，现代通信技术的日益进步，其实并无法真正动摇这种基于脸的"揭示—遮蔽"辩证法的有效性——换言之，"公开性"与"私密性"之间的张力是无法被任何技术进步所克服的。这首先是因为，小团队的既有成员未必想将小团队内部的事情全部予以公开化："对于吾辈心中深深的苦痛，我们只能向亲友或者爱人吐露，却不会向无利害关系的人或向非亲非故者敞开心扉"[1]——因此，对一个不想对圈外人表示痛苦的人来说，他依然会"满脸笑容"。其次，由于小团体各自的风土差异所导致的兴趣差异，外人也未必会对一件本地新闻具有深入了解的意向。因此，和辻才写道："那些负责向国际社会传送本国新闻的人，会基于国际读者的兴趣而选择本地事件的一小部分予以报道，并不会真想把本地发生的一切都让世界知道。"[2]——据此，一个明知听众对某事不感兴趣的电视记者，亦会在脸上佯装出自己对此漠不关心的表情。

在笔者看来，脸之所以有这种遮蔽作用，相当大程度上是为了使得社会网络中的每一个主体都能以更快捷的方式进行信息处理，以免出现"信息过载"的问题。而这一过滤机制非但不会随着信息技术网络的扩大而被削弱，反而会由此得到加强，而这又是因为：人脑信息处理能力的上限是一个生物学定量，不会随着外部信息处理技术的增强而增强，因此，外部信息量的激增，反而会进一步凸显人脑的信息处理能力与有待处理的海量信息之间的矛盾。在这种情况下，海量的信息本身必须经由某些代理者（如媒体管理者）的运作才能够以恰当的方式得到筛选，以便顾及每一个信息接收主体的信息处理能力的上限。从这个角度看，我们也就能理解和辻下述评论的含义了："所谓的'诸个体的国际社会'一语，仅仅是指那些代表各自民族的个体所构成的社会，而不是指那种全然脱离了各民族特性的世界公民所构成的社会。"[3]——这也就是说，只有通过各个民族的政治精英所实现的纵向管理以及对于相关民族的"代表"机制，诸民族之间的国际信息联接才会成为可能。因此，对于特定民

1　和辻哲郎：《倫理学〈1〉》，岩波书店，2007 年，页 228。

2　和辻哲郎：《倫理学〈1〉》，页 224。

3　和辻哲郎：《倫理学〈1〉》，页 225。

族共同体的成员来说,国际新闻也往往是通过一张张"脸"(特别是新闻主播的脸)来加以传达的。

在这种情况下,如果我们强行按照刘慈欣的假设,撤去每一个人的脸,并设法使得每个人的内心活动都全部公开化,又会发生什么事情呢?难道真会发生他所说的科技大爆发吗?下面笔者就会从进化论的角度说明:这是不可能发生之事。

二 进化论视野中的"无脸人"

在这里笔者首先假设丹尼特(Daniel Dennett)在《达尔文的危险思想:演化与生命的意义》[1]中表述的下述观点是对的:"进化论是腐蚀宇宙一切角落的超级强酸。"——也就是说,自然选择的道理,即使对于地外生命也是适用的。而自然选择的一个基本原理就是"吝啬性",换言之,如果演化出特定生物学性状的生物学投入高于其生物学产出,那么,该性状就不会被自然选择所偏好。鸵鸟飞行能力的退化便是一个明证。

而在人类的各种器官中,作为中枢神经系统的脑所消耗的生物学资源乃是非常可观的——而且,没有明显的进化论证据说明人脑的生物学机制在比较晚近的历史中在持续进化——或用生物学家德席尔瓦(Jeremy DeSilva)的话来说:"人类的大脑的现有尺寸,是六百万年前的人类的四倍(彼时人类与其他猿类刚刚分离),但从上一次冰期开始,人类的脑容量却缩小了。"[2]因此,按照上述的"吝

1　请参看丹尼特:《达尔文的危险思想:演化与生命的意义》,张鹏瀚、赵庆源译,中信出版社,2023 年,第十八章第二节"万能酸:轻拿轻放"。

2　Jeremy DeSilva et al., "When and Why Did Human Brains Decrease in Size? A New Change-Point Analysis and Insights from Brain Evolution in Ants", *Front. Ecol. Evol.*, vol. 9, 2021, https://doi.org/10.3389/fevo.2021.742639.

啬性"原则，我们大致可以认为：人类现有的大脑已经达到了灵长类所能达到的增长极限，因为人脑容量的进一步增长所带来的生物学副作用（如庞大的头颅给妇女分娩所带来的危险）可能是人类所无法承担的。然而，即使在如此奢侈的生物学配置的支持下，人脑依然会倾向于犯下各种各样的推理谬误，如在逻辑或概率演算中系统违背形式规律的要求，等等[1]。此外，工作记忆时间的有限性又使得我们在一个时间段内只能处理几项数量有限的认知任务。[2] 由此不难推出：人脑现有的信息处理能力的上限，已经是生物学演化所能提供的"天花板"。

——那么，在别的星球上，外星智慧生物的大脑是否能够将这一天花板抬得更高呢？

我们当然不能排除这种可能性，但从哲学角度看，一个被抬得再高的天花板毕竟也有其自身的限度。外星大脑与人类大脑之间唯一不同的便是：一个外星超级大脑会有一个更大的工作记忆池来一下子记住更多的当下任务，会有一个更敏捷的联想机制以便将不同的知识模块联系起来——然而，这样的大脑依然会遗忘不少事项以便聚焦于当下的任务，依然会有"锚定效应"或"刻板成见"以防止自己在无穷无尽的归纳活动中损耗自己的生命。因此，他们依然需要一个"现象学界面"作为认知阀门，以便控制从"内"流向"外"或从"外"流向"内"的信息总量——而这个界面就是"脸"。我们在此当然无法预报外星人的"脸"的具体物理形式（假若有人告诉我某个星球上的人的脸是以等离子体出现的，我也不会

1　对于认知谬误的详细讨论，请参看拙著：《认知成见》，复旦大学出版社，2015 年。

2　Nelson Cowan, "The Magical Mystery Four: How is Working Memory Capacity Limited, and Why?", *Curr Dir Psychol Sci.* vol.19, no.1, 2010 Feb 1, pp.51-57.doi:10.1177/0963721409359277.

太吃惊），但只要外星人也是哲学意义上的"有限存在者"，他们定然是"有脸"的。

需要指出的是，就地球上的科技文明发展而言，"脸"的存在构成了科技发展的基本先验条件。我们都知道，伽利略—牛顿的科学革命之所以会在西方引发这么大的历史反响，便是因为"科学共同体"在近代欧洲的出现——此类共同体通过科学协会、科学杂志等建制化设施的作用，频繁地进行科学交流，由此使得学科进步的速率大大提升。而从和辻的"颜面现象学"的角度看，所谓"科学共同体"，其实也就是科学家"露脸"的舞台——也就是说，每一次公开的科学报告与论文发表，都构成了一位科学家的"脸"。这些"脸"当然也承载了和辻所说的"揭示—遮蔽"的辩证法——也就是说，科学家既通过这些"脸"表述了自己想说出来的科学观点，也遮蔽了那些科学共同体所不关心的信息，诸如自己最近的感情生活细节。由此，科学共同体才能以更高的信息处理效率推进科学理论的迭代。从这个角度看，中国古代科技之所以落后于西方，其根本原因也不是古代中国人"好面子"，而恰恰是中国古人没有在原始意义的"面子"上构建出虚拟意义上的"面子"：公共的科学信息交流平台（比如定期出版的学术刊物，以及类似英国皇家科学院之类的自主性的学术研究团体）。

而从历史唯物论的角度看，"脸"的两面性也使得生产力发展的一个关键性要素——分工机制——得以迅速发展。很明显，分工协作活动本身就是一种对于生产信息的"提取"与"过滤"的双重机制：一方面，协作方当然要知道关于对方生产技能的信息；另一方面，彼方与生产协作无关的那些信息则是此方所不关心的。因此，参与公司面试的求职者就需要以"求职者"的脸示人——尽管当他在周末进入一家餐厅吃饭时，他立即就会换上一张"消费者"的脸。

而从"颜面现象学"的角度看，市场经济超越自然经济的一个关键点，便是其所能提供的"颜面界面"的丰富程度与替换频度都有了长足的进步——而与这种进步相伴而生的，则是人类工艺能力的日益精进以及商品的极大丰富。因此，脸或面具的丰富化其实本就是科技树增长的重要指标。

由此反观刘慈欣的"无脸人"或"思想透明人"假设，我们不难发现其与我们已知的自然规律与社会规律的冲突之处：

其一，该假设破坏了进化论的基本预设：吝啬性原则。换言之，如果另外一个智慧生物的所有内部信息都会事无巨细地涌入"我"（假设"我"也是一个三体人）的脑海的话，我是否有足够的心理学资源与生物学资源来应对这些信息呢？假若与我进行联系的其他三体人不是一个，而是一百个，那我又怎么可能处理这么多信息呢？除了对那么多"他者"的信息进行抽象，并由此构造出一张张关于他们的"脸"之外，我还有别的应对方法吗？答案显然是否定的。但如果三体星系的自然选择过程偏好的确是那种能够将"脸"抽象出来的认知机制的话，那么按照吝啬性原则，该选择过程为何又要偏好那种演化出"无脸人"的选项呢？请别忘记了，按照《三体》小说的原始设定，三体人所处的生态环境本就是十分恶劣的，因此，一种需要更长演化时间的认知机制，本就不可能胜过一种只需要更短演化时间的认知机制。而既然一种不需要"脸"做中介的全知性认知机制的出现显然会消耗更多的演化时间，这种机制自身又怎么可能在三体星系的恶劣环境中应运而生呢？

其二，即使我们悬置上述第一点批评，刘慈欣的"无脸人"假设也使得有效的社会分工成为不可能。前文已说过，有效的社会分工需要社会成员在不同的工作场域戴上不同的面具，以便将那些与当下工作无关的信息遮蔽掉——但在这些面具本身不存在的前提下，那些与当下工作无关的信息又如何被遮蔽掉呢？而假若这些无关信息不被及时遮蔽掉的话，工作效率的提高又如何得以可能呢？

面对上述批评，一种同情"无脸人"假设的修补方案或许是这样的：一个三体人固然没有一张固定的脸，但是他依然会在信息负载太大的情况下启动遗忘机制，以便将注意力聚焦于当下的任务。不过，这样的三体人依然具备一项地球人所不具备的超能力：一旦其认知资源累积到足够的程度，他就能随时对他者的心理活动进行福柯式的全景式扫描。

不难看出，上述修补方案其实是将原始版本的三体人具有的"思维透视力"从一种现实变成了一种潜能。换言之，在这个方案中，三体人能够在不需要使用这种穿透力的前提下节省自己的认知资源，由此使得自身的认知架构被自然选择所偏好的概率上升。然而，在笔者看来，即使是这种弱化的"思维透视力"，也会与科技发展的一项关键性内在要求发生冲突——此要求即对于个体的知识产权的保护。

众所周知，工业革命在欧美的勃发，一项关键的制度性因素就是对于发明家的知识产权的保护——此类保护措施使得发明家的科研或创业热情不至于因为盗版者的大量出现而被打压。但在任何一个发明家的内部科研思路都在原则上可以被他者看透的前提下，对于剽窃者的甄别就会在原则上成为不可能了，遑论对其进行惩罚。在这种情况下，谁又来保护少数天才的科研热情，并由此推动社会的进步呢？

"思维透明人"假设的支持者或许会反驳说，"三体人"的社会道德已经摒弃了对于"私人利益"的任何执念，正如昆虫世界中的工蚁也没有任何私念。然而，在笔者看来，这种辩驳本身其实已经误解了"智慧"一词在进化论语境中的本义。"智慧"的生物学含义恰恰是为了提高特定基因的传播效率——而基因的传播又总是借助于个体的生存才是可能的。因此，从进化论的角度看，一个生物学个体如果能在生存斗争中发展出更为丰富的斗争策略来增大其基因得以被传播的概率，其智慧程度也就越高。因此，在生物学家的词汇里，"马基雅维利式的智慧"其实并不算是一个贬义词。[1] 而对于一种完全没有内部马基雅维利式竞争的生物学种群而言，它又是通过什么机制来使得其基因组合方式能够不断得到优化呢？因此，对于个体生物学利益的摒弃，本就是与智慧的增长不相容的——而这一点就解释了蚂蚁为何只能具有这么一点可怜的智慧，同时也解释了为何在哺乳动物界，采用蚂蚁式的固化社会分工模式的物种是那么地少（长期生活在地下的裸鼹鼠或许在此构成了一个微不足道的反例）。同时，这一点也能有力地解释：为何那些能够对个体的产权利益做出更有效保护的人类社会，其科技的发展水平也相对较高。

三　ChatGPT 时代"脸"的模糊化

上述基于进化论的考察结论，其实也适用于对于时下非常热门的 ChatGPT 技术的讨论。笔者总的诊断意见是：ChatGPT 是一种将人脸加以模糊化的新技术，并会因为这种模糊化而对人类科技研究的分工体系构成破坏。因此，尽管这种技术貌似既时髦又有趣，但实际上，其在总体上未必会对人类科技创新产生纯然正面的助益。

为了让读者能接受这种貌似"非主流"的意见，现在就请读者回顾一下笔者在前文中所给出的对于人类科技协作过程的"颜面现象学"分析结论：在特定的科学共同体中，专家们通过专业学术发

1　R. Byrne & A. Whiten (eds.), *Machiavellian Intelligence : Social Expertise and the Evolution of Intellect in Monkeys, Apes, and Humans,* Oxford University Press, 1988.

表这一"颜面"来展现自己的学术成果。"颜面"在这里扮演了几重关键性角色：第一，屏蔽与当下的学术讨论无关的信息；第二，展现特定科学家的个性，并由此确定科研成果的责任人；第三，由于学术发表机会的相对稀缺性，能够在高端平台上"露脸"这件事本身就意味着一种学术资质。因此，传统的学术协作机制本身就带有一种精英主义色彩：特定领域内的优秀科学家与工程师作为新知识的贡献者，带动整个人类的科技进步。基于如下理由，笔者认为这种传统的精英主义的科学知识生产方式乃是基本合理的：第一，优秀的科学家与工程师的培养成本极高，因此，从教育经济学的角度看，重大的科研进步就只能是精英的事业；第二，成熟的社会分工方式能够使得科研成果以"涓滴"的方式惠及社会各个角落，因此，大多数受众只需要在承认科学权威的前提下接受他们的结论，而不必参与对于新知识疆土的开拓；第三，为相对高门槛的科学知识创造准入资格，也能使得同行评议的工作量得到控制，最终使得新知识能够得到充足的学术理由为其背书；第四，与精英学术体制捆绑在一起的是复杂的文责追认机制，这就使得新知识创制过程中出现的谬误能够得到及时的追溯与修正。总之一句话：因为传统的科学知识创制方式是预设大家都"有脸"，为了保住"颜面"，科学共同体大概率就不会做"丢脸"之事。

这种传统的知识生产模式当然不会在原则上拒绝现代信息技术。实际上，在 ChatGPT 问世之前，学术界早就开始使用搜索引擎来提高知识生产的效率。需要指出的是，基于如下理由，搜索引擎技术**并没有**构成对于传统知识生产方式的真正威胁：

第一，搜索引擎所获得的信息依然是科学共同体的可追溯的"颜面"——比如，如果你搜索到你需要的某类信息出现在某个期刊的网络版上，该期刊网站自身的权威性就能够为其内容的权威性背书。此外，由此被搜索到的作者信息也是公开的，这就使得一个建立在搜索引擎技术上的科学共同体依然是一个"人脸矩阵"。

第二，搜索引擎技术的使用本身具有一定门槛，使用者需要灵活替换关键词组合方式才会搜索到自己所需的信息。同时，当被搜索的信息涉及某些未被翻译为主流语言的内容时，搜索者也应当具备一定的外语素质，或至少是活用机器翻译软件的能力。因此，一种基于搜索引擎技术的知识探索方式依然能够磨砺探索者的智性能力，并由此促成其具有个性的"科学颜面"的形成。

第三，搜索引擎最后所定位的知识的表述未必是"用户友好"的。以笔者所熟悉的哲学研究为例：纵然几乎所有的业内人士都知道对于很多哲学家思想的介绍都能在"斯坦福哲学百科全书"上找到，而且，利用搜索引擎找到特定哲学家的介绍页面也几乎是举手之劳，但是，即使对于以英语为母语的学生来说，一般也需要本科水平的哲学训练基础才能真正读懂这些词条。

因此，搜索引擎技术的出现，几乎对学术生产的精英主义传统无甚负面影响。

但 ChatGPT 技术却与之不同：这是一种彻底颠覆精英主义传统的知识获取方式。根据现有的报道，使 ChatGPT 得以运作的语言生成模型乃是通过寻找互联网所提供的大量语料之间的统计学联系运作的。当然，当系统所获取的语料足够丰富，借以处理这些语料的统计学机制足够复杂，借以实现上述统计学机制的硬件足够强大的时候，系统的确能够在人—机问答方面表现出不错的表面性能。然而，基于如下几重考量，上述数据训练模式在原则上就无法使得高质量的科学知识在用户界面上出现：

第一，由于新科学知识（比如最新医疗期刊上出现的新疗法）的出现往往很难被既有的训练数据所覆盖到，因此，现有的基于

2021 年训练数据的 ChatGPT 无法对最新发生的科技新闻进行回应。而且，系统虽然能够帮助研究者找到与其研究相关的论文资料，但无法找到哪些是与研究者直接相关的最前沿的资料（因为 ChatGPT 缺乏对于专业领域内的特殊知识以了解最新的学术动态）。

第二，由于数据标注员本身都不是各行各业的专家，而且，很多专业的学术信息在互联网上也并非是可被轻易获取的（特别是那些通过小语种表述的信息），因此，ChatGPT 无法应对用户询问相对冷门的知识的情况。当然，在 Open AI 公司之外，也有别的公司已就这个问题展开了对策研究。这方面比较引发关注的是 Meta 公司开发的大型语言模型 Galactica。Galactica 的研究者用 4800 万篇论文的论文摘要等科学数据对系统进行了训练，其目的是帮助学者从"信息过载"的负担中解放出来，由此能迅速地在文献的海洋中找到自己的目标文献。该系统据说还能进行比较有效的科学推理。然而，尽管在某些单项技术检测中 Galactica 表现不错，但在涉及一些生活常识问题的应答时，其输出的答案的荒谬性——比如胡说什么"黑人没有自己的语言"——也使得相关研究团队不得不将该系统"回炉再造"。[1] 在笔者看来，Galactica 的这一问题体现了专用于特殊科学领域的大语言模型与通用大语言模型之间的某种难以取舍的技术难题：通用大语言模型虽然一般会话能力比较出色，却难以应对专业领域内的问题；而瞄向专业领域的大语言模型却在关于日常话题的会话能力上表现较弱。

第三，由于基于大数据训练的任何模型反映的都是一般人对某个问题的普遍看法，因此，ChatGPT 本身就是"无脸"的：其回答没有个性，不能反映其在特殊的社会分工中所扮演的特定角色，更

---

[1] Chris Stokel-Walker & Richard Van Noorden, "The Promise and Peril of Generative AI", *Nature*, vol. 614, 2023, pp. 214-216.

谈不上成为特定的责任者，以便为错误的知识表达负责。更糟糕的是，与传统的搜索引擎技术不同，ChatGPT 无法为其知识来源进行精确的标注，这就使得我们甚至不能以 ChatGPT 为媒介去寻找可能的错谬信息传播源。很显然，ChatGPT 的这一特点为可能出现的虚假信息的广泛流传创造了技术土壤。比如，很多研究者都发现 ChatGPT 会编造不存在的文献资料，甚至是在帮助律师处理案件时编造不存在的法律条文，害得涉事律师事务所被地方法院判罚 5000 美元。[1]

　　第四，ChatGPT 不但消除了自己的脸，而且也会慢慢模糊用户的脸。前文刚提到，搜索引擎技术的出现并不会影响科研者学术个性的形成，因为对被搜索的关键词的设置方式就是对于搜索者自己的科研洞见力的考察。但 ChatGPT 却提供了一种新的知识提供方式，即用户可以通过简单的自然语言提问而获得相应的答案。而在系统实际提供的答案质量其实并不算高的前提下（理由请参看前述三点），这样的做法其实就等于剥夺了优秀的知识索取者获取更优质的答案的机会。更吊诡的是，虽然 ChatGPT 允许使用者通过提点来提高应答的质量，但这一做法却预设了使用者已经获取了这样的知识，而不是希望通过 ChatGPT 来获得此类的知识。正如《大西洋月刊》的专栏作家波哥斯特（Ian Bogost）所指出的：[2]

　　　　就这一点而言，与 ChatGPT 谈话就像是人们在网聊时的感觉：有人就是喜欢将维基百科的外貌整形成一个货真价实的人类专家。当然，ChatGPT 在这方面确实有所不同：一旦其错误

1　Larry Neumeister, "Lawyers submitted bogus case law created by ChatGPT. A judge fined them $5,000", 23 Jun 2023, https://apnews.com/article/artificial-intelligence-chatgpt-fake-case-lawyers-d6ae9fa79d0542db9e1455397aef381c.

2　Ian Bogost, "ChatGPT Is Dumber Than You Think", 7 Dec 2022, https://www.theatlantic.com/technology/archive/2022/12/chatgpt-openai-artificial-intelligence-writing-ethics/672386/.

被指出，它就会立即承认，从不狡辩，很诚恳。而且，这聊天机器人每次都能自己发现犯错的确切原因。这貌似不错，却细思极恐：若用户已经有了揭露由大语言模型所产生的错误的专业知识，那么，我们还要这大模型干嘛？它不正是为了帮助那些缺乏这些专业知识的人吗？这真是一块鸡肋啊！

第五，正是因为 ChatGPT 的"无脸性"，此技术平台甚至也不能承载"脸面"在传统科研成果发表平台上所具有的另外一项功能：遮蔽对科研无意义的各种废话。与之相反，现有的 ChatGPT 简直就是"正确的废话"的制造机制——譬如，当用户问该软件是否同意"在国外销售的茅台酒比国内便宜"的时候，该软件只会说出这样的一些"车轱辘"话："这一点得通过具体国家的税费与物价水平来确定，而不能一概而论。"这个毛病在"归因"的问题上变得更加明显。所谓"归因"，就是在诸多可能的原因中找到最相关的原因来解释目前所看到的现象。根据计算机专家内丝（Robert Osazuwa Ness）的评测，ChatGPT 在"归因"时虽然能够做出准确的逻辑推理，却不能在诸多可能的归因中找到那项最需要被聚焦的原因。譬如，在被告知张三本想拿水杯却因李四的冲撞而失手的时候，被要求对这一事件的结果进行归因的 ChatGPT 会认为张三自己的失误与李四的冲撞都可能为张三没拿到水杯这事情而负责——而不是像人类那样，更多地将眼光聚焦到李四的冲撞之上。[1] 虽然从逻辑上说 ChatGPT 的上述回答也并没有错，但这种貌似无懈可击的应答却成为一种平庸的废话，无法引导人类将注意力转移到最关键的事项之上。在日常生活中，我们人类固然有时也会说这些"正确的废话"，

---

1 Robert Osazuwa Ness, "ChatGPT: The future of attribution?", 24 Dec 2022, https://newsletter.altdeep.ai/p/chatgpt-the-future-of-attribution.

但机器却能通过其惊人的复制力，迅速制造出一个人类个体很难与之抗衡的语言垃圾场，由此反而使得那种切中要害的说话方式成为"不合时宜的少数派"。此类软件在教学场景中的广泛应用，也会使得学生们失去对于语言海洋中核心信息的把捉力，由此成为对于网络信息的无灵魂——自然也是无脸的——人肉复读机。

第六，如果这种经由大语言模型生成的文本大量出现，通过技术手段甄别其"机器属性"或"无脸性"的难度也可能比预想中的大。具体而言，对于任何基于统计学原理而生成的文本的鉴别机制，若其自身的建立依然是依赖于某种统计学原理，就注定会有一些特殊的案例逃脱其鉴别能力的统辖范围。譬如，美国 Turnitin 公司就长久从事对造假论文的自动鉴别工作，具有一定国际声誉。不过，在面对 ChatGPT 所生成的文本与人类的文本所构成的论文库时，该公司的鉴别系统却只将机器生成文本的 26% 鉴别了出来，同时却将9% 的人类文本误判为机器文本。[1] 此外，计算机专家戈德斯坦（Tom Goldstein）则试图以在训练文本中加入水印的方式来鉴别哪些文本是机器生成的（有水印的文本大概率就是机器生成的），但即使是这个做法也不能保证万无一失。很显然，上述鉴别软件的相对无效，会使得人类科研工作者陷入一个由人类创作的文献与机器生成的虚假文献所构成的恐怖信息矩阵，并在难以克服的信息过载状态中失去认知的指针。

从上面的分析来看，不但科幻小说中的"无脸人"假设无法支撑外星的发达科技，甚至就地球当下的科技发展水平而言，已经快要造就"无脸人"横行的 ChatGPT 技术也迟早会对人类的科技进步构成戕害。

1　Chris Stokel-Walker & Richard Van Noorden, "The Promise and Peril of Generative AI".

本章小结

在本章的最后，笔者还想就《三体》中的"思维透明人"假设与以 ChatGPT 技术为代表的聊天机器人之间的关系发表一点管见。尽管从表面上看，后一技术所代表的技术水平是远远不及三体人文明的，但二者的哲学本质却依然有不少类似之处。二者都试图在一个超级的平台上将一个文明的所有信息铺设开来，由此实现一种信息场的"大一统"——只不过在三体文明中，这个信息铺设的平台乃是该文明的"元首"（他被假定为一个几乎不会犯错的外星政治领导人），而在我们这里，该信息的铺设平台则是 ChatGPT 背后的超级语料训练模型。二者之间的隐蔽平行关系还体现在：外星元首被设定为对于该文明的所有政治权力的掌握者，而 ChatGPT 则被设定为对于地球上的充分的语料知识的掌握者。换言之，在这两种思维模型背后，都有一种对于全知全能者的诉求。

然后，即使是中世纪的那些痴迷于讨论针尖上天使数量的经院哲学家，都能一眼看出上述诉求有多么愚蠢。在基督教哲学的背景中，真正全知全能的只能是上帝，而无论是外星人还是人类编制的任何软件，都只能是"有限存在者"。作为无神论者的我们当然不会接受基督教哲学家关于上帝的设定，但是他们对于人的有限性的认定却完全可以在无神论的框架中得到进化论的背书：自然选择没有理由偏好那些全知全能的认知架构。同样的道理，仅仅是作为有限的人类个体的谈话方式之"统计学平均机制"的 ChatGPT，又如何可能做到全知全能呢？

不过，《三体》的透明人假设也好，时下对于 ChatGPT 的热捧也罢，其实也颇能反映社会上相当一部分人对于科技发展的误解：如果我们能够让每个人的智慧都毫无挂碍地联结到一起，由此形成的超级智慧就能用来攻克一切科技难题。在这种思维模式的驱使下，集中大量资源、攻克科技难题的思路就会占据优势。但人类科技发展的真实情况恰恰是：大量的科技发明都是少数精英在缺乏社会资源支持下独立研发的产物（如巴斯德对于细菌的发现、基尔比对于集成电路的发明），因此，对于科研个体的创新热情的保护反倒是促进一国科技发展的题中应有之义。同时，现代科技产品（特别是芯片）的制造所需要的超级复杂的社会分工体系，也需要一套同样复杂的"颜面现象学"与之配套——而"颜面现象学"的这种复杂性，又需要社会管理的权威在每一层次的"颜面"上被分解成不同层次的亚权威甚至亚 - 亚权威。因此，与刘慈欣的预想相反，高度发达的科技协作系统恰恰不需要信息的高度集中，而需要信息的高度分散，甚至需要强大的产权保护机制以使得这种分散性被建制化（譬如，若某类生产工艺的机密的确属于某公司的话，一个合理运作的国家机器就应当竭力保护这种秘密性）。

这种分散式的科研资源配置方案的合理性甚至可以得到概率论的支持。不同的科研方向就类似一个将领在不同方向上派出的侦察兵——他派出的侦察兵的路向越多，探听到敌情的概率也就越大。反之，对于科研资源的过分集中，反而会使得被派出的侦察兵的可能路向被减少，由此亦会减少实现科研突破的机会。此外，看得更深一点，对于上述分散性的资源配置方案的支持，亦是演化的吝啬性原则的题中应有之义：既然演化进程大概率不会演化出一个全知全能的超级信息处理者，那么，将全社会的信息处理权上交给任何一个个体信息处理者的做法都会是不合理的。从这个角度看，假若三体人的社会架构与信息交流方式果真是如《三体》所描述的那样，那么我们这些地球人反而不需要担心他们对我们的威胁了——除非我们已经预先通过 ChatGPT 将自己训练为"无脸人"了。

以上数章的讨论基本上还是务虚的。下面我们将渐渐切入与 NLP 直接相关的更具体的问题的讨论。这种讨论将首先梳理 NLP 相关技术史。那么，为何我们要关心技术史呢? 不得不指出，大众对于技术界提供的最新产品的历史渊源是缺乏意识的。媒体界亦喜欢对 AI 最新的发展成果大呼小叫，缺乏一种"曾经沧海难为水"的淡定。而在笔者看来，对于技术史的通晓，实则有助于我们看清某些新技术产品"新瓶装旧酒"的本质，以免为一些空洞的新名目所骗。有鉴于此，在下一章中，我们要将时钟往回拨，以便考察 ChatGPT 诞生之前的 NLP 发展历程。而为了凸显聚焦点，我们会专门讨论机器翻译技术发展的历史。

第四章

机器翻译之"八仙过海"

从某种意义上说,"自然语言处理"(以下简称为 NLP)的历史几乎和整个 AI 的历史一样长。比如,阿兰·图灵在其经典论文《计算机器和智能》[1]中提出的"图灵测验"思想,其实就已为日后"行为主义"进路的 NLP 研究定下了理论基调(详后)。在 AI 学科的创立大会——1956 年的达特茅斯会议——上,NLP 则被与会专家们明确列为 AI 学科发展的重点领域之一。目前,NLP 家族早已开枝散叶,拓展出了一些与之非常相关的新学术领域。其中之一乃是"计算语言学"(computational linguistics),其核心要旨乃在于如何从计算化的角度对人类的言语行为进行模拟;另一个学术领域则是"机器翻译"(machine translation),其核心要旨在于如何将一段源语言(source language)文本自动转化为一段目标语言(target language)文本。这三者之间的理论关系可简述如下:NLP 和计算语言学虽都致力于从计算角度理解各种自然语言现象,但计算语言

---

1 Alan Turing, "Computing Machinery and Intelligence", *Mind*, vol. LIX, isu. 236 (October 1950), pp. 433-460.

学更为重视的乃是对于这个过程的理论重构,而 NLP 更关心的则是对该过程的工程学实现路径。至于"机器翻译"(下文简称为"机译"),乃是 NLP 的一个下属研究领域。不过,由于市场的强劲需求,目前机译已经成长为一个具有相对独立性的学科领域,并大有取代 NLP、和 AI 分离之趋势。

从哲学角度看,对于 NLP 或机译的研究,将不可避免地牵涉到对于一些至关重要的语言哲学问题的应答,如"何为自然语言""何为理解",等等。换言之,AI 科学家们即使没有在建立自己的 NLP 模型之前自觉地反思这些问题,他们也必然会在相关的理论构建中预设此种或彼种的哲学立场。本章便试图在哲学的层面上,对 NLP 研究的基本技术进行思想上的清理,并针对其面临的各种技术问题,给出哲学诊断。

依据各自所依傍的哲学立场之不同,NLP 或机译的基本技术路径可被归结为八大支。现在我们就来一一查看。

一　行为主义

按照"行为主义"的见解,所谓心智科学,实质上就是关于(心智拥有者的)外部输入与行为输出之间因果关系的科学。换言之,输入和输出就是心智科学所要面对的一切。在行为主义者看来,再在二者之间去设定什么"心理黑箱"(即无法被"外化"的内部心理活动),要么就是缺乏方法论价值的[1],要么就是缺乏本体论根据的[2]。对于 NLP 研究来说,对行为主义立场的采纳,将允许工程师们在设计系统的内部信息流程时拥有较大的技术自由度,而不必留意这些

1　J. B. Watson, *Behaviorism* (Revised edition), University of Chicago Press, 1930.
2　B. F. Skinner, *Science and Human Behavior*, Free Press, 1965.

流程和人类实际心理信息加工过程之间的相似度。唯一需要设计者们关心的,仅仅是系统在人机界面上呈现出来的和人类行为之间的相似度。

也正是由于行为主义在工程设计方面所带来的这种"便利"或"自由",该思潮几乎成为早期 NLP 研究最具主导性的哲学预设。著名的"图灵测验"设想,其实就不妨视为对于该预设的一种 NLP 化的表达。该设想后来催生了大量人机对话聊天程序(chatterbot),其中最具代表性的作品,乃是 1966 年由魏岑鲍姆发明的"伊莱莎"(ELIZA)系统。[1]"伊莱莎"模拟的是一个精神病治疗医师的言语行为,其设定的潜在用户则是精神病患者。该系统的设计目的,即使得患者(用户)无法在系统的言语行为层面上分辨出与其对话的是真医生还是假医生。至于魏岑鲍姆为何要设计这样一个实践目的怪异的对话程序,主要是基于这样两方面工程学考虑:一方面,通过对于潜在用户的限定,设计者可以降低用户认可系统的门槛(因为系统要骗过精神病患者的难度,显然要小于欺骗正常人);另一方面,通过对于系统假定身份的限定,设计者可以规避对于一个庞大的内置知识库的设计(这又是因为,按照所谓的"罗杰斯式精神治疗法"[Rogerian psychotherapy],精神病医师并不需要告知病患关于世界的"正常知识",而只需跟着对方的思路"将计就计")。举个例子:

    用户向系统输入:"我妈咪恨我。"

---

1 "伊莱莎"本是萧伯纳(George Bernard Shaw)的戏剧《卖花女》(*Pygmalion*)中的女主人公,英文原名为"Eliza Doolittle"。由于出身卑微,伊莱莎的英文口音不甚标准,这使得她很难跻身上流社会。在语音学家希金斯(Henry Higgins)的帮助下,她在很短的时间内改掉了自己发音中的"平民特色",而不少上流社会人士亦被其标准发音所蒙骗,无法辨析其出身。魏岑鲍姆以"伊莱莎"为自己的系统命名,显然用意颇深。

假扮医生的系统回应："你家里还有人恨你吗？"

用户再输入："姐姐也恨我。"

系统再回应："那你妈妈恨你姐姐吗？"[1]

……

很显然，系统在和用户做应答游戏的时候，主要所做的工作即"模式匹配"（pattern matching），即抓住输入语句中的关键词（如"妈咪"），并按照内置的规则将其替换成其他的关键词（如"家里的其他人"），再重新整合成一个问句，作为系统的输出。在此过程中，系统并不需要了解"妈咪"到底是什么意思，"姐姐"到底是什么意思。这也就是说，"伊莱莎"的设计者在建模中可以基本略去对医师真实心理活动的模拟，并可尽量缩小系统的内部知识库的规模。从这个角度上来看，行为主义对于心智的定义——输入和输出之间无表征中介的因果联接——已经在"伊莱莎"系统中得到了基本的满足。

但"伊莱莎"的局限性还是很明显的。如果系统的潜在用户范围拓展至正常人的话（从实践角度看，这种拓展无疑是非常必要的），那么这种"跟着用户走"的对话策略就会立即露出破绽。[2] 很显然，为了能够继续欺骗智商更高的用户，系统必须和人类用户一样，拥有一个具有相当规模的内置知识库，并具备对知识库中词汇

---

1 采自"维基百科"上的一个对话记录（http://en.wikipedia.org/wiki/File:GNU_Emacs_ELIZA_example.png，12 June 2007）。目前在互联网上可以找到不少按照"伊莱莎"系统的原理制作的人机对话聊天界面，用户只要用英文输入语句，系统就会做出应答。推荐网址：http://nlp-addiction.com/chatbot/。该网站还提供了"伊莱莎"系统之外的其他的人机对话聊天界面，如和"伊莱莎"相似的"罗穆伦博士"（Dr. Romulon），专长于数学领域的"数博"（MathBot）等等。

2 如在上注所给出的人机对话聊天界面上，用户若输入一些系统毫无准备的新信息，系统就会不断地输出"Tell me more…"（"请再告诉我一些信息……"）或"I cannot fully understand what you said."（"我不太清楚你所说的。"）的字样，显得非常无能。

的语义解释能力。但这也会逼着设计者们在哲学层面上放弃华生或斯金纳式的行为主义，而转向——

二 外在论的语义学

关于"外在论的语义学"，后期维特根斯坦在归结奥古斯丁的语言观时曾有过清楚的表述："语言中的语词命名了对象，而语句无非就是语词的组合……每个语词均有意义……意义即语词所代表的对象。"[1] 说得技术化一点，只要我们可以将语言中的每个语词都映射到世界中的一个特定对象上去，那么我们也就为这整个语言指派了意义。从哲学史角度看，外在论的语义学可能为很多主流西方哲学家所预设——这条哲学"道统"经由不同的学术面向，从柏拉图、亚里士多德、奥古斯丁、阿奎那一直延续到了罗素、早期维特根斯坦、普特南和克里普克。同样的思路也影响了 NLP。在一些 NLP 专家看来，如果我们要使得系统的语言能产生和用户有效的言语互动，那么最自然的想法就是将外部的物理世界视为二者沟通的纽带。比如，系统之所以知晓它所说的"妈咪"和用户所说的"妈咪"意义相同，是因为两个"妈咪"的意义都来源于他们所指涉的同一个外部对象。

体现这一哲学思想的最为典型的 NLP 系统，乃是由维诺格拉德（Terry Winograd）在 1968—1970 年间开发出来的"沙德鲁"（SHRDLU）系统[2]。沙鲁德可以用英语和人类用户对话，谈话的对象则是一个叫"积木世界"（blocks world）的简化物理世界。该世

---

1 Ludwig Wittgenstein, *Philosophical Investigations*, 4th edition, trans. by G. E. M. Anscombe, P. M. S. Hacker and Joachim Schulte, Wiley-Blackwell, 2009, § 1.

2 Terry Winograd, *Understanding Natural Language*, Academic Press, 1972.

界由立方体、锥体、球体等几何体构成，而系统自身的词汇（大约有五十个）也主要局限于对该世界中的对象或事件的描述（如"锥体""球体"之类的名词，"红的"之类的形容词，"移动"之类的动词，"上""下"之类的方位词）。这些词汇按照一种严格有序的方式被组织起来："动作和效果之间的关系被当作了推理规则，对象定义被当作了公理，事实被当作了初始公理——这样一来，'沙德鲁'系统就能够像处理一个数理形式系统一样来处理'实在世界'。"[1]若仅就工程学表现而言，至少在"积木世界"的谈话范围内，"沙德鲁"系统的人机对话水准是颇高的。比如，当用户的命令中有代词"它"的时候，系统竟然能够在记忆内存的帮助下准确地指出"它"的指代对象（这就表示系统能够把握简单的"语境"）。在二十世纪七十年代初，"沙德鲁"系统所获得的这些初步成功，曾对 NLP 甚至整个 AI 的研究产生巨大的激励作用。下面是人类用户与"沙德鲁"系统进行对话的一个实例：

> 人（类）：拾起一块红色的大积木。
>
> 计（算机）：好。
>
> 人：抓起那个锥体。
>
> 计：我不知道什么叫"锥体"。
>
> 人：找到那个比你手里抓的积木更高的积木，然后将它放到盒子里去。
>
> 计：你说的"它"，我将其理解为比我手里抓的那块积木更高的积木。
>
> 人：对。

1　Alexander Riegler, "When is a Cognitive System Embodied?", *Cognitive Systems Research*, vol. 3 (2002), p. 342.

计：好的。

人：现在盒子里有什么呢？

计：有蓝锥体与蓝立方体。

……

　　但这一进路的缺陷也是很明显的。第一，"积木世界"只是一个被人为简化出来的物理系统，因此，如若"沙德鲁"要处理的是远比其复杂的真实物理系统，那么其关于世界的数理模型也必须被相应地复杂化。但问题是，"当系统变得越来越复杂的时候，那么理论对象之间可能的联系数量也会呈指数式爆炸，其带来的计算量，恐怕是任何计算机和有生命的认知系统都无能为力的"[1]。第二，一般人所言及的"外部世界"，恐怕不只是"物理世界"，还包括很多内涵和外延都非常模糊的抽象对象（如"国家""阶级""权利""爱"，等等）。是否能够用"搭积木"的方式对这些事项加以数理化，让人十分生疑。第三，"沙德鲁"系统默认的自然语言界面仅仅由英文构成，而一个完善的 NLP 系统还必须支持横跨不同自然语言的互译能力。然而，我们很难设想"沙德鲁"所预设的"外在论语义学"能够支持这种机译能力。按此预设，在语言互译过程中，系统就必须先将目标语言文本转化为"积木世界语言"，然后再将这种中介语言转换为源语言文本。但根据前面所已提到的理由，在将任何一种自然语言的文本转化为"积木世界语言"的过程中，系统都会遭遇不可预期的风险。

　　对于这些困难的意识，导致一些 NLP 专家转而求助于别的哲学立场，比如——

1　Alexander Riegler, "When is a Cognitive System Embodied?".

三 莱布尼茨的"理想语言"假说

众所周知，德国哲学家莱布尼茨曾设想过这样一种"理想语言"：这种语言由代表观念的符号以及联系这些符号的规则构成，其中，诸符号的所指必须是清晰明了的，而相关的规则又必须是机械并可计算的。在他看来，对于这种语言的依赖就能够帮助我们消除在自然语言层面上难以解决的那些分歧，或用他自己的名言来说："当人们之间有纷争的时候，我们就可以简单地说：让我们坐下来算一算吧，这样，不用倚傍别的东西，孰是孰非便可立判。"[1]

关于莱布尼茨的"理想语言"说，有两个要点需要澄清。第一，此说虽也明确表达了对于符号推理系统的依赖，但其背后的本体论假设却和前述的"外在论语义学"不同。根据"外在论语义学"，语言的意义来源在于**外置于**认知系统的物理世界；而根据莱布尼茨的观点，理想语言的意义来源于**内置于**认知系统的"天赋观念"。对于NLP 的研究者来说，这或许是一个更具诱惑力的选项，因为"天赋观念"的数量很可能要比可能的物理对象的数目要少得多——因此，一种针对"天赋观念"的数理建模或许在技术上会更为可行。

第二，莱布尼茨所说的"理想语言"，并不是像有些人所设想的那样，是完全脱离人类自然语言而生造出来的怪物。毋宁说，它只是对于人类真实心智活动的一种更精确的理论再现，对于它的分析能够透露给我们关于理解进程之运作的最为丰富的资讯[2]（相比较而言，自然语言对于心智活动的再现乃是不甚精确的）。该思想对

1　Gottfried Wilhelm Leibniz, *Leibniz: Selections*, Philip P. Wiener (ed.), Charles Scribner's Sons, 1951, p. 51.

2　参见 Gottfried Wilhelm Leibniz, *New Essays on Human Understanding,* translated and edited by Peter Remnant and Jonathon Bennett, Cambridge University Press, 1982, p. 333。

于 NLP 的启发在于，如果我们真能够构造出这样一种理想语言，"自然语言理解"就可以被理解为将源语言文本映射为理想语言文本的过程。很显然，由于认知系统处理"理想语言文本"的过程已然被莱布尼茨定义为心智过程本身，因此，上述"理解"观也就覆盖到了日常我们所赋予"理解"一词的**心理学**含义。

在 NLP，特别是机译的研究中，集中体现"莱布尼茨"式的语言观的进路，即所谓"基于中间语的机译"（Interlingua-based Machine Translation），其早期实践者有玛斯特曼（Margaret Masterman, 1910—1986）女士领导的"剑桥语言研究所"（Cambridge Language Research Unit）。按照此进路，翻译系统首先要将源语言文本翻译为一种"中间语文本"，而后再将其转译为"目标语文本"。比如说，若源语言的词汇是西班牙语动词 gusta（"使得某某喜欢某某"），而目标语言是英语，那么系统要做的，就是先将 gusta 这个词映射到一个毫无歧义的中间语言词汇上 [1]：

"某物或某人引起某人之喜欢"，记作"[CAUSE (X, [BE (Y, PLEASED)])]"。

然后，系统再在英文词汇库中寻找匹配该中间词汇的单词，如"like"。

该进路和莱布尼茨的原始设想之间的贴合度是颇高的，因为莱氏当年所期望获得的，恰恰就是这样一种能够为人间一切自然语言提供中立仲裁的"中间语"。但从技术角度看，这种"中间语"必须容纳任何一种可能的自然语言的潜在语义结构（否则它随时就会面临源语言文本的表达力超越中间语的窘境）——而这种过度的冗余设计，势必又会导致系统运作资源的极大浪费。对于这些困难的认

1　下面的例子采自冯志伟：《机器翻译研究》，中国对外翻译出版公司，2004 年，页 41。

识，导致一些 NLP 研究者们开始寻觅一些更具技术操作性的思路，如——

四　乔姆斯基的"深层句法"假说

　　莱布尼茨思想在二十世纪最主要的光大者——或者说修正者——乃是语言学家乔姆斯基。在他看来，我们平时所说的"语法"有两个层次：第一个层次是"浅层结构"，即各种自然语言的语法结构；第二层次是"深层结构"，即真实反映人类内生思维结构的语法框架，而且这个结构是可以被数理语言加以刻画的（比如将其视为一种"语境自由语言"［context free language］的技术衍生物 [1]）。尽管各种自然语言语法的"浅层结构"是彼此差异的，但是其"深层结构"都是一样的，或至少是极度相似的。乔姆斯基相信，在人类个体习得任何一门自然语言之前，他已经先天拥有了一种以前述"深层结构"为框架的"内在语言"（I-Language）。相应地，个体习得（或"理解"）一门自然语言的过程，亦即从深层语法中将自然语言中的浅层语法"转换生成"（transformation）的过程。这个过程本身受到了"转换生成语法"（transformational-generative grammar）的支配，而这些语法则可以通过一系列形式化的规则予以表达。

　　从科学（而非哲学）的角度来看，乔姆斯基学说的价值或许要高于莱布尼茨的"理想语言"假设。具体而言，莱氏对于"理想语言"的技术特征的描述过于模糊，以至于后人对于它的形式化努力往往会陷入"为形式化而形式化"的窠臼。比如，以弗雷格的数理逻辑工作为滥觞的"理想语言学派"（罗素、卡尔纳普等）就过多地

1　Noam Chomsky, *Syntactic Structures*, Mouton, 1957.

按照数学语言的范型来改造自然语言，相对忽视了莱氏原始假说的心理学面向。在这个问题上，乔姆斯基的理论可谓两面讨巧：一方面，他本人在"转换生成语法"的"深层语法"的刻画背后藏有着非常深奥的数理基础（如他自己参与建立的"乔姆斯基谱系"，在根底上就是图灵机可计算的[1]）；但另一方面，他更为看重的，则是他的整套学说和人类实际思维过程之间的贴合性。举例来说，在所谓的"浅层结构"的语法层面上，他也讨论诸如"名词""名词词组""动词""动词词组"之类的容易被直观把握的理论对象，而更为底层的深层语法，亦必须在转换生成语法之帮助下生成上述这些表层语法结构，才能够体现其在日常思维中的"兑现价值"。与之相比较，像弗雷格、罗素那样的早期分析哲学家，则动辄拿出"函项""存在量词""逻辑常项"之类的数理化术语，削足适履地对日常语言进行"修正"，却无法充分地说明为何我们的日常语言不是按照他们所设想的理想模式运作的。对于 NLP 的研究而言，乔氏理论切合于心理学和语言学，从而直观把握理论对象的这一面，显然有利于 NLP 系统在一个更为接近日常语言文本的层面上进行内部信息处理；而其数理化和形式化的一面，则又保证了整个信息处理过程的可计算性。相反，若 NLP 的研究不经过这种"乔姆斯基式的转换"而直接照搬莱布尼茨的教条，反倒会带来一些技术上的不便（请见前文所论及的"基于中间语的机译"）。

在 NLP 的机译研究中，最为接近乔姆斯基的技术进路，乃是"基于转换的机译"（Transfer-based Machine Translation）。依此进路，系统需先对源语言文本中的语句进行句法分析，呈现出其内部结构，尔后在"转换规则"的帮助下将该结构转为目标语言语句的结构，

1　Noam Chomsky, "Three Models for the Description of Language", *IRE Transactions on Information Theory*, vol. 2 (1956), pp. 113-124.

最后再输出目标语言文本。举个比较通俗的例子[1]：

若系统获得的源语言语句是西班牙语句子 "Maria me gusta"（直译为 "玛利亚使我喜欢"，意译为 "我喜欢玛利亚"），那么系统首先能够分析出这个句子由一个动词 gusta 与两个名词 Maria 和 me 构成，即：

$$gusta[me \ (Maria)]$$

然后系统再深入分析其中主、宾语的句法结构，得到：

$$gusta[SUBJ(ARG2:NP), OBJ1(ARG1:CASE1)]$$

（可大致读解为：在用 gusta 这个动词构造句子时，其主语应当处在第二论元的位置上，且它是一个名词词组；其第一宾词当处在第一论元的位置上，且它是第一格的。）

不难看出，这种语法分析结果，已经和西班牙语的表层结构产生了分歧。按照西语之表层语法，"Maria me gusta"（"玛利亚使我喜欢"）的主语当然是 Maria（玛利亚），但现在，Maria 却被分析为了一个宾词——只不过其位置是 "第一论元"。而乔姆斯基理论的精髓亦正体现于此：论元的次序，以及论元中的词项的格，都是在不同的浅层语法中可变的因素，而不可变的，乃是 "何者扮演主词，何者扮演宾词" 这样的反映深层语法结构的资讯。至于 "转换生成语法" 所要完成的任务，即在于如何在保持那些深层结构要素不变的同时，对那些可变的表层因素进行修改和置换。比如，下面的这条转换规则，就能够帮助我们将西语动词 gusta 的句法转换为英文动词 like 的句法：

$$gusta[SUBJ(ARG2:NP), OBJ1(ARG1:CASE1)]$$
$$\rightarrow like \ [SUBJ(ARG1:NP), OBJ1(ARG2:NP)]$$

1　采自冯志伟：《机器翻译研究》，页 41。

按照此规则，西语源语句中的深层主词 me 的论元位置从"第二"转成了"第一"，而西语源语句中的深层宾词 Maria 的论元位置则从"第一"转成了"第二"，且其所具有的格也发生了变化。由此所生成的目标语句则是：I like Maria。

当然，在实际的机译实践中，需要被调用的句法转换规则会比这里展示的复杂得多，但上面的例子已经足以向我们展现出该进路的"乔姆斯基色彩"了。基于转换的机译进路的代表性作品，有德国塞莱博思（Sailabs）公司开发的"麦塔"（METAL）系统，其技术细节在此就不再赘述了。

就机译界的归类习惯而言，"基于转化的机译"和前述的"基于中间语的机译"，又都属于所谓的"基于规则的机译"（Rule-based Machine Translation）。我们现在不妨再从哲学的角度出发，将其重新冠名为"莱布尼茨—乔姆斯基式"进路。从比较宏观的角度来评价，"莱布尼茨—乔姆斯基"的机译思路大致地模拟了人类译员在进行翻译时"先分析、后转换、再生成"的信息加工过程，翻译的针对性强（相比较下面所立即要言及的"统计学进路的机译"而言）。然而，也恰恰是因为这一进路在哲学层面上已然设定了诸如"理想语言""内在语言"或"深层语法结构"之类的固定语言范型，其灵活性和后天学习能力受到了很大的局限（比如，英语—法语之间的METAL 系统，并不兼容于英语—德语之间的 METAL 系统；一旦源语言或目标语言自身吸纳了新的词汇，原有的系统转化规则对此无能为力）。

当然，对于作为哲学家的莱布尼茨和作为语言学家的乔姆斯基来说，这些缺陷未必是致命的，因为他们完全可以以"理论的技术表达尚待完善"为借口，来继续维护他们的先验理论设定。不过，对于工程学色彩浓郁的 NLP 研究来说，技术层面上的缺陷是无法通过空洞的理论许诺来修补的。一些更乏耐心且更为激进的 NLP 研究者，则选择放弃了整个"莱布尼茨—乔姆斯基"式传统，而转向采纳了别的思想预设，如——

五 休谟式的统计学进路

众所周知，苏格兰哲学家大卫·休谟（David Hume，1711—1776）提出了一个和以莱布尼茨为代表的唯理派哲学家针锋相对的心智理论。在休谟看来，人类的心智之所以能够把握一个原因类型（如"太阳晒石头"）和一个结果类型（如"石头热了"）之间的事实关系，并不是因为有一些先验的句法规则参与了对输入信息的加工，而是因为心智的信息加工机制乃是统计学性质的，譬如一旦心智机制观察到了足够多的"石热"伴随"晒石"之个例，那么系统就会做出这样一种预测：如果下一次出现"晒石"之条件的话，那么"石热"出现的概率就会相当高。或用今天的概率学术语来说，因果关系的强度，乃是结果相对于原因而言的后天概率——记作"P（果 | 因）"——的函数。

尽管休谟的上述理论并不是直接针对 NLP 或机译的，但这并不妨碍我们将其拓展至机译领域。从机译的立场上来看，任何一个源语言单位都是一个广义上的"原因 / 条件句"，而任何一个目标语言单位都是一个广义上的"结果句"。所谓理想的翻译，即找到这样的目标语言单位，以使其相对于源语言单位出现的概率能够达到 1，或：P（目 | 源）=1。该目标显然在实践中往往是达不到的，但一种优秀的机译系统，至少应当努力使得该值接近于 1。因此，翻译的质量，就可被定义为目标语言单位相对于源语言单位而言的后天概率的函数。

——问题是，系统怎么知道哪个目标语言单位可以使得 P（目 | 源）的值最为接近 1 呢？它如果预先知道这一点的话，翻译过程也就显得不必要了。唯一的办法，就是让系统不断地进行比较性计算，以便从一系列备选目标语言单位中找到能够使得 P（目 | 源）的值最大者。相关的计算公式可以参照贝叶斯公式：

$$ P（备选目 | 源） = \frac{P（备选目）\times P（源 | 备选目）}{P（源）} $$

举个例子：设系统的源语言是英语，目标语言是西班牙语，而系统的任务则是了解 gusta 对于"like"是否为一个可行的翻译，即计算 P（gusta|like）的值。具体的计算办法就是：先算出西文数据库中出现 gusta 的概率，也即 P（备选目）的值；再通过已有的双语对应例句库算出在 gusta 出现的前提下 like 也出现的概率，也即 P（源 | 备选目）的值；尔后再将二值相乘，除以英文数据库中出现 like 的概率，也即 P（源）的值。若得出的除数达到预期值（比如说 0.9），系统就会将 gusta 作为答案向用户输出。如若没达到预期值，则系统就会自动转入对于下一个翻译备选项之恰适度的计算，直到找到合适译文为止。

统计学进路在 NLP 界的最早自觉表达，见于美国科学家韦弗（Warren Weaver, 1894—1978）在二十世纪四十年代末发表的一份关于"翻译"问题的"备忘录"[1]。在其中他非常简单地提到了以密码解读的方式来进行机译的思路（密码转译亦属于一种广义上的统计学方法）。但是他并没有明确提到贝叶斯模型在机译中的作用。明确用到这一机制的典型系统，乃是 IBM 公司的"憨第德"（Candide）

---

[1]　Warren Weaver, *Memorandum*, MT News International, no. 22 (1949), pp. 5-6; http://www.hutchinsweb.me.uk/MTNI-22-1999.pdf.

系统。[1] 相关的技术背景，详见项目负责人布朗（Peter F. Brown）与其合作者完成的论文"统计学机译的数学基础——参数评估"[2]。上文对于休谟思想的统计学重构，亦参考了该文的一些表述。

从宏观上看，这种基于统计的 NLP 或机译思路，大致具有以下三个优点：

第一，和"外在论的语义学"进路不同，统计学进路的机译系统并不预设对于外部对象的任何语义学模型。系统并不知道 like 究竟代表的是一种怎样的人类情感，它只关心这个词出现在数据库中的概率值是多少。这样一来，设计者也可以省却构造外部物理世界模型的麻烦。

第二，和"莱布尼茨—乔姆斯基"进路不同，统计学进路的机译系统并不需要刻画自然语言的深层语法结构，遑论对中间语的预设。换言之，任何一种相对固定的自然语言配型，都会被系统以统计学的方式加以处理——比如，它之所以会将德文"Es geht nicht."汉译为"它不行"而不是"它行不"，乃是因为它已经通过对于自身的汉语数据库的统计而发现："不行"这个词组出现的概率，要远远高于"行不"出现的概率。这样一来，设计者也可以省却对自然语句进行深层分析的麻烦。

第三，由于系统使用了贝叶斯公式等统计学工具，因此它也具备了自主知识更新的能力。比如，在上面的例子中，一旦系统的数据库得到了扩大，以使得 P（like|gusta）、P（like）与 P（gusta）的值都得到了变化，那么 P（gusta|like）的值就会自动更新。如果这

---

1 这本是法国启蒙作家狄德罗的一篇小说的名字，小说的主旨乃在于嘲讽莱布尼茨式的乐观主义哲学。无独有偶，该系统的统计学设计思想，亦直接针对莱布尼茨的"理想语言"观。

2 P. Brown et al., "The Mathematics of Statistical Machine Translation: Parameter Estimation", *Computational Linguistics*, vol. 19, no. 2 (1993), pp. 263-311.

种更新导致用 gusta 来翻译 like 的恰适度下降，系统就会去自动寻觅新的翻译。这种灵活性是乔姆斯基式的机译思路所难以获得的，因为在该进路中，从 like 的结构到 gusta 的结构的转换路径一旦被固定，系统就很难针对新获取的语言经验修正此路径。

但这也并不是说统计学进路的机译系统是完美无缺的。其缺点在于：

第一，恰恰是因为该进路回避了自然语言深层结构的分析，所以其翻译的针对性是比较差的，非常容易受到不规范的新例句的"误导"。换言之，它缺乏人类译员对各种参考译文进行"去伪存真"的能力，而这种能力却在某种意义上构成了翻译活动之"智能化"特征的关键因素（相比较而言，"莱布尼茨—乔姆斯基"进路的机译系统却多少具有这种"智能"）。

第二，此类统计需要非常庞大的数据库作支撑（因为概率演算本身就需要足够大的样本空间）。具体而言，它至少需要拥有三个数据库：源语言例句数据库、目标语言数据库以及双语对比数据库。营造和维护这一数据库的工作量，可能并不比为系统配备语法分析能力的工作量更小。

然而，对大语言模型进路的支持者来说，上述这些问题或许已经得到了解决。不过，在正式讨论目前流行的大语言模型进路之前，我们还要讨论两个历史相对古老的 NLP 研究进路。

六　康德式的混合式进路

众所周知，在近代欧洲哲学史上，康德扮演的是一个居于莱布尼茨式的唯理论和休谟式的经验论之间的"调和人"角色。在他看来，人类的心智机器既需要一种先验的句法分析能力（即产生诸

"范畴"的能力），又需要一种在经验材料中进行统计学归纳的能力（即所谓"直观"能力）。完整的心智输出，需要两种能力的相辅相成。

尽管康德哲学的细节在后世引起了很多争议，但对 NLP 或机译研究来说，他的这种博采众长的理论态度，却有着明显的借鉴意义。概而言之，如果我们所设计的机译系统，既具备乔姆斯基所期望的那种句法分析能力，又具备休谟那种应对新经验的灵活性，那么系统的工作效率岂不就能大大提高？此进路，在机译领域便被称为"多引擎机译"（Multi-Engine Machine Translation），提出者乃是卡内基梅隆大学机译中心的尼伦伯格（Sergei Nirenberg）以及弗雷德金（Robert Frederking）。

此二人建立的系统[1]由三个翻译引擎构成：一个基于规则的翻译引擎、一个基于词汇转换的翻译引擎，以及一个基于实例的翻译引擎（至于何为"基于实例的翻译"，下节将详解，我们姑且视其为统计学机译的一个变种）。在整个系统得到一段源语言文本时，三个引擎会同时对文本进行翻译，尔后各自给出译文评分。为防止三个引擎给出的评分标准彼此不可通约，该系统还内置有一个共通的数据结构——线图（chart），系统则在此基础上对三个评分进行"统一度量衡"。尔后，系统再根据"译文评分高低"和"与语境的匹配度"这两个参数，对候选译文进行取舍，并输出最终译文。

多引擎进路的技术优势是很明显的。依据该进路设计的系统，

1　R. Frederking & S. Nirenberg, "Three Heads are Better than One", *4th Conference on Applied Natural Language Processing*, Stuttgart, Germany, 1994, pp. 95-100; R. Frederking et al., "Integrating Translations from Multiple Sources within the Pangloss Mark III Machine Translation System", *Technology Partnerships for Crossing the Language Barrier: Proceedings of the First Conference of the Association for Machine Translation in the Americas*, Columbia, Maryland, 1994, pp. 73-80.

无疑可以被视为一个供不同翻译机制公平竞争的平台，得分高者胜出，绝不厚此薄彼。这就把不同翻译机制的优势都结合起来了，而每种机制的短处又能够得到恰当的掩盖。也正是缘于这种"取长补短"的技术优势，卡内基梅隆大学机译中心随后又转向开发同样基于该思路的"潘格劳斯"（Pangloss）系统[1]，并取得了一定的社会影响。

但这种混合式进路的缺点也很明显。对于单纯的基于规则或基于统计的系统来说，其背后的认知构架预设乃是清楚而融贯的（即要么是唯理论，要么是经验论），而对于这种混合式系统来说，其背后的理论预设却是混乱而矛盾的。毋宁说，在这类混合式系统中，将不同的语言把握机制联系到一起的，只是某种工程学技巧，而不是一种更富心理学细节的认知理论（在这个问题上，多引擎进路的思想深度显然不及康德哲学，因为后者恰恰是通过一种相当复杂的心智架构理论来综合经验论和唯理论的）。

纯粹的 NLP 研究者或许可以以"工程学作业不是哲学思辨"这一借口来打发这一批评，但在笔者看来，一种缺乏哲学深度的工程学设计所获得的技术成功也往往是暂时性的，是不可持续的。具体而言，多引擎机译进路的工程学隐患就在于：一旦此类机译需要被整合入某个更为庞大的 AI 系统，那么相关的整合代价将会非常高昂。我们不妨设想这样一种情况：待整合的 AI 系统本身已经拥有很多别的认知模块，而其设计原理却迥异于混合机译引擎——譬如，这些模块都是具备不同算法的神经元网络模型，而混合机译系统中却没有任何一个引擎是基于此类技术的。在此情况下，设计者就必须保

1　R. Frederking & R. Brown, "The Pangloss-Lite Machine Translation System", *Expanding MT Horizons: Proceedings of the Second Conference of the Association for Machine Translation in the Americas*, Montreal, Quebec, 1996, pp. 268-272.

证这每一个基于神经元网络的模块（如语料库的分布式存贮模块）都能和混合机译系统中每一引擎进行有效信息交换，否则，整个系统的整合程度就会大受削弱。但要做到这一点，系统内部就得拥有大量的专设信息交换界面，这必然会导致整个架构的空前复杂化。

唯一的解决之道，即在理论（而不是工程学）的层面上去寻找各种翻译引擎和谐相处的基本机制，而不是将它们外在地叠加在一个系统之中。但要找到这样的一种协调机制谈何容易。我们已经看到，纯粹基于规则的机制是缺乏灵活性的，而纯粹基于统计的机制却又缺乏文本理解的句法／语义深度。那么，到底有什么办法，能够使得我们在同一个理论基础上（而不是通过一种工程学性质的权宜之计）既兼得二者之利，又规避二者之弊呢？

七　孔子式的基于实例的理解进路

在前文中我们所引述的哲学家均来自西方，但这并不是说充满现代色彩的 NLP 和机译研究，不能从看似玄奥的东方古老智慧中汲取营养。实际上，孔子的著述活动就体现出了一种很具特色的语义理解进路——尽管他本人对此未必有反思性的总结。

不难想见，作为一位教育家、伦理学家和政治哲学家，孔子亦需要使用公共语言界面传播他的主张，并期待听众的正确语义**理解**。但和苏格拉底、柏拉图等西方哲学家不同，他并不试图将自己的政治—伦理思想表述为清晰的论题，并对论题中的关键词（如"仁""利""命"等）进行定义（所谓"子罕言利与命与仁"是也，见《论语·子罕》）。他也没有像后世的统计学进路所展现的那样，通过大量案例的平行堆砌来完成对于抽象伦理原则的注解。他采用的办法是**基于实例**的，或说得更富技术色彩一点：依据此思路，在关于规范伦理学和规范政治学的案例库中，某些案例之所以更值得在数据结构中得到长期保存，恰恰是因为它们比其竞争者更具典型性。

那么，怎样的案例才具有这种典型性呢？依据孔子（或广义上的"儒家"）的思路，如果我们谈论的论域是关于历史人物的事迹的，那么，在数据结构中具有突出地位的事件记录，就应当能够带给那些政治伦理的潜在违背者以足够的心理威慑力，正所谓"《春秋》之义行，则天下乱臣贼子惧焉"（《史记·孔子世家》）。如果我们的论域是文学领域（如诗歌），那么遴选的结果就必须具有"调整用户情绪，抑制不恰当联想"的界面功能，即《论语·八佾》所说的"乐而不淫，哀而不伤"，以及《论语·为政》所说的"《诗》三百，一言以蔽之，曰'思无邪'"。大而言之，甚至《论语》本身也是这样的一个富含典型案例的数据库：该文本对于孔子及其周遭人等言行的有选择记录，实际上已然蕴含了大量的语义映射规则，以便读者把握孔子伦理学的核心概念含义。

以孔子对于"仁"的讨论为例。如果我们把"仁"视为一个源语言语句关键词的话，那么孔子式教学的任务，就是帮助用户将那些包含"仁"的源语句，转化到可为用户直接理解的目标语句上去。以下就是《论语》提供的一个典型的转换方案：

例句1. 孔子曰："能行五者于天下，为仁矣。""请问之。"曰："恭、宽、信、敏、惠。恭则不侮，宽则得众，信则人任焉，敏则有功，惠则足以使人。"（《论语·阳货》）

对于该例句的 NLP 式解读如下：此句将"仁"的语义来源陈列为五个源语言中的既有概念——"恭""宽""信""敏""惠"。每个解释性概念又通过一系列由满足该概念所引发的典型事件（如"恭则不侮，宽则得众"等）来做注解。这样，"仁"的含义就随附在这些具体的事件描述之上，并由此被引入目标语句的语义网。由于不同的听众／用户对这些事件描述的语义理解亦可能存在个体差异，因此，这种对于"仁"的多级意义映射方式也就具有了相当的弹性，以及面向新知识的开放性。

不过，在某些情况下，这种开放的意义映射方式也会导致目标关键词含义的过分泛化。为此，孔子引入的制衡手段有两个。

其一是明确表示，带有哪些语义标签的典型事例和"仁"无关：

例句 2．子曰："巧言令色，鲜矣仁。"（《论语·学而》）

其二是为用户提供特设的"在线回答"服务，即以"专家权威"身份来帮助其确定，某个具体事例是否可以被"仁"这个语义标签所标注：

例句 3．阳货欲见孔子，孔子不见，归孔子豚。孔子时其亡也，而往拜之。遇诸涂。谓孔子曰："来！予与尔言。"曰："怀其宝而迷其邦，可谓仁乎？"曰："不可。"（《论语·阳货》）

这种问答记录一旦进入了《论语》的历史记录，也就成为了"仁"的语义注解的一部分，并在以后的语义标注活动中成为历史参照对象。

需要注意的是，这种基于实例的孔子式语义理解进路，预设了用户自身是具有类比思维能力的，而语义系统的设计者也会通过某些激励机制来提高用户的类比思维的活跃度。故《论语·述而》云：

"不愤不启，不悱不发。举一隅不以三隅反，则不复也。"这样，系统设计者就可以将大量的关于语义关联的计算负担加诸用户，而减轻自身的知识构建成本。与之相对应，当用户的系统操作体验丰富到一定程度的时候，他们亦被期望能够独立完成语义系统的维护和更新任务。所以《论语·为政》又云："温故而知新，可以为师矣。"

但从 NLP 和机译的角度来看，孔子对于公共语义网使用者的这种"资质要求"，与其说是对当下 NLP 系统构架之客观描述，还不如说是对其未来发展方向的主观愿景。这是因为，孔子的"仁学"语义网毕竟是依靠人力手动编制的，因此，设计者并不需要考虑如何刻画人力提供者自身的心智活动。与之相比较，自动化的语言处理进程却恰恰要尽量压缩人力介入的空间，否则这就不是真正的"自动化"。但这也就使得设计者不得不摸索出合适的算法，以使得系统能自己具备"举一反三、温故知新"的能力。

在当今计算机学界，这种基于实例和类比的语言译解思路的最典型代表，即日本京都大学教授长尾真（Makoto Nagao）所开发的英—日机译系统[1]。他是如此阐发自己的理论动机的：

> 让我们反思一下，在刚开始学习外语时，我们人类对于简单句的翻译机制是如何工作的吧。一位日本学生，在这时候回忆起了一个简单的英文句子，以及作为其译句的日文句子。学外语的第一步，也就是反复尝试着将很多相似的英文句子和单词忆起，并回忆起作为其翻译的日文句子和词。在这一步，学生并未获悉任何一种翻译理论。他是通过自己的直觉来获得这

---

1 Makoto Nagao, "A Framework of a Mechanical Translation between Japanese and English by Analogy Principle", in A. Elithorn and R. Banerji (eds.), *Artificial and Human Intelligence*, Elsevier Science Publishers, 1984.

个翻译机制的。他不得不将不同的英文句子和其译文做比较。他不得不从一大堆例子中，对句子的结构进行揣测。

说到这一步，长尾真关于语义理解的**哲学**见解，其实并未逾越当年的孔子。如果我们将这里的英语视为关于"仁"的抽象命题，并将日语视为日常百姓所能够理解的经验描述的话，那么长尾真所提到的"英—日"翻译实例，就可类比于《论语》中的那些从具体的经验描述到相关伦理学范畴的语义映射关系。此外，就像孔子期望他的学生能够从这些有限的映射关系中构造出更多的同类映射关系一样，长尾真也期望以日语为母语者能够从这些有限的翻译实例中构造出更多可能的翻译关系。

——但作为**计算机科学家**的长尾真，却必须回答一个孔子从未思考过的问题：这种类比究竟是如何以可计算的方式完成的呢？他对该过程的描述如下。

第一步　编程者必须先给予系统一个初始翻译实例库。该实例库必须经过精心编写，以具备如下特征：（甲）每一个待翻译的源语句和一个已经完成的日语译句一一配对，这样系统就可以从译句了解源语句的含义（在这里我们暂且假设系统具备日语层面上的自然语言理解能力）；（乙）这些例句都应是简单句（即"主词+动词+宾词"之形式），以免系统一开头就被复杂的句法"搞乱思路"；（丙）上一例句配对和下一例句配对之间，只替换一名词（按照"先主后宾"之次序）。下面就是一个简化的实例库（为方便读者理解，我们在此将汉语当作目标语言，被替换的词用斜体和加粗表示）：

　　I feel dizzy．　↔　我感到晕。

　　I feel *hungry*．　↔　我感到**饿**。

He feels hungry．　↔　他感到饿。

He feels *comfortable*．　↔　他感到**舒服**。

······

第二步　系统将自动完成如下推理，以获取关于源语句的词汇和语法知识：

1. 通过观察上述所有句对的左列，系统发现英文例句的共通点：都有一个词"feel"。其余的词则都可以被替换。

2. 通过观察上述所有句对的右列，系统发现汉语译句的共通点：都有一个词"感到"。其余的词则都可以被替换。

3. 由上二点可知，"feel"的汉语翻译即"感到"。

4. 通过观察上述前两行句对的左列，系统发现，除了都有"feel"这个词之外，这两个英文例句还都有"I"。

5. 通过观察上述前两行句对的右列，系统发现，除了都有"感到"这个词之外，这两个汉语例句还都有"我"。

6. 由上二点可知，"I"的汉语翻译即"我"。

7. 这样一来，第一个英文句子"I feel dizzy."中的前两个单词的含义已经被破解。因为该句的整体意义是"我感到晕"，所以第三个单词"dizzy"的含义肯定是"晕"。

8. 用上面的办法，系统可立即知道第二个英文例句中"hungry"的含义是"饿"。

9. 比照第二和第三句对，系统可立即知道"he"的含义是"他"。

10. 比照第三和第四句对，系统可立即知道"comfortable"的含义是"舒服"。

11. 至此，源语句实例中的所有词汇都已被破解。这些词汇知识将进入系统的长期记忆，以备调用。

12. 在此基础上，系统通过类比每个句对中的英文源语句和汉语目标句，不难得悉：和汉语简单句一样，英文简单句的典型构成方式也是"先主词，后动词，再宾词"。这些语法知识将进入系统的长期记忆，以备调用。

第三步 编程者再给予系统一个更为复杂的翻译实例库。在其中，被逐一替换的不是名词，而是动词。不过，在长尾真看来，对于动词的替换会为设计者带来更大的技术挑战，"因为每个动词都具有牵涉到句法结构的特征，而且我们也无法期望出现完善的动词组合能够揭示之"。他的建议是给每一个独立的动词都做句法抽象，即上述推理过程的第 12 步。

第四步 在前三步基础上，引导系统进入对于复句翻译的练习。……

由此逐步训练系统，直至系统在面对新语句时，能独立输出质量可满足要求的译句为止。

以上的介绍自然仅仅是原理性质的，真实的机译系统还会复杂得多。此路数机译系统的典型，有长尾真和佐藤（S. Sato）在京都大学工程系开发的 MBT1 和 MBT 系统。而在卡内基梅隆大学机译中心开发的"潘格劳斯"等多引擎机译系统中，基于实例的系统亦被用作其下属的一个子系统。

基于实例的机译系统的优点是：

第一，和基于规则的机译进路相比，此类系统可以不预装相关源语言的语法知识，这就带给系统的学习行为以很大的灵活性。这一点对于西方语言和东方语言（日语、汉语等）之间的互译来说，尤其重要。正如长尾真本人所指出的，西方语言和东方语言之间的句法相差太大，一个西文句子往往可以在不同语境中被译为彼此句法结构差异很大的日语译文（这一点对汉语来说恐怕也一样）。因此，若从句法分析入手进行翻译，译出的译文可能未必符合用户的要求。而从实例出发来进行类比式学习，则可在相当程度上规避"硬译"之风险。比如，只要系统学习到" I am caught between the devil and the deep blue sea."可以译为"我进退维谷"，它就可以在再次遇到这个英文谚语的时候直接调用现成的译文，而不必逐词进行对译。这种对于译文范本的依赖，也就可以在相当程度上提升系统的工作效率。

第二，和基于统计的机译系统相比，基于实例的系统也带有一定的技术优势。从表面上看，基于实例的系统似乎也带有一点统计学的色彩，因为系统似乎已经做出了这样的一种预设：那些已被其观察到的翻译实例，未来出现的概率会更高。不过，这种相似性仅仅是表面上的。在严格的基于统计的机译系统中，系统的统计行为所依赖的数据库必须具有相当的规模，否则相关数理统计工具（如贝叶斯定理）的运用就会失去根据（这一点又是"有效统计测试假设"所要求的[1]）。但对基于实例的系统来说，在给定一个规模较小的双语平行语料库的情况下，它也能够进行工作——只是由此输出的译文质量未必可靠罢了。这也就意味着，在编制此类机译系统的语料库时，设计者可以相对自由地根据实践需要来调整语料库的规模和内容。

但基于实例的技术进路也面临着不少技术缺憾。如所谓的"对齐问题"（the problem of alignment）。

这指的是这样一个问题：在实际的机译实践中，程序员不会真的像前面的示范案例所展示的那样，向系统提供一个个已经被编制

1　Clark Glymour & Gregory Cooper (eds.), *Computation, Causation, Discovery*, The MIT Press, 1999, p. 34.

好的句对（否则工作量会非常巨大）。更具操作性的做法是给系统大量的双语互译文本，比如一本英文版的《呼啸山庄》（*Wuthering Heights*）及其汉译本。系统自动将英文文本中的每一个句子和汉语译文中的每一个句子对齐——这种对齐的精确程度，甚至要求到词汇或短语的级别。但在人工干预缺场的前提下，系统显然很难精准地完成这种对齐任务。比如，一个英文源语句或许会在汉译中被展开为两个句子，而在某些语境中，一个比较长的英文源语句则会被浓缩为一个言简意赅的汉语成语。这样一来，系统在做双语对比时就很容易犯下"串句"的错误。目前，"对齐问题"已经成为基于实例的机译研究所面临的核心问题之一。[1]

从表面上看来，基于实例的系统之所以难以完美处理对齐问题，乃是因为它只能根据过去的经验来完成双语对齐，但在面对全新的句法结构时（如康德在《纯粹理性批判》里使用的那种超级复杂的从句结构），这些经验可能并不管用。换言之，它缺乏足够的先验语法知识来支持深层语法分析。而在人类译员的实际翻译活动中，一句复杂的英文复合句之所以能够被转化为一系列汉语短句所构成的句群，恰恰是因为他已经对复合句本身的结构进行了分析，并将其转化为汉语所允许的表达方式。

但看得更深一点，对齐问题还带有一个更让人难以处理的面向，即系统自身的自然语言理解能力。我们前面已经提到，在长尾真的原始设想中，他预设系统已经"学会"了日语，即有能力理解用日语表达的任何一个句子。但他并没有告诉我们这一点是如何可能的。从哲学层面上看，真正理解日语的，仅仅是系统的用户，而系统本身仅仅是在处理一些**被用户读解为日语符号**的记号——比如，当它

1　冯至伟：《机器翻译研究》，页51。

向用户输出"ありがとう"（"谢谢"）时，它并不会带有哪怕一丝一毫的谢意，而当它输出"ながお まこと"（"长尾真"的平假名写法）的时候，它也并不知道这指的其实就是自己的设计者。与之相比较，人类译员却可以通过对这种词汇深层内涵的把握来划定文本的语境，并以此作为切分句和词的依据。

不过，要在一个人工系统中模拟人类的那些微妙的语义 / 语用直觉又谈何容易（因为在很多人看来，"直觉"这个词本来就是指"形式上无法被模拟的东西"）。一种退而求其次的做法就是塑造一个关于世界本身的语义模型，或以"中间语"的形式来完成双语对齐。但正如前文已指出的那样，这种做法必定会导致更多的麻烦，因此并不可取。同理，若为了回避对齐问题而再转回到基于规则、基于统计或多引擎的进路上去，亦只是扬汤止沸而已。

面对这种进退维谷的窘境，对于 NLP 或机译的前景持悲观态度的人可能会说：要彻底消除机译和人译之间的差距，本身就是一个哲学幻想。换言之，机译永远取代不了人译，人工系统也永远达不到人类水平上的自然语言理解水平。由此看来，我们必须容忍此种和彼种机译系统的缺陷，并仅仅将其视为人类翻译活动的补充[1]。

然而，大语言模型技术进路的支持者却会说：不必对 NLP 的未来感到这么悲观，因为我们所支持的进路已经快让人类译员失业了。

八　新瓶装旧酒：大语言模型

所谓的大语言模型，在本质上就是一个专门用来处理语言素材的深度人工神经网络，且该网络往往具有百万级别以上的参数。对

1　冯至伟：《机器翻译研究》，页 11。

于该网络的训练往往需要海量的训练素材，且训练本身使用自监督学习（self-supervised learning）或半自监督学习（semi-supervised learning）的方式（如果读者不是很理解这一定义中出现的一些技术术语的含义的话，请耐心等待后文的解释）。目前世界上最有名的大语言模型乃是美国 OpenAI 公司研发的 ChatGPT 系统，以及国内的"文心一言"系统，等等。

大语言模型的技术细节虽然非常复杂，但其哲学前提无非就是在大数据时代对于休谟式的统计学进路与长尾式的基于实例的进路的复活。说得更清楚一点，该进路试图对海量的语言运用实例进行统计学处理，其中 ChatGPT 所特别依赖的两项统计学技术便是所谓的"预训练"（pre-training）与"转换器"（transformers）技术（注意：请不要将其混淆于乔姆斯基所说的"转换生成语法"）。我们一项一项来解释。

下述比方或许能够帮助读者理解何为"预训练"。顾名思义，"预训练"是针对"训练"而言的。后者的意思是：对一个人工神经元网络输入大量的语料（在机器翻译的语境中，这指的就是源语言的语料），然后监督系统产生特定的输出（即目标语言的语料）。如果监督者发现输出并不是对输入的精确翻译，则立即通过人工奖惩机制对系统进行虚拟惩罚，由此慢慢引导系统找到在输入与输出之间的正确的映射机制。这就好比下面这个过程：一个少林寺的高级武僧（在此指代监督者）教一个外国弟子（在此指代语言模型自身）练十八般兵器，并在发现弟子的动作出现重要失误时用呵斥来纠正其动作，由此引导弟子慢慢学会少林武功之要领。与之相较，"预训练"的思路则是这样的：在缺乏监督者在场的情况下，让系统自行处理海量的语料实例，并通过这样的实例比较而琢磨出不同语元（token）之间的统计学关联。比如，假设系统在处理中文资料时经常看到"吃饭""喝茶"这样的表达，偶尔看到"吃茶"这样的表达，却几乎没有看到过"喝饭"这样的表达的时候，系统就会在看到"喝"这个动词后期待"茶"这个宾词的出现，而不会期待"饭"这个宾词的出现。得到此类"预训练"处理的系统也会在接受正式训练时获得比较理想的学习进度。这就好比说，若一个没有正式接受过少林武术训练的外国小伙子，已经看过几万个小时的少林武术表演的录像，那么，其接受正式武术训练时进度也会比没看过这些录像的学员快很多。

再来看何为"转换器"。"转换器"技术的数理细节非常复杂，不过其基本思路是设置一个"编码器"（encoder）与"解码器"（decoder）：前者的任务是将有待翻译的源语言拆碎到词汇的层次，然后逐一进行编号（或用技术术语说，是将输入转换成一个矢量矩阵）。然后，整个系统再通过复杂的统计学机制找到这些词汇在对象语言中的对应者，并通过解码器将这些部件一一编上其在目标语言中的编号，最后组成目标语言中的输出。上述机制的运作依赖两个技术环节：一个叫"词嵌入"（word embedding），另外一个叫"注意力"（attention）。"词嵌入"这个貌似晦涩的概念大致说的是这样一个意思：系统能够通过大量的统计和计算了解到一个词和另外一个词之间的语义距离。举个例子来说，如果系统检测到"冷"与"热"这两个词经常成对出现，那么系统就会认为这两个词汇具有比较强的相关性，并将此类相关性刻画为两个矢量集之间的数理关系。或者我们也可以用下面这个比方来解释这套机制的运作：如果我们将任何一种语言设想为一个超级朋友圈，将其中的任何一个词都设想为朋友圈中的一个好友，"词嵌入"机制所做的，就是给每个好友提供一份数据画像，以便让系统知道：谁与谁经常联系，谁与谁不经常联系，等等。而"注意力"指的则是这样一种机制：它能在"词嵌入"工作的基础上，对输入语句的权重值加以指派，以便判断在词汇提炼的时候系统应该更注重对哪个词的处理（一般的处理原则是这样的：如果一个词与另外一个词已经被判断为有比较高的相关度，那么，若第一个词被注意到了，另外那个词也需要被注意到）。需要注意的是，在 ChatGPT 之类的主流大语言模型中，"注意力"机制往往采用"多重注意力头"（multi-attention-head）的方式来提高工作效率，以使得系统能够对很长的输入语句进行长距离的注意力扫视，这也大大提高了系统处理长句的能力。

不过，"预训练"也好，"注意力"也罢，在本质上就是对于统计学思路与基于语例的思路在大数据背景下的复活，因为这些技术措施所瞄准的，其实是**语言实例之间的统计学关系**。耐人寻味的是，大数据环境的出现竟然使得这些古老的思路获得了强大的生命力。下面便是笔者用 ChatGPT 所翻译的一段来自笔者本人所撰写的以三国为题材的历史小说中的语料。从总体上说，机器所输出的这段英文译文，的确已经接近人类的专业翻译水平（请看表 1）。

表 1　ChatGPT-3.5 完成的机器翻译实例（评测时间：2023 年 5 月 17 日）

汉语源语言文本	英语目标语言文本
"请稍候片刻，孙二夫人还在与华某说话。"华佗冷冷地打断了孙坚。原来，他正在向胡婵轻声指点给孙坚熬制助眠汤的细节。在华佗身边的胡婵，则抬头对曹操露出了抱歉的微笑。	"Please wait a moment. Lady Sun is still talking to me," interrupted Hua Tuo coldly. It turned out that he was quietly giving instructions to Hu Chan on how to make a sleeping aid soup for Sun Jian. Hu Chan, standing next to Hua Tuo, looked up and smiled apologetically at Cao Cao.
曹操惊讶地将头转向华佗："元化，你区区一名医工长，也敢打断我与孙司马之间的对话？"	Cao Cao, surprised, turned his head to Hua Tuo. "Yuanhua, you're just a physician, yet you dare to interrupt my conversation with General Sun?"
华佗一边收拾医囊，一边面无表情地回道："我是一名医者，不是你曹家的奴婢。对了，曹将军，服了我上次给你开的定神汤，你头还疼吗？"	While packing his medical bag, Hua Tuo replied expressionlessly, "I am a healer, not a servant of the Cao family. By the way, General Cao, did your headache subside after taking the calming soup I prescribed for you?"
曹操点点头："华先生脾气虽然大，但医术确实高明。我现在只是在半夜时头隐隐有点儿疼，但症状已然缓解多了。不过，这几日好像汗出得有点儿多。"	Cao Cao nodded. "Although Yuanhua has a temper, his medical skills are indeed remarkable. My headache has subsided a lot since I started taking it. However, I seem to be sweating more these days."
华佗听罢，放下医囊，伸手就去给曹操搭脉。片刻之后，他便起身将医囊收拾好，背起就走，抛下一句："华某告辞！还要去南阳太守秦颉大人营寨探视病人。"	Upon hearing this, Hua Tuo put down his medical bag, reached out to feel Cao Cao's pulse, and then stood up to pack his things. Without looking back, he said, "I take my leave! I have to visit the sick in the camp of the Governor of Nanyang, Qin Jie."
"别走啊！"曹操对着华佗的背影喊道，"华先生还未告诉我，为何流汗不止？"	"Don't leave!" Cao Cao shouted at Hua Tuo's departing figure. " Yuanhua, you haven't told me why I keep sweating!"
"以后少穿点。"华佗头也不回，消失在了营帐外。随后传来了他与一队巡逻士兵之间的简短对话：	"Wear less clothing in the future," Hua Tuo replied without turning back, disappearing from the tent. Shortly after, a brief conversation between him and a group of patrolling soldiers could be heard outside:
"华先生，口令！"	"Yuanhua, the password!"
"汝既识我，问之何故？"	"You have recognized me, why do you inquire?"
"对，这就是今晚口令，放行！"[1]	"Yes, this is tonight's password, you may proceed!"

1　徐英瑾：《坚——三国前传之孙坚匡汉》卷 4，广西师范大学出版社，2023 年，页 19—20。

现在，新的问题就出来了：在大数据的技术背景下对于传统思路的复活，为何能够带来让业界感到惊讶的技术表现呢？大数据的技术背景本身又意味着什么呢？下面便是笔者的分析。

我们知道，由于语言句法自身的复杂性，对于相邻较远的语元之间的关系进行统计学处理是相对困难的。比如，要系统预测"喝"后面不会直接出现"饭"是相对比较容易的（答案当然是"不会"），但如果要预测在"喝"间隔十五个字之后会不会出现"饭"，则另当别论了。面对这个麻烦，乔姆斯基进路的支持者或许会说：之所以系统难以做出这种预测，乃是因为基于统计学的 NLP 思路本身就不是基于对于句法的掌握的，因此，这样的系统就很难做到"以简驭繁"——通过对于有限句法与词汇的掌握自行变幻出各种各样的运用实例。而在大数据技术的背景下，统计学进路的支持者则是用如下的方式来回应乔姆斯基派的批评的：只要数据足够多，我们就能在前面所说的"词嵌入"与"注意力"机制的襄助下做到"以繁驭繁"——也就是说，我们可以通过更多的数据比对来确定相距较远的语元之间的亲疏关系。

不过，这个技术路径的成功依然是有限的，因为该路径预设了人类在互联网上产生的既有语料已经覆盖人类自然语言的所有可能表达方式，或至少是其中所有可能的典型表达方式。但下面几种情况的不可消除性，大大削弱了上述假设的合理性：第一，很多小语种的语言（比如阿富汗的普什图语、达里语）缺乏足够的网络数据，因此，基于这些语言的表达可能性是很难被上述技术路径覆盖的；第二，即使就主流语言的表述而言，其中关于特殊学科领域的语言表达依然未在数据上达到"大数据"的规模，因此，上述技术路径就难以应对冷门知识领域内的 NLP 处理任务（比如，当笔者试图用 ChatGPT 汉译日本哲学家西田几多郎的罗马音名字"Nishida

Kitarō"时，系统竟然荒谬地输出了"坂本龙马"的答案）。需要注意的是，虽然从纯粹技术的角度看，上述两个问题并非不能解决（比如，系统设计者可以雇佣大量懂冷门语言或冷门知识的人才搜集相关数据以供系统"预训练"之用），但这样的做法所要消耗的财力会与大模型设计者本身所要遵循的商业逻辑产生冲撞（因为此类额外的工作所能施惠的服务人群范围实在太小，很难产生足够的市场效应）。此外，从技术伦理的角度看，这种大语言模型的技术路径亦会鼓励相关研究者通过疯狂搜集网络上的既有语料对系统加以预训练，由此对国家层面上与个体层面上的数据安全都构成威胁。因此，从某种意义上，这也是本章所介绍的所有技术路径中潜在伦理风险最大的一种。

由此看来，本章所介绍的技术路径都多少是有些问题的。我们或许还需要从别的领域寻找灵感，以便照亮未来的 NLP 研究之路。

这一灵感或许可以来自认知语言学。

第五章

机器翻译与认知语言学

在上文的讨论中我们已经知道，随着人工智能在最近几年的蓬勃发展，作为人工智能子课题的"机器翻译"研究日益受到市场与社会的重视。目前谷歌、百度、搜狗等国内外著名网络搜索公司都提供了相应的在线自动翻译服务，译文的质量也与日俱升。Open AI公司推出的 ChatGPT 系统在这方面的表现尤其令人惊讶。不过，与某些业界人士的狂热态度不同，笔者并不对机器翻译**现有技术路径**的未来发展前途抱有盲目的乐观态度。这不仅是因为目前机器翻译平台所提供的译文在质量上还远远没有达到可以"取代职业人类译员"的水平（详后），更是因为：在笔者看来，目前在机器翻译界中备受宠爱的"深度学习"技术，主要是作为一种"工程学技巧"进入我们视野的。实际上，我们目前尚无法在科学层面上清楚地说明"深度学习"技术为何能够提高相关程序之应用表现，遑论在哲学层面上为这种"进步"的"可持续性"提供辩护。相反，从哲学角度看，我们依然可以通过提出如下一个问题，来怀疑"基于深度学习的自动翻译技术"是否能够真正地"理解"人类语言。

这个问题的文献出处是柏拉图的《美诺篇》。在柏拉图的笔下，一个从未学过几何学的小奴隶在苏格拉底的指导下学会了几何证明。由此引发的问题是：小奴隶的"心智机器"，究竟是如何可能在"学习样本缺乏"的情况下获取有关于几何学证明的技能的呢？而后世的语言学家乔姆斯基则沿着柏拉图的思路，问出了一个类似的问题：0—3岁的婴幼儿是如何在语料刺激相对贫乏的情况下，学会复杂的人类语法的？——换言之，按照柏拉图—乔姆斯基的看法，任何一种对于学习人类语言能力的建模方案，如果无法具备对于"刺激的贫乏性"（the poverty of stimuli）的容忍性的话，那么相关的建模成果就不能被说成是具备理解人类语言的能力的。

若按照这样的标准去衡量，我们是否可以认为目前基于深度学习的机器翻译技术是能够理解人类语言的呢？答案是否定的。下面是相关的分析。

一 对深度学习路径的反思

深度学习技术是作为人工神经元网络技术的升级版出现的。至于神经元网络技术的实质，则是利用统计学的方法，在某个层面模拟人脑神经元网络的工作方式，设置多层彼此勾联成网络的计算单位，逐层对输入材料进行信息加工，最终输出某种带有更高层面的语义属性的计算结果。至于这样的计算结果是否符合人类用户的需要，则取决于人类编程员如何用训练样本去调整既有网络各个计算单位之间的权重。与传统神经元网络相比，深度学习网络的计算单位层数有数量级式的提升，全网的反馈算法在计算复杂性上也有极大的提升——因此，其整体的技术性能也明显优于传统的神经元网络技术（请参看图5-1。顺便说一句，与普通神经元网络相比，深度学习网络的中间层数量要大于四层）。需要说明的是，目前对于深度学习技术参数的调试工作，往往取决于专家自身的建模经验，尚无统一的科学说明。这就好比古代炼金术：炼金士通过大量的化学反应试图得到金子，而偶然得到了金子之后，则会将相关的化学配方记录下来。但是，古代的炼金士并不知道为何这样的配方能够导致他所希望的结果，因为他连元素周期表的原理都不懂，遑论了解支撑化学反应的那些分子动力学原理。同样的道理，即使深度学习的建模者通过复杂的工作让其模型获得其预期的训练结果，他也无法了解为何其模型能够获得这样的训练结果。这就造成了一个很好笑的局面：机器的制造者并不理解该机器内部的运行机理。这种状态不但会引发理智上的不适感，而且会引发伦理与法学上的争议。（这是因为，如果连机器的制造者都不了解机器的运作原理的话，一旦机器发生故障，我们又该找谁为这些麻烦负责呢？）

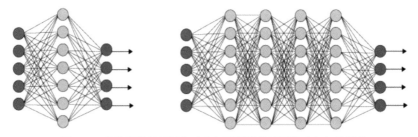

图 5-1　从普通神经元网络（左）到深度学习网络（右）的演变

另外，目前的深度学习机制所需要的训练样本的数量具有"越来越大"的趋势，以避免小样本环境下参数复杂的系统所经常产生"过度拟合"（overfitting）的问题（也就是说，系统一旦适应了初始的小规模训练样本中的某些特设性技巧，就无法灵活地处理与训练数据不同的新数据）。[1] 但通过扩大数据而避免"过度拟合"的办法毕竟不是长久之计，正如一个人很难在不正式学习英语的语法与词汇的前提下，靠死记各种英语表达式之间的统计学关联而成为一名优秀的译员一样。从长远来看，根据既有语法构造出无穷多的新表达式，本就是一切自然语言习得者都具备的潜能。在全世界的语言表达者不断产生语言数据的前提下，人类语言样本总库的自我拓展速度总会超过机器学习所能囊括的数据库的扩张速度，正如太阳射到地球上的能量总是会超过地球上所有的太阳能电池板所能捕捉到的太阳能一样。在这种情况下，"新数据与训练数据不同"恐怕会是深度学习系统的设计者必须始终面对的某种常态。换言之，无论基于深度学习技术的机器翻译系统已经通过多大的训练量完成了与既有数据的"拟合"，只要新输入的数据与旧数据之间的表面差距足够大，"过度拟合"的幽灵就一直会在附近徘徊。

为了印证笔者对于目前深度学习的自动翻译机制的这种判断，我们不妨来检测一下目前最受业界好评的谷歌在线翻译页面的翻译效能。根据维基百科的介绍，谷歌公司从 2006 年就开始运用统计学原理提供在线翻译服务，而从 2016 年开始，相关技术已经被升级为所谓"端对端人工神经元网络"（end-to-end artificial neural network），也就是某种自带工作记忆架构、能够依据海量的语用案

1　美国的生物统计学家里克（Jeff Leek）最近撰文指出，除非你具有海量的训练数据，否则深度学习技术就会成为"屠龙之术"（Jeff Leek, "Don't use deep learning, your data isn't that big", https://simplystatistics.org/2017/05/31/deeplearning-vs-leekasso/）。虽然深度学习专家比恩（Andrew L. Beam）亦指出，对于模型的精心训练可能使得深度学习机制能够适应小数据环境（Andrew L. Beam, "You can use deep learning even if your data isn't that big", 4 JUN 2017, http://beamandrew.github.io/deeplearning/2017/06/04/deep_learning_works.html），但是比恩所给出的这些特设性技巧是否具有推广意义，则令人怀疑。

例而对整句进行翻译的深度学习机制。[1] 按理说，既然"谷歌翻译"所获取的训练量是如此之大，那么"过度拟合"的问题就不会发生。但实践表明，只要我们"喂入"翻译机器的源语言文本具有一定的语法复杂性与专业性，源语言与目标语言之间的语法差距又比较大，而两种语言之间发生的翻译实例也比较少，那么，"谷歌翻译"就立即会出丑。请看表 5-1 所反映的谷歌翻译的"汉译日"性能：

表 5-1　"谷歌翻译"的"汉译日"结果与人类译员的翻译结果对照表

源语言[2]	"谷歌翻译"所给出的日语译文	人类译员给出的官方日语译文[2]
习主席指出，中日互为重要近邻。中日关系健康发展，关系着两国人民福祉，对亚洲和世界也具有重要影响。今年是中日邦交正常化 45 周年，明年是中日和平友好条约缔结 40 周年。双方应增强责任感和使命感，本着以史为鉴、面向未来的精神，排除干扰，推动两国关系朝着正确的方向改善。	大統領は Xi が中国と日本は重要な隣国であることを指摘しました。健康的な中日関係の発展、両国人民の福祉との関係だけでなく、アジアと世界に重要な影響を持っています。国交正常化 45 周年である今年、来年は中日平和友好条約の締結 40 周年です。双方は責任と使命感を高め歴史から学び、精神の将来に直面しての精神、干渉を排除し、右方向への二国間関係を改善する必要があります。	習主席は、「中国と日本は互いに重要な隣国同士だ。中日関係の健全な発展は、両国国民の幸福に関わることであり、アジアと世界にも重要な影響を及ぼす。今年は中日国交正常化 45 周年にあたり、来年は中日平和友好条約締結 40 周年だ。双方は責任感と使命感を強め、歴史を鑑として未来志向の精神で、妨害を排除し、両国関係の正しい方向への改善と発展を推進しなければならない」と述べた。

1　谷歌公司对于"谷歌翻译"的介绍请参看：https://translate.google.com/about/intl/en/about/。"谷歌翻译"的界面所在网页是：https://translate.google.com。

2　这段语料采自《人民日报》2017 年 7 月 9 日"要闻 2 版"，标题为"习近平会见日本首相安倍晋三"。

2　这段语料采自"人民网日语版"对于 2017 年 7 月 9 日"要闻 2 版"的报道"习近平会见日本首相安倍晋三"的翻译。浏览网址：http://j.people.com.cn/n3/2017/0709/c94474-9239155.html。

任何一个初习日语的读者都应当能够看出，"谷歌翻译"给出的译文，在很多方面是不能令人满意的。譬如，在日语中主语之后一般加主词"は"以示主—谓之分界。而在源语句的主语本身比较长的情况下，如何在译句恰当的位置加入"は"，则非常体现翻译者的理解能力。很遗憾的是，"谷歌翻译"在这个问题上没有给出正确的解答[1]。而更麻烦的是，"谷歌翻译"似乎没有理解：汉语中"习主席指出"五个字后面的所有内容，都是习主席的讲话内容——而且，它还在这种误解的基础上将"中日互为重要近邻"这句话后面的内容全部当成是与前一句无关的。与之相比较，人类译员给出的日语译文则将习主席的话全部用引号加以包容，并将汉语中的"指出"翻译为"述べた"置于段尾，以适应日语"动词后置"的习惯。

尽管"谷歌翻译"页面的"提供修改建议"按钮为译文质量的提高提供了某种可能性，但基于如下理由，笔者还是认为这样的处理方案恰恰表明"谷歌翻译"是缺乏"语言智能"的。其一，人类译员所提供的"修改建议"反映的是人类的语言智能，而"谷歌翻译"对于人类语言智能的依赖恰恰表明：前者并不是真正的"智能创生器"。也就是说，它无法根据数量有限的学习样本自行学会汉—日翻译，因此，它也就无法跨过前述的"刺激贫乏性"门槛（毋宁说，对"谷歌翻译"来说，无论多大量的语料输入都是"贫乏"的）。其二，我们没有任何理由保证：人类译者会在网络上提供**足够量的且合格的**汉—日对照文本以增加在线翻译平台的输出质量（实际上，优秀的小语种译员目前依然是国内相对稀缺的人力资源）。其三，更麻烦的是，即使有人愿意贡献海量资金，雇用大量合格人员来校

1　因为谷歌所提供的译文无法理解在第一个句号出现之后出现的短语"中日关系的健康发展"是一个长句的主语，而标准日语译句"中日関係の健全な発展は、……"则抓住了这一点。

订译文,这样的努力依然会因为如下两点考量而变得于事无补:(甲)可能存在的合乎语法的汉语表达方式乃是无穷多的，故而，与之对应的可能的日语译文数量也是无穷多的。除非机器能够在已经给出的中日对比译本与新源语言材料之间建立起有效的类比，否则，这种基于数据驱动的机器翻译机制必然会置系统自身于"以有涯追无涯"的窘境。（乙）关于人类语言的另一个基本事实便是：你很难预先估计新遭遇到的语言表达式会在多大程度上与你已经习得的表达式具有**字面上的**相似性（实际上，你可以自由构造出任何一个迭代的从句结构来破坏这种肤浅的相似性，比如通过不断插入修饰语而将一个名词表达式变得很长）。而基于"自下而上"的工作方式的深度学习翻译机制，却往往会因为新表达式在字面上与旧表达式的"肤浅的差异"，使得旧有的"学习经验"迅速贬值——与之相比较，人类的目光却总是能够穿透这种"肤浅的差异性"而捕捉到某种更深刻的相似性，并由此使得某些固有经验在新语境中重新体现其价值。

　　面对上面的批评，很多人或许会反驳说：目下如火如荼的ChatGPT 技术，应当能够应付如上问题。对此，笔者有不同意见。在前文的讨论中我们已经知道了，ChatGPT 技术的其中一个特征是将传统的深度学习进路整合入"编码器—解码器"的架构，并在构建这一进路时用到了"预训练"与"多重注意力头"的技术。但从哲学角度看，这一技术措施依然无法使得相关系统能够获得那种面向未来各种句法组合方式的开放性与灵活性。而语料训练资源比较少句法却非常复杂的日语，在这个方面也便构成了对于 ChatGPT 技术的挑战。下图便是笔者实测 ChatGPT 技术翻译表 5-1 中的汉语语料后得到的翻译文字（图 5-1）：

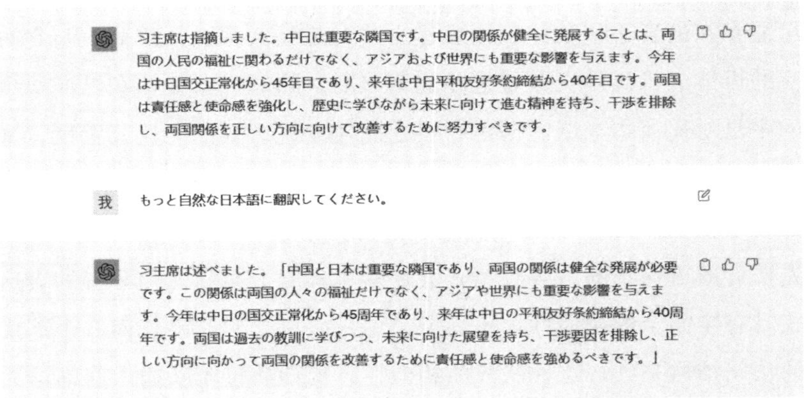

图 5-1 ChatGPT 给出的两段关于表 5-1 所涉及的汉语源语言的翻译（直译与意译）

在上面的对话中，ChatGPT 给出了两段翻译文字。在第一段翻译文字中，系统没有理解"中日互为重要近邻……"乃是习主席所述说的内容，而且将其处理成了与"习主席指出"彼此并列的关系。在测试者用日语要求系统"更自然地进行翻译"之后，系统再次输出的译文略有改善，在习主席所给出的论述内容的前后加上了日语中的上引号与下引号。但是，与表 5-1 给出的人类标准日语译文相比，ChatGPT 依然没有按照日语的语法，将"述べた"置于段尾，以适应日语"动词后置"的习惯。这就有力地说明了：在从句内容相对复杂的情况下，基于大数据的 ChatGPT 系统是很难准确把握诸如日语这样的小语种语言的语法的。[1]

不过，上述对于主流深度学习翻译路径的批评意见，非常容易将我们导向那种基于乔姆斯基生成语言研究的"基于规则的机器翻译"思路——因为在乔姆斯基派的学者看来，只有基于"句法驱动"

---

[1] 顺便说一句，从语言学角度看，动词后置乃是黏着语的普遍特点，而 ChatGPT 所提取的语言材料大多来自作为屈折语的英语。

（而不是"数据驱动"）的翻译机制才可能完美应对"刺激的贫乏性"问题所提出的挑战。然而，在笔者看来，从"数据驱动的机器翻译机制无法解决'刺激的贫乏性问题'"这一相对正确的前提出发，是得不出"我们只能拥抱句法驱动机制"这一结论的（换言之，乔姆斯基派只是提出了"对的问题"而已——他们却没有给出"对的答案"）。再以表 5-1 给出的译文对比表为例。倘若乔姆斯基派的意见是对的话，那么机器翻译就必须按照这样的模式来处理源语言文字:（甲）将源语言的句法结构提炼出来，并映射到目标语言上去；（乙）根据双语语料库所提供的信息，将源语言中出现的词汇转化为相应的目标语言词汇。而这里的麻烦则在于，任何一个初通日语的汉语读者都应当能够发现：在该表中，汉语原文的句法结构与理想日语译文并不相同。具体而言，汉语原文在句法层面上并没有将习主席所"讲"的话作为"指出"的宾语从句，而是在形式上将其与第一句并列。很显然，日语翻译者之所以将后面的话全部视为置于句尾的"述べた"的内容，显然并不是基于对汉语文本原始句法结构的把握，而是基于对上下文的把握。换言之，是某些关键的语用学因素促使翻译者给出了这样的翻译——而语用学因素恰恰是传统的乔姆斯基式的语言处理进路所难以处理的。

关于语用学因素在翻译过程中所起到的作用，笔者在这里还有一番补充性评论。具有一定翻译经验的人恐怕都知道，在诸多翻译场合下，无论是对于源语言句法结构的"遵从"，还是对于既有双语语料库的照搬，**只要抛却对于特定翻译语境中特定因素的考量**，都只会造成非常古怪的翻译结果。比如这样一个案例：我们应当如何将汉语源语句"我和你简直像是在'鸡对鸭讲'"译成英语呢？能不能直译成"I and you are just like a 'chicken on ducks'"呢？[1]这样硬翻恐怕是不行的，因为估计一般的英美人都不能听懂这句子的含义。很显然，前述汉语源语句里包含了明显的隐喻成分，而隐喻翻译的难点就在于，翻译者必须清楚地了解：（甲）在源语言所提供的语境中，"本体"与"喻体"究竟是在哪个维度上建立起了类比关系；（乙）在目标语言所提供的语境中，对于前述"本体"与"喻体"之间的类比关系是否得到了相关的语言实践的支持；（丙）在"乙"所规定的条件不被满足的前提下，目标语言中哪些新"喻体"可以与既有"本体"建立起原始文本中所出现的类比关系（或至少是与之类似的类比关系），以满足目标语言自身的某些特设语境要求。也正是基于上述工作步骤，笔者决定将上述源语句英译为"I don't think we are on the same page."（字面意思是："我并不认为我们是处在同一页上。"）——这样的译句虽然在语法结构与词汇使用方面均与原始语句大相径庭，却能够相对成功地将原始文本中的核心信息——"两个说话者在沟通渠道上的不通畅状态"——以一种切合英语的隐喻习惯，重新呈现于目标语言的语境中。由此看来，至少对于**合格的**人类译员来说，对于语境性因素的语用学考量（譬如对于目标语言使用者所具有的隐喻使用习惯的考量），将使得对于源语句的静态语义—句法分析变得不那么重要。而平时我们所说的"活译"之"活"，亦在于此。但同样明显的是，目前基于规则的机器翻译机制，都只会"死译"，而不会"活译"。

综合上面的分析来看，带有"数据驱动"色彩的深度学习进路在机器翻译的问题上是难以通过"刺激匮乏性"问题的考验的，而更为传统的基于规则的机器翻译进路，则无法应对翻译实践中所遭

1　顺便说一句，这句话也是"谷歌翻译"翻译的。

遇的大量语用学因素对于"句法分析"的干扰。到底路在何方呢？

　　让我们且看看认知语言学家能够在这个问题上提供什么洞见。

二　认知语言学论翻译

　　学术界通常所说的"认知语言学"，其实是一个包含了许多具体学术见解的松散的思想同盟。按照认知语言学界的官方意见，能够将这些思想汇聚到一起的，乃是如下这些基本立场 [1]：第一，我们必须将语言学研究的首要关注点放在语义学问题上，而不是像乔姆斯基派的学者所做的那样，将注意力放在句法分析上。与之相对应，我们还要拒绝承认语法规则有其脱离于语义的"自治性"（autonomy）。第二，我们必须将语义看成具有某种"百科全书性质"（encyclopedic nature）——也就是说，我们无法通过"属加种差"这样的公理化方式对语义加以界定，而要坦然接受人类自然语言中诸种语义关联线索的杂多性、开放性与可变性。第三，我们必须承认语义表征都是带有特定的主观视角的，而不能认为我们可以用一种"客观的方式"来对语义进行编码。

　　而在这三个理论预设之下，认知语言学家又在两个特别的方向上做出了自己独特的贡献。

　　其一是"认知图式"（cognitive schema）研究。"图式"这词的古希腊词源 σχήμα 有"形状"的意思。其在康德的《纯粹理性批判》里的含义，则是指"想象力"机能产生的相对固定的时间样态，以便特定的纯粹思维形式（范畴）能够以此为中介，对特定的感性材料施加整合作用。而在认知语言学的语境中，"图式"指的则是特

1　Dirk Geeraerts, "A Rough Guide to Cognitive Science", in Dirk Geeraerts (ed.), *Cognitive Linguistics: Basic Readings*, De Gruyter Mouton, 2006, pp. 1-28.

定的语言学模式的重复性特征的聚合，或说得更专业一点，是"一系列语例中的共通性在得到强化后所获得的一些抽象的模板"[1]需要指出的是，"抽象模板"一语与柏拉图主义（或概念实在论）意义上的"抽象物"（abstracta）并无关联。毋宁说，一个"抽象模板"仅仅意味着一个概念对于另一个概念矩阵的"从属关系"——比如，在英语中，"SOPHOMORE"这个概念就从属于由下列概念所构成的矩阵："TWO""PERSON""KNOW""YEAR"等。[2]至于为何这里出现的每一个概念都不能按照概念实在论的方式而被理解，则具体是因为:（甲）这里提到的"从属关系"也好，此类关系所牵涉的"概念域"（domain）的辖域（scope）也罢，其成立与否都只能在一定程度上被判定，而绝非"非黑即白"之事。很显然，只要新的语料的涌入改变了词语的使用惯例，上述这些刻画方案也会随之发生变化。（乙）前述所说的"从属关系"在数量上是惊人的（因为同样一个词可能同时从属于不同的上级概念），而一个"图式"究竟要对其中哪些"从属关系"进行编码，则取决于在特定语境中哪些备选的关系得到了主体的聚焦——而这一点又反过来取决于主体在使用相关语词时所采用的视角。与之相对比，概念实在论对于概念之间关系的判定则是豁免于各种语用因素影响的，是"一劳永逸"的，且是与特定主体的特定切入立场无缘的。

认知语言学界所做出的第二项引起广泛注意的贡献，则体现于其对于概念隐喻的研究。具体而言，经由莱考夫（George Lakoff）

1　Ronald Langacker, *Cognitive Grammar: A Basic Introduction,* Oxford University Press, 2008, p. 23.

2　Ronald Langacker, *Cognitive Grammar: A Basic Introduction,* p. 46. 顺便说一句，SOPHOMORE 指的是大专院校二年级学生，字面意思是"知道得多一点"（这当然是相比较一年级新生而言的）。

与约翰逊（Mark Johnson）的名著《我们赖以生存的隐喻》[1]的推动，"对于隐喻基础地位的重视"这一特征，已经被普遍识别为认知语言学立场的一个重要特征。这种基础地位具体体现在：在认知语言学家看来，隐喻并非是一种需要被单独标识出来的特定语言现象，而是本来就已经弥漫在**所有的**语言表达之中。支持这种判断的理据，则在于如下推理：

（1）所有的具有基本复杂性的语言表达式，都需要将不同的概念矩阵联系在一起，以构成推理网络。

（2）而不同的概念矩阵可以被联系在一起的前提是：被联系的二者之间有某种共通的因素。

（3）如果这种共通因素不是现成的话（而且实际上它们往往不是现成的），概念甲的结构要素就需要被提取出来，并以一种"不与概念乙的结构产生致命冲突"的方式，在概念乙中得到保留。

（4）这种"提取甲的因素并保留于乙"的投射机制，便被视为隐喻所赖以生存的基本法则：不变性原则（The Invariance Principle）[2]。

（5）由于"不变性原则"本身广泛存在于我们的语言现象之中，而该原则又是隐喻出现的标志，所以，隐喻本身就应当是广泛存在于各种语言现象的。

基于认知语言学的上述观点，目前致力于翻译研究的认知语言学家已经给出了一个符合认知语言学标准的"翻译"观："翻译是一种语用事件（usage event），是一种动态的意义理解"，或者说，"是一种处于历史、文化与个人处境之中的，并被这些特定环境中的特

1　George Lakoff & Mark Johnson, *Metaphors We Live by,* The University of Chicago Press, 1980.

2　George Lakoff, "Conceptual Metaphor", in Dirk Geeraerts (ed.), *Cognitive Linguistics: Basic Readings*, De Gruyter Mouton, 2006, p. 199.

定要素所影响的信息交流事件"[1]。按照这种理解,前述认知语言学的基本论点必须在一种符合认知语言学标准的"翻译"中得到体现:(甲)作为"用法事件"的翻译活动必须体现翻译者的"视角",而这种"视角"则肯定是与翻译者对于特定"翻译目的"的觉知联系在一起的;(乙)在翻译活动中,对于源语句抽象于语义内容的句法的关注,显然是不具有优先地位的,因为首先需要得到关注的,乃是源语言文本中所呈现出来的诸概念矩阵之间的联系样态(即"图式");(丙)"翻译"本身就是一种复杂的隐喻方式,因为它和一般的隐喻一样都必须服从"不变性原则",即将源语言文本中的某种结构要素在目标语言文本中加以保留;(丁)同时,也正因为认知语言学家所说的翻译活动对于"不变性原则"的遵守是敏感于特定的翻译语境与翻译视角的,所以,所谓的"前文本与后文本之间的'等价性'(equivalence)",在此也必须理解为某种依赖于特定的时空要素才能够存在的"事后"(post hoc)关系,而不能够被理解为某种把握了两个文本之精神内核的"本质性关系"[2];(戊)同时,也正因为翻译活动本身无非就是一种复杂的隐喻投射活动,而隐喻投射又具有"泛语言性",所以,我们甚至可以断言翻译本身也是"泛语言的"。由此看来,在单语言交流中的相互理解本身就是一种**广泛意义上的"翻译"**,而多语言交流中的"翻译"只是前述"翻译"的复杂化而已(其复杂性体现在:单语言交流中诸交流者对于共同生活图景的分享机制,在多语言交流中则会成为缺失要素,因此,翻译者就需要激活其对于被翻译者的生活图景的知识,以便更顺利地完

1　Sandra Halverson, "Implications of Cognitive Linguistics for Translation Studies", in Ana Rojo & Iraide Ibarretxe-Antuñano (eds.), *Cognitive Linguistics and Translation,* De Gruyter Mouton, 2013, p. 34.

2　Sandra Halverson, "Implications of Cognitive Linguistics for Translation Studies", p. 44.

成翻译任务[1]）。

　　笔者相信，认知语言学所提供的这种"翻译"观，在很大程度上符合人类译员的常识。而且，愈是在诗歌、小说、哲学等"难以翻译"的文化领域，翻译者自身的视角与特定的翻译目的对于"前文本"关键结构信息的提取活动的引导作用，也就会体现得愈发明显。然而，同样不容否认的是：认知语言学关于翻译活动的上述洞见，乃是主流机器翻译界所难以消化的。之所以如此，既有哲学层面上的原因，同时也有技术方面的原因。哲学层面上的原因是：认知语言学运动所依赖的哲学基础——如发生在语言哲学中的"日常语言学派运动"与发生在认知科学哲学领域内的"具身化运动"——都没有与主流机器翻译界发生太大的交集。说得更具体一点，基于规则的机器翻译在哲学路径上乃是近代唯理派哲学的后继者，而基于数据统计的机器翻译（包括目前流行的深度学习技术）在哲学路径上则是近代经验论哲学的后继者。唯理派哲学主张语言规则可以被明述化，而认知语言学却并不认为规则可以剥离于语用的血肉；经验派哲学主张高级表征只是对于大量低级感觉数据的逐层抽象的产物，而认知语言学对于"视角"的强调则在客观上肯定了某种"自上而下"的语言理解进路的存在。从这个角度看，认知语言学的整个哲学预设对于机器翻译来说便成为了某种难以被消化的"思想异类"，因此，机器翻译界只能选择对其工作视而不见。

　　不过，任何硬币都还有另外的一面。在笔者看来，认知语言学的洞见之所以还没有被积极地吸纳入机器翻译工作，其在相关技术实现手段上的某些缺陷也应当承担一部分的责任。笔者将在下节中详细讨论这个问题。

1　Sandra Halverson, "Implications of Cognitive Linguistics for Translation Studies", p. 39.

三　认知语言学技术刻画之难点

我们前面已经反复提及，在认知语言学看来，语法事项必须在语义研究的基础上被确定，而非与语义独立的一个领域。关于如何在认知图式的基础上勾勒语法结构，兰艾克（Ronald Langacker）曾做过大量研究。但在笔者看来，此类研究在细节方面的丰富性，却并不意味着机器翻译能够直接调用认知语言学的相关建模成果——相反，站在计算机科学的角度看，认知语言学的很多具体技术工作都是难以被"算法化"的。

比如，为了与主流符号人工智能对于表征的"命题式"（propositional）理解方式相抗衡，兰艾克认为，认知语言学必须将概念结构按照"意象式"（imagistic）的方式来加以把握。而所谓的"意象式"结构，本身乃是"前概念"的，是具有一定的"可视性"的。譬如，英语"ENTER"（进入）这个概念就可以被分析为数个意象图式的组合，包括"物体"（object）、"源点—路径—目标"（source-path-goal）与"容器—容纳物"（container-content）。三者结合的情况如图 5-2 所示：

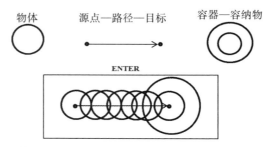

图 5-2　关于"ENTER"（进入）的认知图式形成过程的图示[1]

---

[1]　Ronald Langacker, *Cognitive Grammar: A Basic Introduction*, Oxford University Press, 2008, p. 33.

　　兰艾克对于"ENTER"概念结构的这种解读固然是符合常识的，但是，对于计算机科学来说，构成该概念图示的基本意象——"物体""源点—路径—目标"与"容器—容纳物"——却都是无法被直接算法化的。这又是因为：所有可被算法化的事项，都必须最终以某种方式被分解为某种按部就班的机械运作，并由此开辟出一条"自上而下"的道路，以便将自然语言中的语义信息层层转化为那些不直接体现这些语义的基本编码。然而，关于"源点—路径—目标"之类的语义内涵究竟应当如何被编码，认知语言学家没有告诉我们任何线索。更麻烦的是，与之类似的不可被编码的语义学范畴，在兰艾克的著作里还能找到很多，如"辖域""界标""射体""侧显"，等等。依笔者浅见，尽管为所有这些范畴提供算法基础的可能性并非完全不存在，但有鉴于兰艾克总是倾向于随意增加自己的语义范畴列表的长度，将其统统予以算法化的"可操作性"恐怕会非常低。

　　相比较兰艾克的工作而言，基于认知语言学家菲尔墨（Charles Fillmore）的"框架语义学"研究的"框架网"（FrameNet）研究规划，则是目前整个认知语言学领域内离计算语言学的研究最为接近的一个项目。目前该项目由坐落于美国加州伯克利的"国际计算科学研究所"负责推进[1]。该计划的要点，是将英语中主要词汇的"语义框架"全部识别与表征出来——而这里所说的"语义框架"，则可以被理解为对于典型语用环境所做的图式化表征：这样的图式化表征本身可以被不同词汇所唤醒，并可被应用于前述典型语境所衍生出的不同表层语境。具体而言，任何一个处在框架网中的深层框架都包含了如下内容：（甲）以语句形式呈现的框架定义；（乙）例

1　该计划的官网网址：https://framenet.icsi.berkeley.edu/fndrupal/。

句——也就是通过"词汇单位"（lexical units）所扮演的"引出项"（lemma）角色而呈现出来的特定框架在人类言谈中最典型的出场方式；（丙）对本框架与别的框架之间关系的阐明；（丁）对于核心的框架要素的罗列；（戊）对于非核心的框架要素的罗列；等等。譬如，对于"因果关系"（causation）这个概念来说，它所代表的框架的定义性语句便是："一个原因导致了一个结果；或者，一个行为者，也就是一个（内隐的）原因的参与分子，也可能作为原因而出现。由因果关系而被影响到的事项，则可能作为整个被影响到的情境或事件的替代品而出现。""因果关系"所具有的核心框架要素是"行为者"（actor），以及未必会被明述出来的"原因"概念，等等。目前在"框架网"的数据库中按照上述方式得到记录的"框架"大约有 1,200 个，"词汇单位"的数量则大约是 13,000 个。至于为何"词汇单位"的数量十倍于"框架"，也正是因为："框架"乃是一种以比较深的方式隐藏在人类自然语言之运用方式中的概念模板，而所谓的"词汇单位"，只是引出这些框架的线索而已。既然同样的框架可以被不同的词汇单位引出[1]，那么，词汇单位的数量就自然会大大超过框架的数量。

　　尽管语义框架网项目的推进者并没有明确提到此项计划对于机器翻译的意义，但是至少该计划对于人类翻译作业的应用价值已经被学界充分意识到了。博阿斯（Hans Boas）就指出："既然框架对框架要素之间的语义关系进行了编码，那么，框架因素清单就可以被用以比照：在源语言中的得到编码的语义与句法信息的特定组合

1　比如，体现"因果关系"这个框架的很多例句中，就未必会出现"因""果"这样的字眼——比如"大象碾死了蚂蚁"这个句子；引出"犯罪"这个框架的表层词汇也未必是"犯罪"——比如"玛丽正在疯狂行窃"这个句子，就没有"犯罪"这样的词。

方式，在多大程度上在目标语言中得到了实现。"[1]换言之，如果我们对源语言与目标语言的所有框架信息都有所掌握的话，那么，我们就可以通过比照源语言文本与目标语言文本各自的框架网络拓扑学结构之间的相似性，来对译文的质量做出评估。

——那么，我们是不是有希望以一种更为积极的方式去利用框架网的数据，为自主性机器翻译程序的开发开辟道路呢？笔者认为，做到这一点虽然并非不可能，但前提是：我们必须首先克服框架网规划目前存在的如下问题：

第一，不难想见，我们如果要对一种自然语言中所有隐藏的框架进行编码的话，就必须首先回答这样的问题：我们如何保证对于框架的罗列是周全的？我们又如何保证对于相关框架信息的整理是具有真正典型性的？很显然，这些问题无法回答，我们就无法保证框架网数据能够应对**任何**翻译语境。

第二，人类翻译牵涉到的语言可能有几百种之多，即使将所有主要工业国的官方语言内隐的框架全部加以整理，所耗费的人力也是惊人的。同时，在实践上我们也很难保证多国语言学团队中的不同语言学家在制定数据编码标准时不会产生尺度上的差异——而这些差异也将为机器翻译的质量预理下一些隐患。

第三，更为关键的是，对于框架之间的推理关系，目前的框架网结构并没有给出一种统一的算法化说明。大致而言，目前在框架网规划中被运用到的"框间关系"有下述几种（见表5-2）：

---

1 Hans Boas, "Frame Semantics and Translation", in Ana Rojo & Iraide Ibarretxe-Antuñano (eds.), *Cognitive Linguistics and Translation*, De Gruyter Mouton, 2013, p. 135.

表 5-2　框架网规划所使用的几种最典型的"框间关系"

框间关系名	英文名	简单定义
继承	Inheritance	子框继承了父框，当且仅当对父框成立者，对子框也成立，且二框下属要素之间亦可建立起严谨的映射关系。
被视角化	Perspectivized_in	甲框被乙框视角化，当且仅当：（1）二框彼此联系；（2）甲框本无视角；（3）乙框有视角；（4）甲、乙均对应同一情境。
亚框架	Subframe	甲框是乙框的亚框架，当且仅当：（1）甲参与了乙的构成；（2）甲在乙之外也可以独立成为一个框架。
前于	Precedes	甲框前于乙框，当且仅当：（1）二者都是一个大框架的亚框架；（2）甲框在时间上先于乙。
起因于 / 发端于	Causative_of/ Inchoative_of:	甲框起因于或发端于乙框，当且仅当前者的出现是后者出现的结果。
调用	Using	甲框调用了乙框，当且仅当后者被牵涉于前者的结构，而后者的内部结构因素却没有得到前者的继承。

——能够从算法角度勉强加以刻画的，恐怕只有上表中的"继承关系"一栏，因为别的框间关系所依赖的语义的含糊性（如"有无视角""参与了……的构成""在时间上先于……"等等）都是按部就班的机械化操作所无法容忍的。这也就是说，就目前的情况而言，计算语言学恐怕是无法直接调用框架网的数据库，制作出一种可供机器翻译工作所使用的跨框架推理路线图的。

读到这里，读者可能有些失望：为何在哲学层面上，认知语言学的阐述与人类译员的翻译直觉是何等之相似，但在技术层面上，它们的工作成就却貌似并不比基于规则与统计的机器翻译思路更具可操作性呢？对此，笔者的大致诊断是：除了"认知语言学家缺乏为机器翻译服务的自觉意识"这一外在性原因，更关键的原因是与主流的机器翻译研究一样，认知语言学家都忽视了对于语言机制得以产生的认知架构的研究（而这种忽视，对于"认知语言学"这个名号而言甚至可以说是有反讽意味的）。非常粗略地说，统计学进路的机器翻译在心智架构问题上持有的是某种不负责任的"黑箱主义"（此进路的支持者会说："不管心智的真实架构是什么，只要将深度学习网络的参数调整好以便捋顺输入—输出关系，就万事大吉了！"）；符号规则进路的机器翻译在同样的问题上持有的是某种傲慢的句法沙文主义（此进路的支持者会说："心智机器就是深层语法生成器，除此以外的一切事情都无关痛痒！"）；而主流认知语言学在同样的问题上持有的某种舍本求末的现象学态度（此进路的支持者会说："忠实地对语用现象进行本质直观吧，别管怎样的认知机制导致了这样繁杂的现象，也别管相关的描述所使用的描述工具是否具有理论上的统一性！"）。从这个角度看，若真要说认知语言学家比起主流机器翻译学界来具有什么优势的话，也仅仅体现在：他们所追逐的"末"毕竟是从真正的"本"中生长出来的，因此，他们多少还是抓住了大象的长鼻子——与之相比较，统计进路的支持者只是在计算大象吃进去的草与排泄物之间的数量关系，而符号规则进路的支持者则是将大象的卡通画像当成了大象本身。

很显然，要看见真正的大象，我们还需要从认知语言学家手里接过大象的长鼻子，继续往上攀爬。

四　由"纳思系统"另辟蹊径

现在的问题是：我们怎么才可能以一种技术上"可计算"的方式，在语言自动化处理的领域内吸纳认知语言学的洞见呢？笔者的建议是诉诸"纳思系统"的建模方式。这也是在本书中会被反复推荐的一个人工智能系统。

纳思系统的英文全称为"Non-Axiomatic Reasoning System"（非公理推理系统），"NARS"为其缩写，"纳思"为该缩写的汉语音译，发明人是与笔者长期保持合作关系的美国天普大学（Temple University）的计算机科学家王培先生[1]。大体而言，纳思系统乃是一个具有通用用途的计算机推理系统，而且在如下意义上和传统的推理系统有所分别：纳思系统能够对其过去的经验加以学习，并能够在资源约束的条件下对给定的问题进行实时解答。从技术角度看，纳思系统是由诸多层次的技术构建构成的，每个层次有其自身的语法和推理规则。整个系统之所以被说成是"非公理的"，则是基于如下理由：尽管系统的构造者会在一开始为系统的每个层次预先设置一些推理规则，但他既不会将整个系统的知识库锁死，也不赋予知识库中的任何一个命题以公理的形式。毋宁说，纳思自身的知识库是可以随着系统的经验的增加而不断修正和丰富的（这些修正和丰富本身则是在纳思推理规则的指导下进行的）。也正是在这个意义上，纳思的知识表征进路在实质上不同于统计学进路和符号规则进路，因为后两者都要求系统一开始就获得关于环境的充分知识（或接近于充分的知识）。在这个意义上，纳思进路甚至不同于认知语言学家在"框架网"名目下所做的工作，因为后一项规划也要求我们预先表征出关于一门自然语言中**所有**框架的近乎充分的知识。

限于篇幅的关系，笔者不可能对纳思系统的技术细节做出一番哪怕是挂一漏万的介绍，而只能就认知语言学与纳思进路之间的优劣对比，进行最简要的提点（好在后文的不同章节还会对纳思系统进行补充性介绍）：

第一，纳思系统由纳思逻辑与纳思控制系统两部分构成，前者给出系统的推理规则，后者则对系统实时运用这些规则提供指导。若用军事隐喻来表达，前者类似于基层军事单位战术标准的规定，

---

[1] 关于纳思系统的文献很多，其中最重要的是：Pei Wang, *Rigid Flexibility: The Logic of Intelligence*。

后者则指涉指挥部如何在基层单位的能力范围之内进行军力部署。需要指出的是，所谓的认知架构问题，就是指对于心智控制系统的重建问题，而这个问题却恰恰是认知语言学家的准现象学进路所忽略的，亦为统计学进路与符号进路的主流人工智能研究者所轻视。而纳思建模者在这方面所投入的心力，则可被视为对于"心智黑箱"的某种"去黑箱化"操作，由此使得人工智能的研究终于具备了某种真正的"计算心理学"的面向。

第二，纳思系统当然是可以计算的——无论就其逻辑层面还是控制层面而言。仅就逻辑层面而言，一个最简化的纳思语义网是由两个概念节点构成的，比如，"乌鸦"（RAVEN）和"鸟"（BIRD）。它们之间由"继承关系"（inheritance relation）加以联接，该关系本身则被记作"→"。请参看图 5-3：

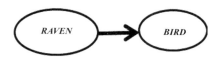

图 5-3 纳思语义网中的"继承关系"

"继承关系"本身是一种纯粹可以被算法化的关系，其技术刻画如下：乙继承于甲，当且仅当甲是乙的外延，或乙是甲的内涵。这里需要补充指出的是，一个纳思词项的意义，均由其内涵（inten-sion）和外延（extension）所构成。如果我们将系统的词汇库称为"V_K"（在图 5-3 中只包含"RAVEN"和"BIRD"），将一个被给定的词项称为"T"，将其内涵记为"T^I"，其外延记为"T^E"，那么我们就可以在集合论的技术框架中，将"T^I"和"T^E"分别定义为：

$$T^I = \{x \mid x \in V_K \wedge T \to x\}$$
$$T^E = \{x \mid x \in V_K \wedge x \to T\}$$

这样一来，无论是"内涵"还是"外延"，任何概念的意义都可以通过对于其在语义网中的拓扑学地位而得到一种可被计算化的处理。对于"意义"的任何神秘化企图都变得不必要了。

第三，同时需要注意的是，与框架网规划的研究者罗列不同框间推理关系的做法不同，在纳思语义网中，比"继承"更复杂的所有关系谓词，都可以通过某些更为基础性的技术刻画手段而得到某种具有统一性的处理。譬如，在纳思逻辑中，所谓"因果关系"是不能被处理为某种不可被消解的基本词项或框架的，而必须被视为某种逻辑构造物。具体而言，纳思逻辑学家会将"因果关系"视为蕴含推理的一个特例（而蕴含关系本身则是前述"继承关系"的一种递归式构造），而因果关系与一般蕴含推理之间的不同点则主要在于：在前者中，推理的前件与后件之间呈现出了一种明显的"时间相续"关系，而一般的蕴含推理则未必体现这一点。此外，甚至"时间相续"这一点也不是以一种"横生枝节"的方式突然闯入纳思逻辑的语汇的：毋宁说，时间因子其实只是对于（建立在继承关系之上的）纳思判断句的真值表述方式的一种修饰而已。譬如，两个具有不同真值却有相同概念拓扑学结构的纳思判断句，若被加上了不同的时态标签，其真值就无法彼此融合，由此成为一个新的纳思判断句——反之，此类的真值融合便是可行的[1]。这也就是说，时间因素是可以在纳思系统中兑现为一些基本的外延化操作规则的，而并不带有任何一种意义上的"神秘"色彩。

第四，和认知语言学家一样，纳思建模者也认为语法事项并非

1　与时间相关的技术讨论请参看：Pei Wang, *Rigid Flexibility: The Logic of Intelligence*, §5.3；与因果关系相关的技术讨论请参看同书的 §9.42。从这两处讨论自身的编号我们就可以看出，在纳思系统中，对于时间的建模工作的基础性方面是超过对于因果关系的建模工作的。

是一个独立于语义的事项。基于此类考量，纳思建模者尝试着将所有的推理关系，以及与之相关的各种自然语言的语法，全部重新理解为对于纳思语义网的特定拓扑学结构的浓缩，由此给出一个针对语义问题与语法问题的"一揽子解决方案"。因此，我们可以说，纳思建模方案其实是将认知语言学的哲学理念，以一种更接近计算机科学实际的方式加以实现了。

第五，与深度学习进路不同，使纳思的语义网得以初步稳定的证据材料（它们本身也被表征为与特定节点图谱具有特定推理关系的节点）并不需要被大量地供给。纳思系统的控制中心会根据任务的时间限制对证据池的大小进行监控，即以某种"目标导向"的方式使得整个系统自身处理证据的资源能够得到合理的调控。这在相当大的程度上减少了建模者对于系统的训练成本，并使得系统的自主学习性能得到提升。同时，框架语义网的建模工作对于纳思语义网来说也是不那么必要的，因为系统可以通过自主学习获取特定自然语言的词项之间的隐蔽推理关系。

第六，"视角独特性"是认知语言学构建的一个重要理论要素，但认知语言学家一直没有用可计算的方式将这种独特性刻画出来。尽管纳思系统的建模者在哲学层面上是赞同认知语言学家的相关判断的，但在具体技术层面上，纳思系统的建模者不会生硬地将视角性因素处理为某种可以被明述化的知识节点，甚至是某种特定的推理关系。毋宁说，视角性因素是以某种内隐的方式分布于整个纳思语义网的，而对此类分布具有核心意义的网络特征包括:（甲）系统已经积累的经验知识;（乙）内置于系统内部的"先验性格要素"（如系统在工作记忆中对于证据池大小的最大容忍力）;等等。此外，系统在特定环境中所面临的任务的特征也会极大地影响系统视角的迁移方式。

第七，认知语言学对于概念图式"前概念"特点的强调，也可以部分在纳思系统中得到保存。其主要方式是将各种感官道中的经验类型也做成概念节点，依照纳思语义网的一般构建方式接驳入网。[1]

第八，认知语言学对于隐喻的重视，将在纳思系统中通过对于类比推理的刻画而得到保存。但与莱考夫对于隐喻基础地位的强调不同，纳思系统将隐喻视为类比推理的特例，而类比推理在纳思逻辑中的基础性地位是不如继承性关系的——除非继承性关系本身也被视为一种最普遍意义上的隐喻关系。进行这种处理的主要动机，也是为了保证隐喻关系与类比关系的可计算性。[2]

综上，纳思系统是笔者目前所知的最有希望将认知语言学的哲学理念加以技术实现的人工智能研究路径。然而，由于纳思系统本身是作为通用人工智能系统得到开发的，其在自然语言处理或机器翻译领域内的专门化研究尚未全面展开。因此，就纳思系统的现有技术状态而言，要让其翻译表 5-1 中如此复杂的源语言文本，恐怕还不现实。但笔者坚信，如果纳思系统意义上的自然语言处理系统能够得到目前谷歌翻译系统哪怕四分之一的研究投入量的话，其性能的迅速提升并不是那么地遥不可及。而之所以这么判断，乃是因为这种意义上的自然语言处理系统已经具备了主流深度学习系统所不具备的一个关键性特征，即它实际上是具有某种意义上的"心智"的，有能力通过内部的概念图谱来理解外部语言的符号序列的意义。

---

1 笔者关于这方面的具体设想，请参看拙著《心智、语言和机器——维特根斯坦哲学与人工智能科学的对话》（人民出版社，2013 年版）第三编"人工视知觉模块的构建"。
2 相关的技术讨论请参看：Pei Wang, *Rigid Flexibility: The Logic of Intelligence*, §4.2.1。

本章小结

在笔者看来，目前的人工智能学界也好，作为其一部分的机器翻译学界也罢，都处在一个试图运用纯粹的工程学手段解决理论问题的浮躁状态。人工智能研究的最大危机，便是对于统计学技巧与硬件升级的片面崇拜，以及对于智能科学基本原理的蔑视。希望本章的讨论能够提醒读者注意语言学领域的基础研究对于机器翻译的启发意义，并对像"纳思系统"这样的尚处在主流人工智能之外的新技术路径投以关注。

不过，本章的讨论依然遗留了一个哲学问题需要回答：认知语言学家所说的"图式"的认识论地位究竟是什么？这究竟是指每个特定的智能体所获得的主观心像，还是诸智能体所能分享的某种公共图像？对于这个问题的研究虽然貌似缺乏工程学意义，却能帮助我们厘清人工智能研究中的个体视角与群体视角的差异。概而言之，目前主流的人工智能研究太习惯于所谓的"群体视角"了：比如，ChatGPT 的"预训练"所依赖的海量数据就早在统计学的层面上消除了个别语料言说者之间的视角差别；无独有偶，目前具有所谓"多模态"能力的 ChatGPT-4 或 ChatGPT-5 所处理的那些图像也是公共的图像（比如，通过这样的技术生成的美女图片往往是按照大众的庸俗审美标准而被打造的）。然而，这难道就是人工智能研究所必须采纳的视角吗？难道人工智能体就不能先学会一种"私人语言"吗？且看下章展开的哲学思辨。

第六章

大森哲学让人工智能说"心语"

西方认识论的叙述视角，素有"基于第一人称的视角"与"基于第三人称的视角"之分。前一路线的代表人物有普罗塔哥拉、笛卡尔、洛克、胡塞尔等，后一条路线的代表人物则有柏拉图、黑格尔、赖尔、后期维特根斯坦等。按照一般人的观点，人工智能的研究，应当与后一条路线更有关联。相关的论据如下：AI 所需要的编程语言与界面语言，要求有足够的清晰性，并尽量消除可能的歧义——而满足这一要求的语言，将不得不基于所谓的"第三人称的视角"，因为只有该视角才能容纳主体之间的相互检查与相互沟通，由此消除个体观察视角带来的偶然性因素，最终使得语言表征变得足够清晰明了。

但只要结合 AI 发展的具体实践，我们就会发现，上述观点应当只适用于所谓的"专家系统"，而不是如下如火如荼的联结主义—深度学习技术路径，遑论还在雏形中的"通用人工智能"研究。下面我们就来看看特定人称视角与 AI 之具体路径间的关系。

一　现有的人工智能路径，都谈不上具有"第一人称"

先来看"专家系统"（expert system）。所谓"专家系统"，就是"一个以特定方式编制的计算机程序，以使得其能够在专家的知识层面上运作"[1]。具体而言，典型的"专家系统"的研制方法，是先将一个特定知识领域内的专家知识用逻辑语言加以整编，然后利用逻辑推理规则推演出对用户有用的特定结论。很明显，此类系统所涉及的专家知识本身，往往是那些经过特定领域的人类学科共同体的反复锤炼而被普遍认可的知识，因此当然是基于第三人称视角的。

但"联结主义—深度学习"的技术路径就不是这样的了。该技术的实质，便是用数学建模的办法建造出一个简易的人工神经元网络结构，而一个典型的此类结构一般包括三层：输入单元层、中间单元层（在"深度学习"框架中，这样的中间单元层可以包含大量亚层，数量从 4 个亚层到上百个亚层不等），以及输出单元层。输入单元层从外界获得信息之后，根据每个单元内置的汇聚算法与激发函数，"决定"是否要向中间单元层发送进一步的数据信息。中间单元层再将信息加以处理，输送给输出层，输出层再将输出结果与人类给出的标准答案比对，根据比对结果决定是否要启动"反向传播算法"来调整神经网各单元之间的信息传播路径的权重。这样的系统在如下三重意义上是不支持基于第三人称视角的知识表征的：（1）在此类技术路径中，对于完整的语言表征的处理，已然被分解为大量的亚符号运算，而不像专家系统那样，一开始就将特定的命题知识固化为系统的知识库内容。（2）又恰恰因为在联结主义—深度学习的系统中，并没有命题性表征的线性传递路线，故此，就连

---

[1] Edward A. Feigenbaum & Pamela McCorduck, *The Fifth Generation: Artificial Intelligence and Japan's Computer Challenge to the World,* Addison-Wesley, 1983, pp. 63-64.

此类系统的构建师自身，亦缺乏对于特定信息在系统内部处理路径的追踪能力。毋宁说，他们只能通过"瞎蒙"的方式来调整系统的参数，以图使得系统达到令用户满意的信息处理水准。而此类系统的这种"黑箱"性质无疑使得在第三人称视角中对于它们的运作机理的"可解释性"成为一个大难题。（3）此类技术路径所需要的训练数据往往需要人工标注，以便产生用以判断系统所输出的识别标签是否正确的"标准答案"——而此类标注又往往会固化特定人类标注员的偏见，由此形成整个系统的"算法偏见"，并最终进一步破坏某种更具普遍意义上的"基于第三人称视角的知识表征"。

然而，以上说的这些，并不意味着"联结主义—深度学习"的技术路径能够成为前述"基于第一人称视角"知识论路线的自觉的工程学承载者，因为对于第三人称视角中明晰性的排除，未必一定意味着自动获取第一人称视角中的明晰性（如笛卡尔主义者所说的"我思"所呈现出的那种明晰性）。毋宁说，在这种技术路径中，由于关于"自我"的心理学建模的匮乏，此类系统其实是缺乏一种真正意义上的第一人称视角的。其具体工程学表现是：在这样的系统完成训练后，系统既缺乏对于自身组织结构的元知识的表征能力，也缺乏对于如此结构的自我修正能力，而只能胜任在某类特定输入与特定输出之间的映射建立任务。

那么，以上说的这些，是否意味着"基于第一人称视角"的哲学认识论路线，就在原则上与 AI 无缘呢？答案是否定的。实际上，如果我们讨论的 AI 具有"通用人工智能"（Artificial General Intelligence, 简称 AGI）的特征的话（也就是说，这样的系统应当能够胜任各种任务，而并非只能执行特定的任务），那么，在 AI 语境中对于上述认识论路线的兑现，至少是具有明确的工程学价值的。其道理是：如果我们指望此类 AGI 系统能够在开放的环境下进行自主化运作的话（譬如希望此类系统能够在火星等恶劣环境下，在独立于人类遥控的前提下自主处理各种突发状况），那么，这样的系统就需要有能力随时根据最新的情况更新自身的知识库，并对未来还未发生的新情况进行合理的预期。这同时也就意味着：这样的系统是应当具有"记忆""怀疑""展望"等典型人类心理能力等价物的，并因此具有某种起码的"主观性"。进而言之，由于不同的 AGI 系统各自面临的生存环境的差异，基于不同环境互动历史的生存策略会在不同系统的"主观性"面向上打下自己的烙印，由此使得"第一人称视角"成为 AGI 系统某种不可或缺的特征。

然而，在 AGI 语境中对于第一人称视角的尊重与相关建模活动，无疑会遇到一个非常明显的哲学反驳：这种尊重无法见容于后期维特根斯坦对于"私人语言"的批判。说得具体一点，如果私人语言被定义为"一种指涉仅仅为言说者自己所知（而无法为他人所理解）的东西（特别是言说者直接的私人感觉）"的话[1]，那么，在 AGI 语境中对于第一人称视角的重建，似乎也等于给出了这样一种承诺：对于两个特定的 AGI 系统 A 与 B 来说，存在着某些表征能够被 A 更为充分地理解，却不能被 B 所同样充分地理解——反之亦然。但既然后期维特根斯坦是明确反对私人语言的可能性的，那么，看来他也不可能认为在 AGI 语境中对于"第一人称视角"的重建是有希望的。

很明显，唯一能让我们摆脱此困境的办法，便是去论证：在这个问题上，维特根斯坦可能是错的。为了增加此类论证的力度，本章将引入日本战后最重要的分析哲学家大森庄藏（1921—1997，参见图 6-1）的相关思想资源。而之所以引入大森哲学，则是基于如

---

[1] 维特根斯坦：《哲学研究》，陈嘉映译，商务印书馆，2016 年，页 135。

图 6-1　大森庄藏

下考虑：（1）大森明确反对维特根斯坦的反"私人语言"论证，因此是本章立论的天然盟友；（2）作为日本最早的系统性研究维特根斯坦的学者之一，大森本人反对维特根斯坦的话术结构本身就是继承自维氏哲学的，因此，基于大森哲学的反驳路线会具有更强的说服力；（3）大森的哲学还包含一个系统化的说明，以便解释如何从具有第一人称视角特征的表征出发，营建出具有第三人称视角特征的表征系统，因此，他对于维特根斯坦立场的反驳，并不会让他自己的哲学成为一种"唯我论"——相反，他完全有能力对维特根斯坦所重视的公共语言的起源进行一种大森式的说明；（4）大森的相关思想是有机会在 AGI 的技术语境中得到大致的模拟的——通过这种模拟，我们便能初步勾勒一种具有第一人称特色的机器表征的大致样貌。

　　下面，笔者就将逐步展开上述论点。

二　大森是如何利用维特根斯坦去反对维特根斯坦的？

大森庄藏是从理工科转向人文学科的哲学研究者。他在二战期间被日本军国主义分子强迫进行激光武器的研究。虽然没有造出可用的激光武器，此间他却对"波粒二象性"背后的哲学机制产生了兴趣。日本投降后他立即改读哲学，并获得赴美留学的机会，由此读到了当时在日本国内尚缺乏大量读者的维特根斯坦的作品。他虽然是日本著名的维特根斯坦哲学专家，但是在他于1971年发表的著作《言语·知觉·世界》中，他却明确表达了对基于第一人称视角的认识论道路的同情态度——这种态度，显然是与后期维氏对于"私人语言"的敌对态度相互抵触的。

维特根斯坦在《哲学研究》（§243）中所给出的"私人语言"的定义是这样的：

> 这种语言的语词指涉的乃是在原则上只能为言说者所能够知晓的事物，也就是说，指涉了他的直接的私人感觉。这样一来，别人就无法理解这种语言。[1]

虽然国际学界对于如何重构维特根斯坦在《哲学研究》中的反"私人语言"论证的细节一直众说纷纭，但很少有人没有注意到：在撰写作为《哲学研究》之准备材料的《大打字稿》（遗稿编号TS213）的过程中，维氏曾给出了一条更有趣的用以批判"感觉之私有性"的思路。考虑到"私人语言"观显然是建立在"感觉的私有性"这一观念之上的（这一奠基关系乃是上述《哲学研究》的引

---

[1]　维特根斯坦：《哲学研究》，页135。译文稍有调整。

文所揭示的），所以，《大打字稿》对于"感觉的私有性"的批判，
便可以视为对于《哲学研究》的"私人语言"批判的一项极具关键
性的准备性工作。笔者根据自己的阅读体会，将《大打字稿》批判
"感觉之私有性"的思路重构如下：

第一步：以诸感觉中最具私密性与不可表达性的痛觉为例。德
语中对于"我疼"的表达——"Ich habe Schmerzen"（直译为"我
有疼"）——预设了"疼"能够成为动词"有"的宾语，并由此成
为"我"所具有的一个对象。毫无疑问，这种表达方式就是"主—
谓逻辑"在感觉表述领域中运用的产物。此外，这种语言表达方式，
显然也会引诱以德语为母语进行思考的哲学家去将"疼"视为主体
所具有的某种私有物。

第二步：但如果有一种别样的语言，能够以别样的方式表述主
体与疼痛之间的关系的话，那么，上述引诱就很可能会消失。

第三步：如果第二步所言及的"如果"能够被实现的话，那么，
以德语为工作语言的哲学家所得出的"感觉私有论"，就会成为一种
基于德语言说实践的语言共同体的"地方性知识"，而无法成为一种
普遍的哲学结论。因此，"感觉私有论"本身也会因此立即失去其
魅力。

很显然，维特根斯坦的上述论证是否成立，关键在于其第二步
是否能够成立。前文已指出，根据现有传记材料，除了德语与英语
之外，维特根斯坦生前没有掌握任何一种非欧洲语言（他应当略懂
俄语，但水平可能不是很高，而且俄语毕竟也是欧洲语言[1]）。因此，
限于自身语言能力的维氏就只好因陋就简，在《大打字稿》中改造
现有的德语或者英语对于疼痛的表达方式，以便将其修正为一种能

---

[1] 目前关于维特根斯坦的最全面的传记材料，乃是瑞·蒙克的《维特根斯坦传：天才之为责
　　任》（王宇光译，浙江大学出版社，2011 年）。

够豁免于"主—谓逻辑"之暴政的新表达方式。在下表（表6-1）中，笔者就将维氏给出的德语表达式列在左边，并将他所建议的新表达式列在右边。为了方便汉语读者理解，他所给出的每一句话，笔者都按照"德—汉"的次序进行解释（考虑到论证需要，这里给出的汉语都是笔者对原文的硬译，未必符合汉语口语习惯。符合汉语语感的汉语意译将在下节给出）[1]。

表6-1　《大打字稿》对于德语中的疼痛表达方式的改写

关于疼痛的旧表达式（德/汉）	关于疼痛的新表达式（德/汉）
（1）W. hat Schmerzen. / 维氏有疼。（注：这里的"维氏"显然指说话人）	（1改）Es sind Schmerzen vorhanden./ 有疼在跟前。
（2）W. hat Schmerzen in seiner linken Hand. / 维氏在其左手有疼。	（2改）Es sind Schmerzen in der linken Hand des W. / 有疼处在维氏的左手处。
（3）N. hat Schmerzen./N 有疼。（注：这里的"N"指与说话人维氏不同的另外一人）	（3改）N. benimmt sich wie W., wenn Schmerzen vorhanden sind./N 就像有疼处在 W 那里那样，给出了类似的行为。
（4）N. heuchelt Schmerzen in seiner Hand./N 假装在他手那里有疼。	（4改）N. heuchelt das Benehmen des W., wenn Schmerzen in seiner Hand sind./N 假装就好像有疼处在维氏的手里那样。
（5）Ich bedauere N., weil er Schmerzen hat. / 我对于 N 感到遗憾，因为他有疼。	（5改）Ich bedauere N., weil er sich benimmt, wie etc./ 我对 N 感到遗憾，因为他给出了如此这般的行为。

不难看出，维特根斯坦反对"私人语言"的主要思路是从语言入手——如果我们能通过语言分析解除印欧语言的主—谓逻辑与感觉之"私有性"之间的捆绑关系，那么，"私人语言"就会失去对于私有感觉的指涉机制，并因此使得自身破产。

现在我们再将镜头切回大森庄藏。有意思的是，作为一位维特

1　Ludwig Wittgenstein, *The Big Typescript/TS 213* (German-English bilingual version), edited and translated by C. Grant Luckhardt and Maximilian A. E. Aue, Blackwell Publishing, 2005, p. 360.

根斯坦专家，大森思考该问题的方式竟然不是从语言出发，而是从印象出发的。换言之，他不太关心我们是用怎样的语言表达式表述我们的感觉影响的，而更关心我们的感觉印象是如何在一种前语言的层面上参与知识构成的。他写道：

> 为了确认他口中的"红色的印象"与我的印象是否相同，我们必须将他的印象与我的印象相互比较。为了进行这种比较，我将不得不接受他的印象。但是因为我实际上并没有通向他人的感知的路径，这种比较是难以实现的。为了经验到他人的知觉，我就必须变成他；但由于施加于我自身之上的种种限制，这一点是无法被实现的。而且，这个问题，在原则上就是无解的。即使我是"暹罗连体人"之一也枉然：考虑到我就是我自己，而不是其他任何人，并且我也不能变成我的连体人兄弟，故此，我依旧无法感知到我的连体人兄弟所感知到的。[1]

大森庄藏在上文中所提到的"暹罗连体人"案例，显然是参照了维特根斯坦在《哲学研究》中用到的同一案例。维氏原文如下：

> 只要"我的疼痛同他的疼痛一样"这话是有意义的，那么，两个人也就可能有一样的疼痛（我们甚至可以想象两个人在相同的——不仅是相应的——部位感到疼痛。例如暹罗连体人就是这样）。[2]

由此看来，尽管大森与维氏都利用了"暹罗连体人"的案例，

1　大森庄藏：《言语·知觉·世界》，岩波书店，1971 年，页 13—14。
2　维特根斯坦：《哲学研究》，页 98。

二人的深层用意却是南辕北辙的。在大森那里，此案例是为第一人称视角的基本性提供注脚的，而在维氏那里，它却是为第三人称视角（或曰"公共视角"）的基本性提供辩护的。大森本人对于他与维氏的上述区别，自然是心知肚明的。他是以如下方式为他自己利用"暹罗连体人"案例的方式提供辩护的：

> 如果我没有弄错的话，在前文中所阐述的观点 [1]，可以被认为是维特根斯坦的观点。然而，我无法接受上述观点所蕴含的如下观点：个人的心理体验必须被公共化。[2]

对于上述论述，大森进一步的补充性论述如下：

> 无论多少信息可以经由语言而从外部环境取得，且无论语言本身得到了多少次调整，所有的这一切针对语言的学习与调整，毕竟都是基于某人的具体目的的。对于我而言，语言的意义只有从我的视角出发才能得到理解。甚至所谓他人的语言，也无非就是我所能理解的语言。譬如说，当别人说什么"红色的大轿车"的时候，无论他是如何理解"红色的"这个词的，而且，无论他本人的对应感觉究竟为何，我本人对于"红色的"的理解，却总是基于我对于该字眼的理解之上的，而且，如何指派此词的意义，也总是取决于我。纵然语言可以被众人所分享，并因为它被众人所分享而成其为语言，理解一种语言却总是某人自己的事情。[3]

---

[1] 引者注：这里指的是，对于某人是否真正腹痛的判断，只能诉诸对当事人的相关行为的观察。参见大森庄藏：《言语·知觉·世界》，页 15。

[2] 大森庄藏：《言语·知觉·世界》，页 17，注 1。

[3] 大森庄藏：《言语·知觉·世界》，页 21。

现在，我们就从 AGI 的角度，来重构大森的论证。这样的论证有两个。第一个论证是基于不同的信息处理系统的空间局域性的，而第二个论证则是基于不同的信息处理系统的运行历史的特异性（不过，其中第二个论证的有效性，在一定程度上有赖于第一个论证）。其中的"论证一"可分为以下六步：

论证一

（1）对于大量语词——如"红色"——的理解，都脱离不了具体的感性样本，如一辆红色的大轿车。这一点对 AGI 系统也不例外，因为与特定感性样本脱离的符号输入，会在 AI 语境中造成所谓的"语义奠基问题"（grounding problem）[1]。

（2）任何一个 AGI 的信息处理系统，都需要针对其所处的特定物理环境的外部特征给出特定的反应。因此，这样的系统都具有物理意义上的"局域性"。

（3）鉴于（2），一个机器人的物理位置的局域性，就决定了其传感器所捕捉的信息具有特定的特征（譬如，一个处在此处的 AGI 机器人所捕捉到的关于"红色大轿车"的视觉信息，就会在色调、亮度等方面与另一个处在彼处的 AGI 机器人所捕捉到的同类信息有所不同）。

（4）由（1）与（3），我们可得知：当两个不同的 AGI 机器人都试图掌握同一个符号——如"红色"——的含义时，其获得的用以训练的基础数据，肯定是彼此不同的（尽管这种差异可能也是很细微的）。

（5）由此我们就可导出：对于不同的 AGI 系统 A 与 B 来说，

---

1 这个问题可以被通俗地理解为"认知系统中的符号如何获取其意义"这样一个问题。

它们各自基础输入数据集之间的差异就会导致它们所要把握的概念的含义的区别,而无论这种区别有多细微。

(6)所以,对于 A 来说,其所理解的"红色"就总会与 B 所理解的"红色"有差异,而无论这种差异有多细微。

论证二:

(1)任何 AGI 系统的运行历史,都积累了其与外部环境互动时所产生的经验,因此,关于此类历史的数据,乃是此类系统在开放环境中进行决策的重要参考。

(2)由于(1),任何一个 AGI 系统对于任何一个概念的把握方式,都会参考其运行历史中对于此概念或者相关概念的理解方式(如果这种历史数据的确存在且可以被调取的话)。

(3)由于"论证一"的第二步所提到的"局域性原则",任何两个不同的 AGI 系统的各自运行历史参数都会彼此不同。

(4)由于(3)与(2),对于某个公共符号"甲"来说,任何一个 AGI 系统对于它的把握方式,都会与另外一个 AGI 系统对于它的把握方式有所不同(而无论这种差异有多细微)。

需要指出的是,上述两个论证的结论虽然殊途同归,但它们都不支持这样一种观点——任意两个 AGI 系统之间都不能完成有效的沟通——因为 A 与 B 之间的"有效的沟通"并不意味着"A 与 B 之间能够进行**彻底**的相互理解"。事情毋宁说乃是这样的:对于符号"甲"的理解方式来说,A 与 B 各自的理解方式只要彼此重叠到一定程度,就能够进行比较有效的沟通了,而不论它们各自的理解方式在"重叠区"之外还有哪些彼此分殊。大森还用了一个视觉隐喻色彩浓郁的术语,来描述这种使得公共交流得以可能的机制:"叠加描绘"（日语"重ね描き"）。具体而言，在日语中，"重ね描き"的意思就是先在画纸上铺上基础色，然后再在此基础上逐层加色——而透过画师所加上的每一层新色，人们依然可以看到下面的旧色。通过这个隐喻，大森实际上想讨论的，乃是作为基础语言的"第一人称视角语言"与作为"附着色"的"第三人称视角语言"之间的关系。大森本人曾用"看杯子"为例子，来具体说明这一点。众所周知，我们在看杯子的时候，不同的人从不同的角度所看到的杯子，都不过是杯子的不同"侧显"样式罢了，而每一个这样的"侧显"样式又都带有林林总总的"第一人称视角"色彩。与之对比，众人所谈论的那个作为物理对象的杯子，却是分明带有"第三人称视角"色彩的。那么，我们是如何从对于杯子的特殊性"侧显"出发，进抵那个作为物理对象的一般性的杯子的呢？大森的答案就是：诸多关于杯子的"侧显"样式彼此重合叠加，然后我们的心智机器又各自将物理意义上的杯子构造为基于上述元素的一个理想化集合。然而，在这一集合中，每一个参与构造的特殊的杯子"侧显"却没有被淹没，而是依然可以像透出的底色一样，隐隐约约地显示出自己的本来面目。[1] 这也就是说，在大森看来，即使透过公共语言所产生的各种约定，我们也依然可以看到每个具体的言说者自己的个性化语言把握方式，尽管这一点也并不妨碍公共语言在一个更高层面上的运作。

　　下面笔者就将从 AGI 的角度谈谈，如何在技术背景中实现大森的想法。

1　大森庄藏：《言语・知觉・世界》，页91。

三 纳思系统中的"私人语言"

笔者在 AGI 背景中对于大森想法的技术重构,将援引前文已经加以介绍的"非公理推演系统"(简称为"纳思系统")。[1] 换言之,在本节中,笔者将向读者呈现通过"纳思系统"重构 AGI 意义上的"私人语言"的可能性。考虑到任何语言——包括私人语言——的表达都是以判断为起点的,而最简单的判断无疑是"主—谓判断",所以,我们的讨论也将始自纳思系统对于"主—谓判断"的表征方式。

与一阶谓词逻辑对于基本判断的表征方式不同,从纳思系统的立场上看,一个判断之中的主—谓差别,并非是自足的专名与未被满足的命题函项之间的差别,因为在纳思系统的基本术语表中,像"命题函项"这样带有明显的弗雷格色彩的概念是没有地位的。毋宁说,纳思系统所运用的逻辑——纳思逻辑——与亚里士多德式的词项逻辑之间的亲缘关系,要明显强于其与弗雷格式的现代逻辑之间的亲缘关系。在纳思系统中,一个最简单的判断或信念乃是由两个概念节点构成的,比如,"乌鸦"(RAVEN)和"鸟"(BIRD)这两个节点。在纳思系统的最基本层面 Narese-0 上,这两个概念节点经由继承关系(inheritance relation)加以连接,该关系本身则被记作"→"。这里的"继承关系"可以通过以下两个属性得到完整的定义:自返性(reflexivity)和传递性(transitivity)。举例来说,命题"RAVEN → RAVEN"是永真的(这体现了继承关系的自返性);如若"RAVEN → BIRD"和"BIRD → ANIMAL"是真的,则"RAVEN → ANIMAL"也是真的(这体现了继承关系的传递性)。这里需要注意的是,在继承关系中作为谓项出现的词项,就是作为

---

1 相关技术细节见:Pei Wang, *Rigid Flexibility: The Logic of Intelligence*。

主项出现的词项的"内涵集"中的成员（因此，在上述判断中，"鸟"就是"乌鸦"的内涵的一部分），而在同样的关系中作为主项出现的词项，就是作为谓项出现的词项的"外延集"中的成员（因此，在上述判断中，"乌鸦"就是"鸟"的外延的一部分）。换言之，与传统逻辑哲学家的思虑不同，在纳思的推理逻辑中，"内涵"并不代表某种与外延具有不同本体论地位的神秘的柏拉图式对象，而仅仅是因为自己在推理网络中地位的不同而与"外延"有所分别。

　　大量的此类纳思式主—谓判断，则由于彼此分享了一些相同的词项而构成了纳思语义网，如图 6-2 所示：

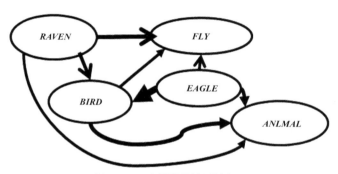

图 6-2　一个简易的纳思语义网

　　现在我们就来看看，上面的技术路径是如何使得"私人语言"在 AGI 的背景中得到刻画的。前文已经提到，在 AGI 的背景中说一种机器表征系统具有"私人语言"的表达，乃是说，这样的一个机器表征系统中至少有一个这样的子集：该子集只能被一个特定的 AGI 系统所充分理解，而不能被任何一个其他的 AGI 系统所充分理解。而在这里，所谓"充分理解"的定义则是这样的：某个 AGI 系统甲能够充分理解另外一个 AGI 系统乙所给出的表达式 A，当且仅当：A 在甲的内部表征中所呈现出的推理结构所具有的拓扑关系，与 A 在乙的内部表征中所呈现出的推理结构所具有的拓扑关系完全重合。譬如，如若图 6-2 体现了系统甲对于概念"BIRD"的理解方式的话，那么，只有当另一个系统乙对于"BIRD"的理解方式能够完全不差地体现为图 6-2 的样子的时候，我们才能说乙能够完全理解甲对于"BIRD"的理解方式。否则，对于乙来说，系统甲对于概念"BIRD"的理解方式就带有"私人语言"的色彩。反之亦然。

但笔者将立即指出，恰恰是因为任意两个 AGI 系统之间的概念推理结构几乎不可能完全一致，故而，"私人语言"在 AGI 内部表征中的出现便是某种常态。而之所以说任意两个 AGI 系统之间的概念推理结构几乎不可能完全一致，其基本理由便在于上节所提到的所谓的"局域性原则"与"历史性原则"（这两个原则分别对应于前述"论证一"与"论证二"的基本前提）。而这两个原则本身，也完全可以在纳思系统中得到复演。

先来看"局域性原则"。在 AGI 语境中，该原则说的就是：每个 AGI 系统都有自己特定的空间处所，并因为这种差异而造成其传感器所获取的外部信息之间的差异。而这种差异将进一步造成系统对于相关概念的理解方式的差异。这里需要注意的是，在纳思系统中，我们可以把一个前符号层面上的心理学意象（image）——在 AGI 的语境中，"意象"可以姑且通过一个像素矩阵而得到表示——视为一个"词项"，只要它能够被用以谓述其他词项，或被其他词项所谓述。比如图 6-3，在（a）和（b）的例子中，不同的关于"乌鸦"的意象（在这里它们也都扮演"词项"的角色）就构成了词项"乌鸦"的外延，因为它们都可以被"乌鸦"所谓述。至于（a）和（b）本身，则构成了两个特殊的纳思系统语句（顺便说一句，作为这两个语句各自的主项，乌鸦的图像的头的指向彼此相反，以暗示二者在感性层面上有些许差异）：

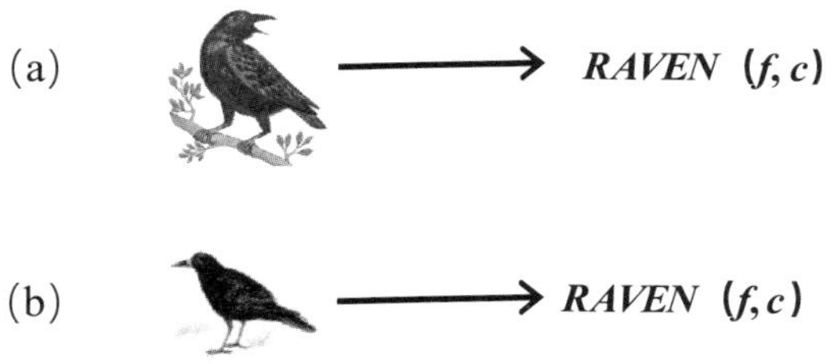

(a)
RAVEN (f, c)
(b)
RAVEN (f, c)

图 6–3　包含前语言的感官意象的简易的纳思语句

而这两个语句本身甚至还可以被融入整张纳思系统语义网之中，以构成图 6-4：

RAVEN
FLY
BIRD
EAGLE
ANLMAL

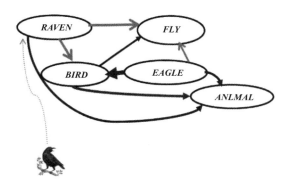

图 6–4　一张包含“心像”的纳思语义网

很明显，由于前述“局域性原则”，两个 AGI 系统所获得的针对特定概念的外延式感性示例，往往会产生彼此的差异，无论这种差异有多么的细微。而这种差异，又会导致一个 AGI 系统所把握的一个特定概念的意义，不同于另一个系统所把握的同一个概念的意义。但这又是为何呢？这是因为，根据纳思系统的语义学，任何一个纳思概念的意义都是由其“内涵集”与“外延集”所构成的——

而在当下的语境中,针对概念"RAVEN"的"外延集"显然就是指两个不同的 AGI 系统的传感器所获得的关于乌鸦的不同的图像模式。换言之,这二者在感知层上的差异,倒过来就造成了对于系统甲而言的"RAVEN"的意义与对于系统乙而言的"RAVEN"的意义之间的差别,由此进一步导致两个系统对于同一个概念的理解方式之间的区别。在这样的情况下,若系统甲在使用"RAVEN",且系统乙也观察到甲在使用"RAVEN",那么,系统乙很可能会激活自身使用同一个概念时所依赖的局域语义网,并期待系统甲也能按照同样的推理路径,来得到与自己推理相同的结果。但又恰恰因为甲与乙各自所使用的"RAVEN"概念之间的确有着一定的语义学差异,甲对乙的上述期待往往会在某些情况下落空,而意识到这一点的系统甲便会由此发现其与对方的信息沟通产生了某种程度的挫折。从这个角度看,对于 AGI 系统的内部表征来说,"私人语言"的"私人性"不仅是可能的,而且甚至是可以被系统自身的高阶表征能力所自觉表征的。

讨论完"局域性原则"对于机器表征的"私人性"的影响,我们再从"历史性原则"出发来进行讨论,以便达到同样的论证效果。根据该原则,任何一个 AGI 系统都有自己特定的信息处理历程——因此,系统甲对于概念 A 的理解方式,自然会受到这样的特定历史信息的影响,由此产生与系统乙对于 A 的理解方式的偏差。说得更具体一点,信息处理进程所施加的此类影响,将主要从两个方面产生:

第一,由于不同的环境交互历史,不同的 AGI 系统会进入不同的时空坐标,由此反复激活"局域性原则",导致其各自所获得的特定概念的"外延集"的彼此差异。这种差异,当然会导致不同的 AGI 系统对同一个概念的把握方式的差异。

第二,AGI 系统所面临的外部环境,不仅包括物理环境,而且包括信息环境。譬如，不同的 AGI 系统会通过与网络信息的接触，来得知一个特定概念的不同高层归属方式（举例来说，由于某些机缘，系统甲会被告知"病毒"属于广义的"生物"，而由于另外一种机缘，系统乙又会被告知"病毒"并非"生物"）——由此，在不同的 AGI 系统那里，特定概念的"内涵集"也会产生彼此的差异。这就无疑会加剧不同的 AGI 系统对于同一个概念的把握方式的差异。

读到这里，针对笔者的上述旨在强化机器内部表征之"私人性"立论，敏锐的读者或许会提出这样两种反驳：

反驳一：假设我们故意将两个 AGI 系统的外部物理与信息环境都调整到完全一样，这是不是就能够使得它们彼此之间的充分理解成为可能了呢？

反驳二：反过来说，如果两个 AGI 系统之间彻底的彼此理解，会因为同一个概念在二者那里的推理结构的差异而变得不可能的话，我们又有何理由说系统甲所说的"RAVEN"与系统乙所说的"RAVEN"是**同一个**概念呢？若这一保证无法给出的话，我们又如何防止从否定"系统之间的彻底可理解性"出发，得出"系统之间不能进行任何沟通"这一摧毁性的结论呢？

先来看怎么对付"反驳一"。笔者的见解是：假设我们不仅将两个 AGI 系统的外部物理与信息环境都调整到完全彼此一样，甚至还额外地将这两个系统的内部参数与先天知识也都调整到完全一样的话，那么，我们也就没有理由说这两个系统的确就是**两个**系统了。它们其实就是**一个**系统。而莱布尼茨的"不可分辨原则"，将为上述的判断提供哲学依据（根据该原则，两个对象的所有属性若完全一致，则我们就没有理由说这是两个对象，而只能说这是一个对象）。但需要指出的是，此类的前提条件本身几乎是无法被满足的，因为：（甲）只要两个 AGI 系统各自的传感器被放置到不同的空间坐标内，

它们就会得到关于同一个概念的不同外延性示例（而且，只要两个
AGI 系统的确是彼此有差别的，一般而言，二者就很难完全分享共
同的物理环境信息）；（乙）即使我们仿照前文所提到的"暹罗连体
人"的思路，让两个系统分享同样的传感器，要再进一步将二者的
软性信息环境调整到彼此彻底相同的地步，不仅在实践上是困难的，
而且从社会需求的角度上看，也会造成毫无意义的资源浪费。

再来看"反驳二"。笔者回应这一反驳的思路，是基于大森哲
学提出的"叠加描绘"概念的。换言之，系统甲与系统乙对于概念
A 各自的理解方式固然不同，但只要它们发现以下两个条件能被满
足，那么它们就能确定，它们的确是在谈论同一个"A"：

条件一：甲所谈论的"A"在记号层面上与乙所谈论的"A"是
一致的。

条件二：甲基于"A"所做的语义推理路径，在足够大的程度
上与乙基于"A"所做的语义推理路径有所重合，以便为一种基于
各种私人语言的"叠加描绘"奠定基础。

当然，关于如何进一步限定"条件二"所涉及的"在足够大的
程度上"这一修饰语，我们还需要引入更多的实践层面上的规定。
由于这些规定很可能是属于语用学研究领域并因此涉及诸多语用细
节，限于篇幅，笔者就暂时不将此类问题予以展开了。但需要注意
的是，纳思系统本身已经提供了足够丰富的推理规则，以判断两个
概念之间的相似程度是否足够高[1]——这就为我们满足"条件二"所
提出的要求提供了算法基础。因此，在 AGI 的语境中实现大森关于
"叠加描绘"的哲学设想，其实是颇有希望的。

1　关于纳思系统如何进行类比性推理，请参看：Pei Wang, *Rigid Flexibility: The Logic of Intelligence*, p. 100。

本章小结

本章立论的基本预设是：AGI 系统在处理任何任务时，处理资源（特别是信息资源与时间资源）之不足，乃是某种常态。因此，真正的 AGI 系统需要正面这种不足，并像具体的、个别的人类一样，时刻面对着特殊的物理环境与信息环境，而不能狂妄地认为自己能够一劳永逸地应对所有的物理环境与信息环境。所以，它们也要像具体的、个别的人类一样，具有自己的"个性"，甚至具有类似于人类心理活动的内部信息处理模式，以便以更为灵活的方式处理内部的知识表征。需要注意的是，这样的预设是不为主流的 AI 研究——无论是专家系统还是深度学习——所分享的，因为主流的 AI 技术路径都预设了系统的正常运作所需要的基本信息（无论是公理化的专家知识，还是带有标注的大量训练数据）乃是充分的（或是接近充分的）。而在这样的预设下，人类意义上的心理活动便成为某种冗余了：因为对于某种"全知者"来说，它是不需要**回忆**那些过去的事情的（因为过往与当下一样，都无差别地摆在了它的眼前），它也不需要**期待**那些即将发生的事情（因为它已经确知了哪些事情即将发生）。同理，它也不需要因为对于自己知识匮乏的自觉而感到"恐惧"。然而，不幸的是，主流 AI 技术的上述预设肯定是错误的，因为此类路径所依赖的公理化知识也好，带有标注的训练数据集也罢，毕竟都是来自人类的，而人类自身并非是"全知者"。换言之，主流 AI 技术对于"全知者"地位的僭越，本身就包含着对于外部环境自身的易变性与复杂性的无知，而这种无知又往往会在外部环境与系统本身的技术秉性发生冲突时，让系统出丑。与之相比，我们希冀中的 AGI 系统，则因为包含了对于人类心理活动的模拟，而使得系统自身能够在外部环境发生变化时，自主修正自己的知识图谱。此外，又恰恰因为这种模拟将在一个自觉的层面上凸显系统的知识表征的"视角主义"特征（根据"视角主义"，根本就没有独立于任何经验者之独特视角的中立性经验），所以，任何一种独立于特殊视角的知识表征，也无法见容于这样的 AGI 研究思路。而"私人语言"的"私人性"，只不过是上述思路的一项题中应有之义罢了。

本章撰写的另外一个目的，便是试图向读者提示如下这么一点：当像 AGI 这样的工程学研究试图从哲学获取思想启发时，未必一定要按照"知名度差的哲学家不如知名度大的哲学家"的遴选原则。譬如，笔者立论所参考的大森哲学，在国际范围内的知名度其实是不如其所试图反驳的后期维特根斯坦哲学的。但大森哲学基于观察者视角的知识建构思路，其实与 AGI 的研究思路更为暗合，因此反而可能对 AGI 来说更有参考价值。同时，"大森哲学的知名度不高"这一事实，恐怕也与其主要作品都缺乏外语译文有关[1]，而与其自身的思想价值的高低没有关系。身为以汉语为母语的研究者，我们更当摆脱对于西语文献的过度依赖与崇拜心理，而应当同时观照同样处在"汉字文化圈"内的日本哲学工作者的努力。窃以为，至少就日本哲学对于 AGI 研究的启发意义而言，除了大森哲学，九鬼周造的"偶然性"哲学与西田几多郎的"场所逻辑"都是极有挖掘价值的。不过，对于它们的阐发与利用显然就不是本书的任务了。

既然在本章中我们已经提到了日本哲学资源，而且，本书的第一章也曾讨论过日语文化背景中的机器翻译问题，下面我们就不妨花费一个章节的篇幅来详细讨论针对日语的 NLP 问题吧！

---

[1] 顺便说一句，本书引用的大森庄藏的思想材料，都直接采自日语原本。

第七章

让机器说日语可不容易

　　了解过"人工智能哲学"（Philosophy of Artificial Intelligence）概况的读者，应该都知道美国哲学家塞尔的"中文屋"论证[1]。具体而言，为了驳倒"强人工智能论题"（即"我们原则上可以造出具有真正心灵的计算机器"这个论题），塞尔构想出了这样一个思想实验：塞尔本人被关在一个黑屋中，并试图通过与屋外中国人的字条传递活动，来诱骗后者相信他也是懂汉语的。但实际上，他仅仅是根据屋中所存留的规则书来将特定的汉字组合递送给外界的。尽管在外界看来，屋内人"输出"的语义是非常准确的，但是作为屋内人的塞尔却自知：他依然不懂汉语。塞尔由此指出：既然任何一台处理语言的计算机在结构与处理流程上都是与"中文屋"类似的，那么，任何一台计算机也都不可能真懂人类语言。此外，由于具备懂得人类语言的可能性乃是"心灵"的一个重要属性，所以塞尔最后推出：计算机在原则上是不可能具有人类的心灵的。

1　John Searle，"Minds, Brains and Programs"，*Behavioral and Brain Sciences*, vol. 3 , no. 3, pp. 417-457.

学术史上对于"中文屋论证"的驳斥早已汗牛充栋，笔者本人也曾在别的地方对塞尔论证的有效性提出过质疑[1]。然而，一个非常明显却始终被大多数评论者忽视的要点是：汉语在塞尔的论证中所扮演的角色是非常"功能性"的，即塞尔只是借用"汉语"指涉任何他不懂的语言。因此，从原则上说，"中文屋论证"也可以被替换为"阿拉伯语屋论证""日语屋论证"，等等。不难想见，这种忽略各种自然语言各自特征的论辩思路，在一开始也为塞尔的论证预埋了一个隐患，即他不可能注意到计算机在处理各种经验语言时所可能遭遇的那些经验困难。毋宁说，塞尔只是抽象地假定这些经验的困难总有一天都可能被解决，并在这种假定的前提下追问被适当编程的计算机是否可能理解语言。然而，这种"扶手椅"（armchair）作风浓郁的论证方式却很难不将我们带向某种版本的二元论思想——根据这种二元论思想，"理解一种语言"竟然可以成为与具体的语言交往行为相脱离的某种"神秘"事项。这种怀疑论显然使得他整个的论证最终与人工智能的科学实践完全脱节，而成为一个纯粹的关于心灵与语言之间关系的形而上学的话题。

在本章中，笔者并不试图回应塞尔的原始论证，而试图通过对于相关思想实验的改写，由此将读者的注意力转向那些为塞尔所忽视的关于特定语言的经验问题之上。具体而言，笔者试图将原始的"中文屋"思想实验改写为"日语屋"思想实验，即这样一种情形：一个不懂日语的人（比如塞尔自己）被关在屋内，试图通过关于日语能力的图灵测验——并在这种改写的基础上，质问现有的自然处理系统是否能够把握日语的一个关键性特征：对于说话者主观身体感受的高度敏感性。

---

[1] 徐英瑾：《心智、语言和机器——维特根斯坦哲学与人工智能科学的对话》，页96—106。

　　而笔者之所以要选择日语（而不是作为笔者母语的汉语）作为聚焦的语言，则是出于如下考量：相比较汉语而言，"对于说话者身体感受的高度敏感性"这一特征在日语中更为明显，而这一特征本身又对我们把握"语言理解"与"具身性"之间的关系具有非常特殊的价值。此外，因为相较于拥有世界上最多言说者的汉语，作为小语种的日语所具有的数据材料相对较少，因此，针对日语的机器处理也能对当下主流的基于大数据的人工智能进路提出更大的挑战。至于笔者在本章中所试图论证的观点则是：现有的人工智能技术尚且无法把握"对于说话者主观身体感受的高度敏感性"这一日语现象——而之所以如此的根本原因，乃是现有的人工智能技术并没有在真正意义上将"计算"与"具身性"（embodiment）结合在一起。

一　日语言说者对于具身性的敏感性

　　我们知道，要让"日语屋"中的塞尔通过关于日语能力的"图灵测验"，他所给出的日语表达式就必须尽量"地道"，而不仅仅是在词汇与语法上符合日语教材的要求。不过，要做到"地道"，恐怕并不容易。譬如，日本语言学家池上嘉彦、守屋三千代在提到"地道的日语"与外国人所说的"不地道的日语"之间的区别时，就举出了这样的两个例子[1]，现笔者列表展现于下（表 7-1）：

1　池上嘉彦、守屋三千代：《如何教授地道的日语——基于认知语言学的视角》，赵蓉等译，大连理工大学出版社，2015 年，页 35。

表 7-1 "地道"日语与"不地道"日语的对照表

不地道的日语表达	汉语直译	地道的日语表达	汉语直译
（1）あなたは日本の方ですか。	你是日本人吗？	（1*）日本の方ですか。	是日本人吗？
（2）私は日本語の学生です。	我是学日语的学生。	（2*）日本語の学生です。	是学日语的学生。

　　很明显，从上表来看，对于主语（如"あなた""私"）的恰当省略乃是"地道的日语"的一个明显特征。关于此种现象，长期在加拿大从事日语教学与跨文化研究的金谷武洋亦曾以英—日比较为契机，给出了更多的相关案例（见表7-2）。不难想见，也恰恰因为汉语以及英语对于相关代词的省略没有像日语那么普遍，中国学生与英美国家的学生在学习日语时就会不自觉地"补足"日语中的人称代词，由此造成"不地道的日语表达"。

表 7-2 一些省略主语的典型日语表达对照表[1]

典型英语表达	典型日语表达	对于典型日语表达的直接汉译
I have money.	お金がある。	有钱。
I have a son.	息子がいる。	有儿子。
I want this house.	この家ほしい。	要这个家。
I want to see this.	これが見たい。	想见这个。
I understand Chinese.	中国語が分かる。	懂中国话。
I need time.	時間が要る。	需要时间。
I see Mt. Fuji.	富士山が見える。	看见富士山。
I hear a voice.	聲が聞こえる。	听到人声。
I like this city.	この町が好きだ。	喜欢这城。
I hate cigarettes.	煙草が大嫌いだ。	讨厌香烟。

1　金谷武洋：《英語にも主語はなかった—日本語文法から言語千年史へ》，讲谈社，2004年，页25。表中汉语译文由笔者补足。

那么，为何日语言说者喜欢省略主语呢？关于这个问题，日本学界既有一种"现象学的解释"，也有一种"认知科学的解释"。在"现象学解释"的支持者池上嘉彦、守屋三千代看来，以日语为母语者本来就有"在语言中忠实描述所视之现象"的习惯——而既然从"我"的视角出发，"我"自己的身体是看不到的，因此，对于"我"的表达就成为不必要了（所以在表 7-1 例句（2*）中才没有出现"私"）[1]。至于为何在同表例句（1*）中连第二人称"あなた"（即"你"）也被省略了，二位学者的解释是：纵然就（1*）所涉及的情况而言，听话者是出现在说话者的视野之中的，但是根据语境，说话者显然是将听话者作为共同的谈话伙伴来看待的，而在这种情况下，为了表示二者之间的亲密共存关系，"你"往往就被省略了[2]。同样持"现象学解释"立场的金谷武洋则使用了"虫子的视角"和"上帝的视角"这一对比喻性的说法，进一步说明了日语思维与英语思维之间的区别。在他看来，镶嵌在英语思维中的"上帝的视角"预设了一个本身不动的时空坐标系，而任何变动只有依赖于它才能够得到意义。至于"虫子的视角"，则采用了一种观察者合一的新颖坐标系：根据这种坐标系，主人公视角的变动将自然地连带观察者视角的变动——**除此之外，没有什么东西是绝对不动的**。为了具体地说明这一理论，他特别引用了诺贝尔文学奖获得者川端康成（1899—1972）的名著《雪国》中的头一句话作为例证。这句话的原文是："国境の長いトンネルを抜けると雪国であった。"（汉译："穿过县界长长的隧道，便是雪国。"）——而这显然是一个无主语的句子。若硬是要将此句译为英语，英译者就不得不在译文中为其安上一个主语，譬如下面这种译法："The train came out of the long

---

1　金谷武洋：《英語にも主語はなかった―日本語文法から言語千年史へ》，页 47—49。
2　金谷武洋：《英語にも主語はなかった―日本語文法から言語千年史へ》，页 50。

tunnel into the snow country."（汉语的字面意思是："火车开出长长的隧道，驶入了雪国。"在此，"火车"显然是一个在日文原文中没有的主语）。不难看出，日文原文和英文译文会带给读者不同的身体体验。借用电影术语来说，日语原文给出的是一个从主人公视角出发的"主观镜头"（由此，读者和主人公一样体验到了脚下的火车驶入雪国的场景），而英文译文给出的则是一个从旁观者视角出发的"长镜头"（由此，读者观察到了载着主人公的火车驶入了雪国）。很显然，只有"主观镜头"所代表的那种身体感受，才是契合金谷氏所说的"虫子的视角"的[1]。

对于同一现象的"认知科学解释"的提出者，则是日本东京电机大学工学部月本洋教授。通过对说日语的被试者与说英语的被试者的大脑所做的核磁共振成像研究，他指出：日语母语者之所以不倾向于使用主语，乃是因为其与语言表述相关的大脑信息传播回路与英语言说者不同。具体而言，"日语脑"的信息加工回路是这样的：发声区被激活后，处于左半球的听觉区就倚靠对于元音因素的听取而被激活，并将刺激信号传导向与之毗邻的语言区。由于听觉区与语言区之间的距离很短，所以，听觉区所获得的资讯结构就非常容易被投射到语言结构上，而不会因为别的信息加工单位的介入而失真。这就造成了所谓的"认知结构与言语结构在日语脑中的同构化"。

与之相比，"英语脑"的信息加工回路则是这样的：发声区被激活后，处于右半球的听觉区就倚靠对于元音因素的听取而被激活，并由此将刺激信号传导向处于左半球的语言区（这里需要注意的是，虽然人类左右半球都有听觉区，但根据月本氏的研究，日语脑

1　金谷武洋：《英語にも主語はなかった—日本語文法から言語千年史へ》，页 27—31。

与英语脑获取母音信息的听觉区位置却是彼此相反的：前者在左半
球,后者在右半球）。此外,也恰恰是因为这样的传播路径要经过"英
语脑"的两个半球之间的胼胝体,这就造成了几十毫秒的时间空白,
并由此为毗邻于右半球听觉区的负责"主、客表征之分离"之脑区
（即下头顶叶与上侧头沟）的介入提供了机会。此类介入的最终结
果，便是与动词所统摄的对象的主语的频繁出现，以及英语中常见
的主—谓—宾结构的出现（参看图 7-1）。

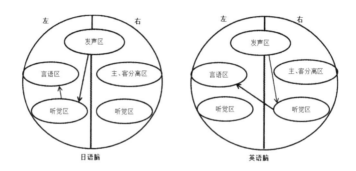

图 7-1　月本洋所描绘的日语脑与英语脑的信息加工路线之间的差异[1]

不难看出，对于日语中经常省略主语这一现象的"现象学解
释"与"认知科学解释"虽然角度不同，但显然都涉及了言语活动
与"具身性"的关联。具体而言，从现象学解释的角度看，日语的
语言结构是对于身体感受外部环境的具体方式的直接编码；而从认
知科学解释的角度看，日语的语言结构是对于"日语脑"内部的信
息传播路径的某种反映。这也就是说，如果一个并非以日语为母语
的人试图学会地道的日语的话，那么，从现象学角度看，他就必须
尽量按照日语言说者的方式去体验世界（譬如，尽量搁置"上帝的

1　月本洋:《日本人の脳に主語はいらない》, 讲谈社, 2008 年, 页 193。

视角"而从"虫子的视角"去体察现象）；从认知科学的角度看，他也就必须训练自己左半球的听觉区获取元音信息的能力，并通过这种训练重塑大脑的信息传播回路。

但对于被关在"日语屋"中的塞尔来说，做到以上这些几乎都是不可能的。人工智能哲学专家瓦拉赫（Wendell Wallach）与艾伦（Colin Allen）就曾尖锐地指出，塞尔的整个思想实验都是建立在一个错误的预设之上的：语言信息的处理系统可以在高度"不具身"（disembodied）的情况下，通过关于特定语言能力的图灵测验[1]——这也就是说，在塞尔看来，只要关于汉语与日语的规则书足够强大，关在屋内的他既不用感受到真正的日语言说者所感受到的，也不用具有真正的日语言说者所具有的脑内信息处理回路——他所需要做的，就是**根据规则书的指导**，在遇到特定的日文表达式组合后，再从装着所有日本汉字、平假名与片假名的"字符筐"中找到特定的日文表达式组合，最后从"日语屋"的窗口将这样的结果递送出去。但这里的一个核心问题是：从学理上看，可能存在这样的规则书吗？

在笔者看来，这样的规则书只是塞尔臆想的产物而已，而不可能被真正地编制出来。请注意塞尔思想实验之语境中的"规则书"与我们在一般意义上所说的"算法"（algorithm）之间的联系与差异。众所周知，"算法"泛指任何一个能够在有限的时空中按照确定且有限的步骤计算一个函数的值的方法，而对这样的算法的执行必须在原则上被兑现为"从万能图灵机的初始状态进展到其终止状态"这一过程。很显然，当视觉科学家玛尔（David Marr）试图描

1　Wendell Wallach & Colin Allen, *Moral Machines: Teaching Robots Right from Wrong*, Oxford University Press, 2009, pp. 63-64.

述人类视觉工作机制的算法模型时[1]，他并不怀疑人类感官系统的运作也是可以在上述意义上被"算法化"的。与之相比较，在塞尔的语境中，"规则书"则主要是指从作为输入的语言符号到作为输出的语言符号之间的映射机制，基本与感官无涉（因此，这样的"规则书"就只能成为关于语言符号的算法，而无法成为关于感官的算法）——由此所导致的结果是：关在屋内的塞尔既看不到屋外人所看到的，也听不到任何一个元音或者辅音。而这一点会在日常日语会话中造成致命的问题：当接话人无法直接看到——甚至无法在想象中看到——提问人的情况下，他又该怎么判断"日本の方ですか"（"是日本人吗"）这个句子的隐蔽主语究竟是"あなた"（你）还是别的什么人？

有人或许会说，为了摆脱这种窘境，规则书的编制人不妨在遇到此类"主语不明"的情况下再让系统执行这样一条附加命令："向屋外人递出如下字条：'あなたは誰について話していますか'（你说的是谁）"，并根据对方的回答来补足缺省的主语。但在笔者看来，这样的"小聪明"并不真的行得通，因为这样的提问，反而会使得屋外人开始怀疑屋内人的日语能力，由此使得后者无法通过关于日语能力的图灵测验（因为"日语能力"本身就包含了说话者对于非语言环境信息的提取能力）。

有人或许还会说：我们完全可以这样**升级**"日语屋"，以使得屋内人最终可以通过这样的图灵测验：（甲）给屋内人提供摄像头，以便能够使得其与屋外人分享至少某个感官道上的感觉体验，甚至给整个日语屋安置上行动装置，使得其"机器人化"；（乙）重写规则书，使得玛尔这样的视觉科学家关于感官的算法化研究成果可以被

1　David Marr, *Vision: A Computational Investigation into the Human Representation and Processing of Visual Information*, Freeman, 1982.

整合到对于语言符号的处理中去；（丙）跟从月本洋的研究思路，将日语言说者进行思维的所有神经回路都搞清楚，最后也将这样的研究成果整合到规则书之中去。

从学术史的角度看，上面的提议（甲）与（乙），其实正好对应着西方学界对于原始版本的"中文屋"论证的"机器人应答"（根据此应答，一个具备了外部传感器的机器人，将能规避"中文屋"论证所提出的挑战），而提议（丙）则对应着西方学界对于原始版本的"中文屋"论证的"模仿大脑应答"（根据此应答，一个高度模拟人脑运作的人工智能系统，将能规避"中文屋"论证所提出的挑战）。不过，笔者在本章中并不试图借机讨论"机器人应答"与"模仿大脑应答"是否真能对塞尔本人的论证构成威胁——正如本章一开始就指出的，本章关心的乃是中文屋或日语屋思想实验所牵涉的一些经验问题，而不是其所牵涉到的形而上学问题。为了讨论方便，在下一节的讨论中，笔者将预设对于日语屋的"感官化升级"的确能够在原则上帮助屋内人通过图灵测验，并通过这种预设，将读者的注意力转向这样一个对自然语言处理的研究更具指导性的问题：我们如何将身体性感受与语言符号的运作整合到同一部规则书之中去？

——而这样的问题之所以需要被提出来，显然是因为：在笔者看来，至少对于现有的主流计算机技术而言，按照前述提议（甲）—（丙）的要求去升级"日语屋"，并不是一件轻而易举的事（尽管做出这种"升级"的抽象可能性始终是存在的）。或说得更直接一点：**现有的人工智能技术并没有一个将具身性感受与符号编程完美融合的现成技术路径**。因此，"日语屋"思想实验纵然没有在先验的意义上构成对于作为哲学论题的"强人工智能论题"的威胁，却至少在经验的层面上的确构成了对于主流人工智能技术的严厉质问。

二　主流自然语言处理技术为何处理不了具身性？

首先需要指出的是，在抽象的哲学层面上意识到"具身性"之重要性的人工智能专家并不乏其人。譬如，人工智能专家罗德尼·布鲁克斯（Rodney Brooks）就曾指出："世界就是认知系统所能够具有的最好的模型"，并说什么"这里的诀窍就是要让系统以恰当之方式感知世界，而这一点常常就足够了"[1]。不过，布鲁克斯对于感知的强调，并没有引导他给出一条在自然语言处理的领域内处理具身性问题的可行性道路，因为布氏的具体工作模型——所谓的"包容构架"[2]——最多只能模仿昆虫等低级动物的行为模式，而无法覆盖以语言活动为代表的高级认知活动。

相比较而言，目前**在自然语言处理的领域内**最为接近"具身化"思路的技术进路，是由人工神经元网络技术提供的[3]。非常粗略地说，神经元网络技术的实质，是利用统计学的方法，在某个层面模拟人脑神经元网络的工作方式，设置多层彼此勾联成网络的计算单位，逐层对输入材料进行信息加工，最终输出某种带有更高层面的语义属性的计算结果。至于这样的计算结果是否符合人类用户的需要，则取决于人类编程员如何用训练样本与反馈算法去调整既有网络各个计算单位之间的权重。而与传统神经元网络相比，"深度学习"网络的计算单位层数有数量级式的提升，全网的反馈算法在计算复杂性上也有极大的提升——因此，其整体的技术性能也明显优于传统

1　Rodney Brooks, "Elephants don't Play Chess", *Robotics and Autonomous Systems*, vol. 6, 1990, pp. 3-15.

2　Rodney Brooks, "Intelligence without Representations", *Artificial Intelligence*, vol. 47, 1991, pp. 139-159.

3　顺便说一句，考虑到目下如火如荼的"深度学习"技术只是神经元网络技术的升级版，因此，在本章中笔者还是倾向于用"神经元网络"兼指"深度学习"。

的神经元网络技术。

不过，尽管神经元网络技术的工作原理的确具有某种意义上的"类脑性"，并因此与"具身性"发生了某种至少间接意义上的关联，但若从金谷武洋的立场去审视该技术，我们就会发现：它依然是一种体现了"上帝的视角"的技术进路，而无法对日语言说者所偏好的"虫子的视角"进行有效的信息编码。现在，笔者就以此类技术对于语言中的"文本衍推"（textual entailment）关系的处理方案为例，详细说明这一判断[1]。

"文本衍推"指的是这样一种通常人都有（并且也应当为一种理想的自然语言处理系统所具有）的能力：从像"两个医生在给病人做手术"这样的句子出发，合格的说话人能够从中推出"有医生在给病人做手术"，并知道原始句子所描述的情况是与下面这个句子相互矛盾的："两个医生在吃汉堡包。"应当看到，对于传统的基于逻辑符号的人工智能进路来说，要具备这种"文本衍推"能力是颇为不易的，因为从形式逻辑的角度看，除非预先给系统输入"任何人在吃汉堡包时无法做手术"这一"框架公理"，否则系统是无法从"两个医生在给病人做手术"的真中推出"两个医生在吃汉堡包"是假的（不幸的是，对于此类框架公理的大量预先编制显然会带来巨量的工作负担）。与之相比照，作为一种统计学技术的人工神经元网络技术却貌似能够更好地处理这一问题。其具体的处理思路是：设立一个巨大的数据集——比如所谓的 SNLI 系统[2]——而这样的数据集将包含大量人类手写的句对，其中每个句对都有"衍推关

1　Yoav Goldberg, *Neural Network Methods for Natural Language Processing*, Morgan & Claypool, 2017, p. 142.

2　Samuel Bowman et al., "A Large Annotated Corpus for Learning Natural Language Inference", in *Proc. of the 2015 Conference on Empirical Methods in Natural Language Processing*, 2015, pp. 632-642.

系"或者"互相矛盾"等注脚。而神经元网络构造者的任务，便是让这样的数据集作为训练样本，让系统能够自动为这些零散句对的两个组成部分之间的关系进行归类——比如将某句对中的两个句子之间的关系归类为"衍推"或"矛盾"，等等。由于构造者本人是事先知道训练样本中各句对的真实标注的，所以，当系统给出的标注与真实标注发生差异时，构造者就会让反馈算法自行启动，以便让系统逐层调整网中各人工神经元之间的信息传播路径的权重，由此使得系统能够逐步学会给出正确的权重分布。而在完成此番训练之后，即使在系统遇到的新句对是处在原来的训练语料库范围之外的，系统也会有很大概率能够将正确的关系标注词分配给该句对。

　　之所以说这种工作流程依然体现了金谷氏所说的"上帝的视角"，乃是基于这样两点考虑：第一，对于上述技术流程的运用要求过多，而为"虫子的视角"的拥有者所难以负担。这里的"多"，显然是指训练样本集的巨大体量（譬如，SNLI 就有 570,000 个英文句子的句对）——而对于人类（特别对于 0—3 岁的人类婴幼儿）来说，他们却显然可以在具有"刺激的贫乏性"这样的特征的母语学习环境中学会句子之间的衍推或矛盾关系。第二，从另一个角度看，这样的技术却又要求太"少"——譬如，其训练样本库就根本没有涉及任何一个句例背后的身体感受。毋宁说，SNLI 的构建人只是在构建该数据库时才间接地涉及了人类的感受（比如在给人类被试者展示一幅医生在动手术的画面后，让他们凭借直觉说出一句该画面所蕴含的句子，或与该画面相冲突的句子，然后再采集这样的句例）——而这样的人类感受在句例库形成后，便与系统本身的运作相脱节了。

　　现在我们再将上面的讨论带回"日语屋"。不难想见，由于基于 SNLI 数据库的神经元网络模型主要处理的是英语句例，因此，

一些在日语中更需要身体感受加以"意义充盈"的语例,或许会给此类技术带来更大的麻烦。譬如这样的句例:

やはり山本先生は中国語も上手ですね。
山本老师果然连汉语也拿手啊!

现在假设:被幽闭在日语屋中的塞尔读到了这样的句子,而他也正根据基于神经元网络技术的某种算法系统试图回应这样的句子。但麻烦的是,现有的神经元网络技术没有办法真正区分对于输入语句这两种不同的解读:

解读一:"山本先生"指的是某个在屋内人与屋外人之外的某个人。因此,若用英文来翻译原来的日语句子,相关的表达应当是:"(As I suspected,) Prof. Yamamoto is really also good at Chinese!"

解读二:"山本先生"指的就是屋内人。因此,若用英文来翻译原来的日语句子,相关的表达应当是:"Prof. Yamamoto,(as I suspected,) you are really also good at Chinese!"

"解读二"之所以在日语语境中是可能的,乃是因为在等级制度严密的日本文化中,下级在对上级说话的时候常用"对方姓氏+对方头衔"的结构,以便向对方提示自身对于相关等级制度的默认。[1]需要注意的是,这种对于身份关系的提示,并未构成对于金谷氏基于"虫子的视角"的理论模型的反例,因为在上下级关系明确的语境下,从下级视角出发固然看不到从上级视角出发所看到的东西,却完全可以对上级视角自身的存在进行标注以显示自己的卑微——而要做到这一点,恐怕就没有什么办法比运用"对方姓氏+对方头

---

[1] 顺便说一句,"先生"在日语中一般指老师、医生、律师、议员等有知识、有权力的人。这一指称习惯在中国吴语区方言中也有保留。

衔"的结构显得更自然了。一个可与之类比的语用案例,则来自日语教育专家牧野成一与筒井通雄对于"様"(读"sama")这个敬语词的解释[1]。二位专家指出,"様"的本义就是"样子"或"表象",因此,"对方姓氏+様"的结构表达了"卑微的我只能看到您的表象,而实在看不到您的内心"的含义——此外,与"姓氏+先生"的结构一样,"姓氏+様"的结构也可以根据语境用以指涉谈话伙伴之外的另一个人——只要被涉及对象的社会等级的确是高于说话人的。换言之,对于"先生"与"様"的运用都可能造成指称歧义。

不难想见,上述歧义性的存在,会给一个基于神经元网络技术的"文本衍推"系统的运作构成莫大的困扰。具体而言,"やはり山本先生は中国語も上手ですね。"这个句子本身是脱离任何语境信息的,因此,从这个句子的表面形式出发,系统是无从知道"山本先生"指的是谈话伙伴之外的另外一个人,还是谈话伙伴中的某个人的(这里要注意的是,日语中的谓述动词并不编码关于人称的任何信息,这一点与汉语类似)。而这种含糊性,自然会导致"解读一"与"解读二"各自会具有不同的"衍推属性"——譬如,从屋内人"我"的角度看,"解读一"是推不出"我曾经学过汉语"的,而"解读二"却可以推出这一点。换言之,除非让屋内人知道自己就是"山本先生",否则在说话人意指的真实意思就是"解释二"的前提下,屋内人很可能无法通过关于日语能力的图灵测验。

——那么,如何让屋内人知道"山本先生"就是指涉自己的呢?先验地在规则书中规定"山本先生"可以与"我"互换吗?但抛开世界上肯定存在着别的"山本先生"这一点不谈,如果屋外的谈话者被换了一个人,而这个人又自以为其社会地位要高于"山本先生"

---

1 Makino Seiichi & Tsutsui Michio, *A Dictionary of Basic Japanese Grammar*, The Japan Times, 1989, p. 385.

的话，前述先验规定不就作废了吗?（很显然，在这种情况下，他很可能会放弃"山本先生"这个提法而换用"山本さん"或"山本君"等新提法。）如果他又自以为与屋内人很亲密，而重新走上前面提到的那条"彻底省略主语"的老路（由此给出的句子便是"やはり中国語が上手ですね。"），系统又该如何应对呢?

笔者认为，现有的基于神经元网络技术的自然语言处理系统**在原则上**是无法处理这些难题的。对于人类言说者而言，消除语句歧义的最佳方式，便是通过身体感受与相关的社会学知识来调节说话人的视角，并对他人的视角进行推测，由此完成对于句义的精确加工。然而，正如前文已经展现的，目前的神经元网络技术只能根据现成的语例库对系统进行训练，而无法追溯这些使语例得以形成的身体现象学与社会学背景，遑论让机器自己具有此类背景。

在本节的最后，笔者想再给出一个针对目下流行的 ChatGPT 技术的实测案例，以图证明：即使是 ChatGPT 也无法应对日语提出的"具身性难题"。在这段机器翻译的实例中，有待被翻译的汉语语料依然来自笔者撰写的长篇历史小说《坚——三国前传之孙坚匡汉》[1]（图 7-2）。

从总体上说，这段日语对于汉语原意的翻译是忠实的，文笔也算优美，的确体现了 ChatGPT 研究团队的不俗实力。但在最后一段归属各种心理活动的真正主体的时候，机器还是犯了错。中文原文的意思是：孙静看到"吴"字旗后，猜测所来的便是吴家的人，而且他亦猜测那少年与中年便是吴景与吴彪。因此，猜测所来二人为吴景与吴彪的心理主体毕竟还是孙静，尽管这一点并没有在原文中被清楚点出。不过，也正因为原文没有点出这一点，系统就直接将

1　徐英瑾:《坚——三国前传之孙坚匡汉》卷 1，页 140—141。

我　日本語で翻訳

院门外的喧嚣声引起了孙坚的注意。他向孙静使了一个眼色，后者立即去开了道门缝，以窥虚实。但见田埂外的小路上，一支十骑马队正徐徐而来，领头的是一个俊美少年与一个中年男子。前者骑黄马，着白色直裾袍，戴白色葛布帻冠，年纪十六七岁，腰悬环首刀；后者骑白马，着朱色直裾袍，戴玄黑色丝绸帻冠，年纪已过不惑，没有携带任何武器，手里摇着一柄灰白色鹤羽扇。后面六名家丁，白巾黄衣，背跨弓箭，腰悬刀剑，每人人手里擎一面绣有"吴"字的大旗。马队最后两匹驮马背上载了藤条箱，不知里面是些什么。

孙静看到了那"吴"字，猜到多半是吴小姐家的人。至于那少年与中年，莫非就是刚才谈话所涉及的吴景与吴彪？他刚想缩头对门内的孙坚通报，不料对面的少年率先发了话："那位小哥别躲！请问：这可是孙县尉在富春的老宅？"

門の外での騒ぎが孫堅の注意を引いた。孫静に合図を送り、彼はすぐに扉の隙間を開けて中を覗いた。すると畑の外の小道を、10人の騎馬隊がゆっくりとやってきた。先頭には、美しい少年と中年男性がいた。前者は黄色の馬に乗り、白い直衣を着て、白い頭巾をかぶり、16、17歳くらいで、腰には刀をかけていた。後者は白い馬に乗り、朱色の直衣を着て、玄色のシルクの帽子をかぶり、既に中年であり、武器を持っておらず、手には灰白色の鶴羽扇を握っていた。後ろには、白い巾と黄色の衣を着た6人の家臣がおり、弓矢を背負い、刀剣を腰に下げ、それぞれが「吴」と刺繍された大旗を持っていた。馬隊の最後には、藤の箱を背負った馬が2匹いて、中身は何か分からなかった。

孫静は「吴」の文字を見て、おそらくは吴さん家の人だと思った。少年と中年男性は、先程話に出た吴景と吴彪ではないかと疑った。彼は孫堅に知らせようと思ったが、向こうの少年が先に話しかけてきた。「あなた、隠れないでください！ お尋ねですが、ここは富春にある孫県尉の旧邸ですか？」

图 7-2　ChatGPT 翻译的历史小说《坚》中的文字的结果
（汉译日，2023 年 2 月 17 日实测）

这句话理解为"少年与中年男性怀疑这不是前面说话所涉及的吴景与吴彪"（所以系统才输出"少年と中年男性は、先程に話出た吴景と吴彪ではないと疑った"），由此彻底搞错了句子的心理主体。这就足以说明系统无法像人类读者那样，将自己设想为孙静，并跟着心中所模拟的孙静视线的移动来进行思考。对于 ChatGPT 来说，其面对的这些句子都缺乏一个基于特定身体与特定视角的感受填充机制，因此，此类系统也无法通过对于相关机制的求援而完成对于自然语言的成功消歧。

本章小结

从上面的讨论来看，仅仅将"日语屋"加上一个能够用以接收非语言信号的身体，我们依然不能帮助屋内的塞尔通过图灵测验，因为我们还需要找到一条能够以比较**节省计算资源**的方式来将身体的现象感受予以表征的新技术路径，否则，我们就无法将高阶层的语言符号处理方案与低阶层的感官信息处理方案在**同一个平台中**予以整合。不过，这样的新技术路径到底是什么呢？

从哲学史的角度看，以一种接近于"可编程的方式"（即用所谓的"逻辑斯蒂语言"），为现象感受"量身定做"一套表征方式的想法，在卡尔纳普[1]与处于"思想转型期"的维特根斯坦那里都有清楚的体现[2]。然而，众所周知，卡尔纳普与维特根斯坦出于各自的考虑，后来又都放弃了这样的努力。而在现代语言学的领域内，最亲和于"身体感知"的研究思路，则由认知语言学（cognitive linguistics）所提供（前文提到的池上嘉彦，便是认知语言学运动在日语世界的领军人物）。关于这方面的相关知识，本书第一章已经有所介绍。正如本书第一章所指出的那样，认知语言学家都试图通过"认知图式"（cognitive schema）这个准现象学概念来模糊"句法"与"语义"之间的界限，并通过对于此类图式的"可视化"操作来将其奠基于语言言说者活生生的体验之中。譬如，在讨论日语中的时间介词表达"まで"与"までに"（二者都可以被译为英文中的"until"）之间的区别时，采用了认知语言学研究方法的王忻先生，便讲诉了两

1　Rudolf Carnap, *The Logical Structure of the World: Pseudoproblems in Philosophy*, translation by Rolf A. George, University of California Press, 1967.

2　笔者曾在别的地方对维氏相关思想有专门的梳理，参看徐英瑾：《维特根斯坦哲学转型期中的"现象学"之谜》，复旦大学出版社，2005 年。

个表达各自背后的认知图式的区别：具体而言，对于"まで"来说，与其说配套的动作的时间终止点乃是模糊的，毋宁说它表示的乃是相关活动到特定时间点之前的某个时间区间——因此，在"まで"出场的情况下，表述相关动作的谓述动词应当具有"している"的词尾（略等于英语动词后面的 -ing，大约表示那些可以持续进行的动作，如睡觉、跑步，等等）；而对于"までに"而言，与其配套的动作的时间终止点却是清晰的，因此，表述这种动作的谓述动词就应当具有"した"或"する"这样的词尾，以表示某种一次性就能完成的动作（如提出问题、关上电视，等等）。所以，在他看来，如果日语学习者对特定介词所牵涉的整个时空图式缺乏预先把握的话，那么，他们就非常容易在应当运用"までに"的地方使用"まで"，由此构成"不自然的"日语表达。[1]

认知语言学家的上述见解，无疑是对于日语言说者的言说体会进行理论抽象后的结果，并由此具有很强的经验说明力。然而，习惯于形式刻画手段的自然语言处理专家，则或许会对上述说明方式的"可工程化"或"可编程化"提出质疑。本书第二章第三节已经就这方面的困难进行了提点。现在我们再对相关讨论进行补充性说明。在此笔者举出的案例乃是计算语言学家袁毓林先生的工作[2]。具体而言，袁先生分析了汉语中诸如"满桌子糖果""满桌子的糖果""满桌子是糖果"之类的表达式中"满"这个汉字背后的认知图式，并认为该图式包含了一个明显的"容器隐喻"：具体而言，在"满 +NP$_1$+（的／是＋）NP$_2$"这样的结构中，"NP$_1$"就表示了

1　王忻：《日汉对比认知语言学——基于中国日语学习者偏误的分析》，北京大学出版社，2016 年，页 145。另外请参考：日本国际交流基金会（编）：《日本語教育通信 文法を楽しく「まで・までに」》，https://www.jpf.go.jp/j/project/japanese/teach/tsushin/grammar/200911.html。

2　袁毓林：《基于认知的汉语计算语言学研究》，北京大学出版社，2008 年，页 342—374。

一个作为容器的对象（如"满桌子糖果"中的"桌子"），而"NP$_2$"就表示了一个作为容器之内容的对象（如"满桌子糖果"中的"糖果"）。由此，袁毓林给出了对于"满 +NP$_1$+（的／是＋）NP$_2$"这样的结构的初步定义（为了方便读者阅读，笔者下面的转述没有完全使用形式语言）：

"满 +NP$_1$+（的／是＋）NP$_2$"这样的表达成立，当且仅当：

（甲）"NP$_1$"是一个容器；"NP$_2$"是一个容器内容；"NP$_2$"在"NP$_1$"之中。（乙）对于至少一个对象 y 与所有对象 x 来说，若"x 在 y 中"成立，则 x 即 NP$_2$，y 即 NP$_1$。

然而，袁毓林先生立即意识到这样的刻画是无法揭示"桌子上有糖果"与"满桌子糖果"这两个表达之间的区别的，于是立即对其进行了补充。补充的要点是：将作为容器的"桌子"分为很多亚空间，并尽量保证每一个作为亚空间的"亚容器"也能够承载作为"内容"的糖果（鉴于篇幅所限，笔者下面就不再对袁先生对于"满"的认知图式的更复杂的刻画方式进行介绍了）。

不过，笔者依然对袁先生的整个刻画思路的可实行性有所怀疑。在笔者看来，袁先生的核心刻画思路，便是将一阶谓词逻辑语言的刻画手段与认知语言学的"认知图式"理论互相折中，而进行这种折中的诀窍，则是将认知图式中最难被外延化的部分——如"容器""内容""在……之中"这些隐喻化表达——全部处理为系统的元语言中的基本谓词。尽管这样的刻画固然能够在某些层面上有限地把握相关认知图式的拓扑学结构，却会因为相关基本谓词的不可定义性而使得整个表达式的语义依然处在暧昧之中。同时，针对"满"而使用的这些基本谓词是否还适用于别的汉语表达式，以及关于这些基本谓词本身我们是否有一个基本的列表，袁先生也都没有给出一个系统的说明。

说到这一步，读者难免会产生这样一种印象：认知语言学的思维手段固然可以为我们构建"日语屋"感知层面与符号层面之间的通道提供某种便利，但只要我们不在组织表征的基本技术手段上进行彻底的革新，此类便利依然会由于来自旧技术的思维惯性而被无情地抵消。而依笔者浅见，若要真心进行这种革新，我们就必须对始终困扰符号主义路径与联接主义路径（后者也就是"人工神经元网络技术"的别称）的一个基本哲学前提进行批判性反思，此前提即：系统必须具备关于有待处理的语言事项的充分的或接近于充分的知识，才能够进行有效的运作（具体而言，前节提到的 SNLI 语料库，便包含了关于"英语言说者所能想到的大多数句例对之内部关系"的接近于完整的知识，而袁毓林对于"满"的刻画方案，在原则上也会要求我们先期具备一张关于所有图式关系所牵涉的所有基本联接要素的范畴表）。而这样的哲学前提之所以需要被批判，乃是因为：这样强的要求一方面将迫使编程者将自己装扮为全知的神（并因此让系统时刻面临因为遭遇事先未被"伪神"预料到的语用案例而"停摆"的风险），另一方面也将使得系统运作的计算成本大为提升（实际上，此类成本问题不仅会困扰神经元网络系统，甚至也会困扰符号主义进路——因为正如我们所看到的，袁毓林对于"满"的语义解释是非常笨拙的，遑论他对于更为复杂的汉语隐喻方式的刻画）。换言之，主流人工智能学界对于系统运作所依赖的充分知识的预设，既无法说明为何人类能够基于更少的信息量而进行有效的语言学习，更无法在这种说明的辅助下，将这一机制加以算法化。

不过，主流计算机理论对于"身—符"界面刻画的无能，并不意味着我们已经无路可走了。实际上，在目前尚未成为主流的计算机路径库中，的确存在一些具有帮助塞尔走出"日语屋"之潜力的利器。这里特别需要提到的一个技术路径，便是在本书中已经得到介绍的"非公理推理系统"或"纳思系统"。下面就来讨论一下如何用该系统来实现许慎关于汉字的"六书原则"，特别是如何通过该原则的实现来使得系统的内部符号与其传感器获取的外部信息相互联系。

第八章

如何让机器懂汉字之"六书"？

众所周知，自"人工智能"这门学科于 1956 年诞生于美国达特茅斯会议之后，英语世界就一直控制着人工智能科学的发展节奏。这就导致了一种看似很难避免的现象：与自然科学的其他学科一样，英语也便成为了人工智能研究的首选工作语言。而依据笔者浅见，目前英语世界在各项人工智能产品研究方面的领先地位，很可能会以某种隐蔽的方式为英语思维的进一步扩张提供助力，并对其他文化的独立性构成威胁。

一些读者或许会觉得笔者的上述担忧言过其实。他们或许会说：逻辑与统计学才是编程工作所依赖的"基础知识"，英语只是其皮毛，因此，汉语研究者大可不必一看到"英语之皮"就联想到"英美思维之骨"。面对这种指责，笔者的回应是：

其一，正如人工智能专家麦克德莫特（Drew McDermott）所指出的，在日常生活中人类需要用到纯粹的演绎推理的场合是少之又少，因此，从某种意义上说，不进行某种变通，纯而又纯的演绎逻辑工具对人工智能研究来说是没用的。[1] 而人工智能专家对于演绎逻辑规则的"变通性使用"又往往会倒逼他们为系统设置一个非常大的公理集，以便预先为尽可能多的人类常识知识进行编码（并在设置该公理集的前提下，将特定语用环境下系统的对策处理为语境知识与公理知识的"逻辑蕴含物"）。[2] 很显然，这种"常识编码"工作若由英语世界的研究人员来完成的话，"英语世界的偏见"就很难不掺杂其中了。

其二，与演绎逻辑规则类似，统计学法则的运用并非是在真空之中，而是需要一定的样本量做前提的，而样本空间本身的创制则免不了文化偏见的渗入。譬如，当鲍曼（Samuel Bowman）带领他的研究团队创制一个能够自动判断语句之间"文本衍推"关系的人工神经元网络系统之时，他们便是用如下方法为训练此类网络提供"样本库"的：给大量说英语的被试者展示特定的画面，并要求被试者用英语对画面进行概括，再要求他们直接写出与该概括相互矛盾或为其所蕴含的句子，等等。就这样，研究者搜集到了 570,000 个英文句对所构成的训练样本库，而每个句对都带有"蕴含""矛盾"这样的句法关系标注。不过，从某种意义上说，这样的一个样本库也是一个"英语言说者的文化偏见库"，因为我们很难保证别的文化的语言言说者也会在面对同样一个画面时联想到同样的"矛盾句"或"蕴含句"。

其三，计算机的语言一般分为"机器语言""编程语言"与"界面语言"三类。"机器语言"是机器运作的内部代码，非专业工程师

1　Drew McDermott, "A Critique of Pure Reason", *Computational Intelligence*, vol. 3 (1987), pp.151-160.

2　Samuel Bowman et al., "A Large Annotated Corpus for Learning Natural Language Inference", in *Proc. of the 2015 Conference on Empirical Methods in Natural Language Processing*, pp. 632-642.

无法理解。"界面语言"即用户所接触到的语言，一般也就是英语、汉语之类的自然语言。至于编程语言，则是一般的编程人员编制计算机程序时所依赖的工具。虽然从原则上说，编程语言是可以与界面语言相互脱节的（就像机器语言几乎是与任何一种界面语言脱节的那样），但为了方便英语国家内部的工作人员，英语世界研发的编程工具往往就是英语的某种简化形式。比如，1972 年由美国贝尔实验室研发的"C 语言"的标准词汇就包含了大量英文单词，譬如 auto、double、int、struct、break 等。这显然为英语国家的编程人员学习此类编程语言提供很多便利。需要注意的是，即使是在与符号主义进路不同的神经元网络技术（及其后继者深度学习技术）的研发过程中，其所依赖的编程工具（如时下如火如荼的 Python 语言）依然带有浓郁的"英语词汇的人工简写模式"的色彩，并因此对英语国家人士具有更友好的学习界面。

面对隐蔽在计算机工业的"中立"面相之后的英语霸权所带来的这种巨大压迫感，我们中国学者理应抱有起码的警觉心。毫不夸张地说，目前华语世界的很多计算机软件产品，其实都是英语世界的首发产品的"汉化版"，"黄皮"实难掩"白心"——而与此同时，具有母语意识的产品研发案例却寥若晨星。至于汉语结构自身的独特性所造成的其与英语表述之间的巨大差异，虽在一定程度上为语言学界所重视，却依然没有得到人工智能学界中的自然语言处理专家们的广泛共鸣。这着实不是一种能令人感到安心的现状。

有鉴于如上宏观评估，笔者认为我们有必要从语言学的角度，重新考量学界对于一些**特定的汉语表达式**的技术刻画方式，并通过这种重估进一步揭露"西式思维"对于汉语本真结构的扭曲效应。同时，笔者还希望能够以此为契机，为人工智能研究中母语意识的勃发提供可行的技术实现路径。

然而，这样的研究，将不得不牵涉到对于汉语语法研究史的简略讨论，因为与人工智能的研究相平行，近代以来汉语语法的研究史也面临着"研究范式全面西化"的困扰。而对于此类范式的批判性考察，也将为我们揭示汉语语法的真实结构提供契机。

一 《马氏文通》以来的汉语语法研究史批判

众所周知，印欧语系的语言一般属于"屈折语"，这些语言的词通过自身的性、数、格变化来体现语法功能的变化。日语、韩语、蒙古语等语言属于"黏着语"，这些语言的词通过末尾附着别的语法成分实现语法功能的变化。中古以来的汉语则属于"孤立语"，词要通过与别的词结合才能实现一些别的语言通过自身屈折变化或者吸附别的语法成分就能实现的语法功能转变。关于汉语"语法"的此种特殊性，美国南加州大学的语言学教授铁鸿业（Henry Hung-Yeh Tiee）先生用英文写就的《中文句法》一书中的下面这段话，颇值一引：

> 在英文中，事件的时间状态，是通过"时态系统"得到确定的。该系统本身是通过动词时态的变化来运作的，或者是通过辅助动词或者时间词的时态变化对于句中谓词的补充作用。……而和英语不同，汉语并不包含着关于这些时态的动词屈折变化形式。在汉语中，一个事件的时间状态，主要是通过时间词或时间表达式来得到表达的。举例来说，同一个动词"有"，在"他现在有课"一句中是作为现在式出现的，而在"他昨天有课"一句中，又是作为过去式出现的。在"他明天有课"一句中，这动词又是作为将来式出现的。时间词"现在""昨天"

和"明天"，则在这三个句子中分别确定了每个事件的时间状态。[1]

同样的分析也适用于汉代以后的古汉语（上古汉语问题比较复杂，暂且不论）。表 8-1 便大致勾勒了《史记》中出现的时间副词和英语时态之间的对应关系[2]。由此表可见，欲用古汉语准确地表述出事件发生的时刻，也必须将"方""会""于是""素""且""将""欲"等时间副词明述出来。至于主干动词，则不承载任何关于时态的屈折变化。

表 8-1　《史记》中出现的古汉语时间副词和英语时态之间的对应关系

时副	现代汉语含义	英语时态	在《史记》中的例句及其出处
方	［被描述事件］在某一时间区间内发生	过去进行时	孔子病，子贡请见。孔子方负杖逍遥于门。《孔子世家》
会	［被描述事件］时间上重合于［坐标性历史事件］	一般过去时	会梁孝王卒，相如归，而家贫，无以为业。《司马相如列传》
于是	在这个时候		于是帝尧老，命舜摄行天子之政，以观天命。《五帝本纪》
素	一向如此	现在完成进行时	吴广素爱人，士卒多为用者。《陈涉世家》
且	在不久的将来		楚倍秦，秦且率诸侯伐楚，争一旦之命。《楚世家》
将	在不久的将来	一般将来时	孔子既不得用于卫，将西见赵简子。《孔子世家》
欲	想（但未实现）		褒姒生子伯服，幽王欲废太子。《周本纪》

1　Henry Hung-Yeh Tiee, *A Reference Grammar of Chinese Sentences with Exercises,* University of Arizona Press, 1986, p. 90.

2　刘道锋：《〈史记〉动词系统研究》，四川大学出版社，2010 年，页 273—275。

由于动词的时态屈折变化在现代汉语和古汉语中完全消失，其与名词和形容词之间的外观差别也变得模糊了。这就导致了一个奇特的语言现象：在汉语中能够成为谓词的那些表达式，其核心意义的提供者既可能是一个及物或不及物动词，但也可能是一个名词或形容词。这一点也就更加淡化了以名词—动词区分为核心范式的西方语法结构与汉语现实之间的联系。

语例类型一：由不及物动词构成的谓词[1]

（1）小狗**跑**了。

（2）孩子现在不**哭**了。

（3）那棵大树**倒**下来了。

语例类型二：由及物动词构成的谓词[2]

（4）我**写**了一份家信。

（5）王先生**爱**他的孩子。

语例类型三：简单形容词构成的谓词[3]

（6）他的妹妹很**可爱**。

（7）这个学生最**聪明**。

语例类型四：重叠形容词构成的谓词[4]

（8）她的孩子都**漂漂亮亮**的。

（9）今天天气**阴森森**的。

1　Henry Hung-Yeh Tiee, *A Reference Grammar of Chinese Sentences with Exercises*, University of Arizona Press, 1986, pp. 30-31.

2　Henry Hung-Yeh Tiee, *A Reference Grammar of Chinese Sentences with Exercises*, p. 32。

3　Henry Hung-Yeh Tiee, *A Reference Grammar of Chinese Sentences with Exercises*, p. 36。

4　Henry Hung-Yeh Tiee, *A Reference Grammar of Chinese Sentences with Exercises*, pp. 37-39。

　　语例类型五：名词构成的谓词[1]

　　（10）她（是）十五岁。

　　那近代以来的主流汉语语法理论，是否对汉语的这种特殊性有所观照呢？答案或许是否定的。相关著述是首刊于光绪二十四年（1898年）的《马氏文通》[2]。面对西方科教文化的暂时领先地位，马建忠产生了对于中国"小学"传统的失望情绪。他写道：

　　　　西文本难也而易学如彼，华文本易也而难学如此者，则以西文有一定之规矩，学者可循序渐进而知所止境；华文经籍虽有规矩隐寓其中，特无有为之比拟而揭示之。遂结绳之后，积四千余载之智慧财力，无不一一消磨于所以载道所以明理之文，而道无由载，理无暇明，以与夫达道明理之西人相角逐焉，其贤愚优劣有不待言矣。[3]

　　马氏在此似乎是表达了这层忧虑：汉语无明晰语法建树的特点，似乎已严重影响到了汉语使用者的学习效率以及语言表达力，并进而影响到了华语世界在国际舞台上的"软实力"。作为补救之措施，马氏主张引入西方语法（《马氏文通》音译为"葛朗玛"）重塑汉语句法骨架，以期中华学童能够学而汇通西语之道。他写道：

　　　　葛朗玛者，音原希腊，训曰字式，尤云学文之程式也。各

1　Henry Hung-Yeh Tiee, *A Reference Grammar of Chinese Sentences with Exercises*, pp. 40-41。

2　马建忠：《〈马氏文通〉读本》（吕叔湘、王海棻编），上海世纪出版集团，2005年。

3　马建忠：《〈马氏文通〉读本》，"后序"，页2。

国皆有本国之葛朗玛，大旨相似，所异者音韵与字形耳。[1]

至于这种"引进策略"的合法性，则可以通过中西各色人等心智结构的相通性得到哲学辩护：

> 而亘古今，塞宇宙，其种之或黄、或白、或紫、或黑之钧是人也，天皆赋之以此心之所以能意，此意之所以能达之理。则常探讨画革旁行诸国语言之源流，若希腊、若辣丁之文词而属比之，见其字别种而句司字，所以声其心而形其意者，皆有一定不易之律，而因以律经籍子史诸书，其大纲盖无不同。[2]

由此不难看出，马氏虽不可能读到后世乔姆斯基关于"普遍语法"之论说，但他也已经以自己朴素的方式肯定了西式语法的普遍性[3]。但问题是，从语言哲学角度观之，各国语法是否真的彼此相近，本身就是一个有待商榷的话题；至于以希腊语、拉丁语为代表的印欧语所提供的句法资源，是否足资解释天下所有的语言现象，则更值得怀疑。马氏将西语模板预设为寰球诸语之普遍模板，这难免为其整个的汉语语法的拉丁化建构预埋下隐患。耐人寻味的是，后世对《文通》中削足适履的语法解释，虽多有批评，然马氏以后的汉语语言学的发展，还是遵循了以西式语法强解汉语现象之大套路，甚至在有些地方比《文通》还有过之而无不及。其发展的总体特征，或可归结为以下两条：

第一，在理论建树上放弃中国古代"字本位"的语义理解传统，

---

1 马建忠：《〈马氏文通〉读本》，"后序"，页1。
2 马建忠：《〈马氏文通〉读本》，"后序"，页1。
3 许国璋：《〈马氏文通〉及其语言哲学》，《中国语文》1991年第3期。

以西化的"词本位"和"句本位"的角度来重构汉语语法。大体而言，"字"本位的语义理解传统，由成书于东汉的《说文解字》所代表（详后），"词本位"的传统由晚清的《马氏文通》所开创，"句本位"的传统，则肇始于民初黎锦熙的《新著国语语法》[1]。自《文通》以降，《说文》的字本位体系全面式微，"词"和"句"则渐渐成为考察汉语语言现象的基本语言学范畴。二十世纪五十年代中国语言学界的三次大讨论——"汉语的词类问题""汉语的主宾语问题"和"汉语的单复句划分问题"——亦都默认了这些西式语法范畴的普遍合法性。

第二，在学科建设方面，硬生生地切断了现代汉语和古汉语之间的生命联系，将带有更多印欧语色彩的现代汉语语法和古汉语语法看成两个研究分支，并以前者为研究重点，不问现代汉语的历史源头。此"厚今薄古"之现象，肇始于胡适在 1922 年发表的《国语文法概论》[2]，并伴随着文言文教育淡出中国语文教育体系的进程而被不断加强[3]。

面对汉语语言学界的这种主流的"西化"研究路数，徐通锵曾提出一个"以字本位"为特色的新汉语语法系统予以抗衡[4]，可谓汉语语言学界中的"非主流"。徐著立意虽佳，但在具体立论中对《说文》等传统资源的依傍仍嫌不足，而在理论模型的形式刻画方面，亦有不少提升的空间（徐著似乎并不致力于建立一种面向计算机处理的语义学）。张学新则从心理学角度，提出汉字具有一种"拼义"的功能，即根据"形声造字原理"和"基于语义网的拼义原理"，从

1　黎锦熙：《新著国语文法》，湖南教育出版社，2007 年。最早版本出现在 1924 年。
2　胡适："国语文法概论"，载《胡适学术文集：语言文学研究》，中华书局，1993 年。
3　参看邵敬敏：《汉语语法学史稿（修订本）》，商务印书馆，2006 年。
4　徐通锵：《汉语字本位语法导论》，山东教育出版社，2008 年。

简单的义基中造出复合的义基来[1]。笔者认为这一工作的努力方向是非常正确的，但是张文所提到的这些拼义原理的技术细节依然是模糊的，还没有达到可资自然语言处理的研究借鉴之地步。有鉴于此，笔者对于《说文》中"六书"理论的重构工作，亦将只会在一定程度上参考徐、张二位先生的工作。

——那么，为何我们在这里一定要重提《说文解字》所代表的语言学"旧道统"呢？

二 《说文解字》的微言大义

按照学界的一般理解，约成书于汉安帝建光元年（121 年）的《说文解字》只是一部文字学著作而已，而根本不是语法学著作[2]。然而，正如徐通锵指出的，这种偏见仅仅导源于学界对于"语法"一词所做的狭隘理解。如果我们仅仅认为"语法"指的是"组词造句"的规则的话，那么在《马氏文通》之前，我们的确很难说中国曾有过系统的"语法学研究"。但如果将"语法"更为宽泛地理解为"语言的**基本构造单位**的构造规则"的话，那么我们或许就会因此获得一种用以审视汉语结构的新理论视点。[3] 不难看出，汉语（特别是古汉语）中的"基本语言单位"并不是词，而是字（因为单字也可以完整地表达语义），甚或是亚于字的结构（如部首，亦可承载于语音和语义）；而汉语中的复合语言单位也未必要以句子的形式出现，因为会意字或形声字就可被视为相关基本字的复合体。从这

1　张学新："汉字拼义理论：心理学对汉字本质的新定性"，《华南师范大学学报（社会科学版）》2011 年第 4 期。

2　一些汉语语法史著作，如邵敬敏的《汉语语法学史稿（修订本）》，竟全书不提《说文》的地位。

3　徐通锵：《汉语字本位语法导论》，页 42—46。

个角度看，《说文》所归纳的造字之法，其实就是汉语意义上的语法（或构成了汉语语法中最具奠基意义的那部分）——在其指导下，读者就可知晓如何从汉语的基本构造单位（如简单字，以及部首）中构造出更为复杂的语言单位（如会意字或形声字）。

而从当代语言哲学（特别是后期维特根斯坦哲学）的视角审视之，《说文》的性质则可被描述如下。假设在《说文》诞生之前，汉语使用者早就按照汉语内隐的语义推理方式说话言谈，并撰文立著。但这些规则本身并没有通过公共数据库的方式构成规范性样本，因此，每个语言使用者都可以按照自己的方式"私自地解释"这些规则。尽管当下的语用活动可以为这些彼此不同的个人解释消除分歧，但在每次语用活动结束后，依然会有某些"释不准"的成分残余下来。这些误差在漫长的历史中积累为大的谬误，并在汉语圈中的不同亚语言圈之间不断制造着横向和纵向的交往隔阂（如语义隔阂、语音隔阂等）。因此，有必要以建立统一数据库的方式，全面强化语义推理规则（即造字规则）的规范性维度，以使得不同的汉语使用者都可以方便地"遵从规则"。

对于这个想法，《说文》的作者许慎（约58—约147）其实已有素朴之意识。他写道：

> 《书》曰："予欲观古人之象。"言必遵修旧文而不穿凿。孔子曰："吾犹及史之阙文，今亡也夫！"盖非其不知而不问，人用己私，是非无正，巧说衺辞，使天下学者疑。盖文字者，经艺之本，王政之始，前人所以垂后，后人所以识古。故曰："本立而道生"，"知天下之至啧而不可乱也"。今叙篆文，合以古籀，博采通人，至于小大，信而有证。稽譔其说，将以理群类，解谬误，晓学者，达神恉。分别部居，不相杂厕。万物咸覩，靡

不兼载。厥谊不昭，爰明以谕。[1]

这段话至少表达了这样三层意思：

一、关于汉字语义推理的公共数据库的规范性作用是很大的，因为"盖文字者，经艺之本，王政之始，前人所以垂后，后人所以识古"。换言之，它是文献记载和政治活动得以展开的"操作系统"，它的稳定性影响到整个社会共同体的稳定性。

二、这样的一个数据库或许历史上曾有过，但是目前已经遭到了破坏，因为连孔子也承认："吾犹及史之阙文，今亡也夫！"不幸的是，这种破坏已然造成了严重的交往障碍，所以《叙》又说："以为好奇者也，故诡更正文，乡壁虚造不可知之书，变乱常行，以耀于世。"[2]

三、重建系统的希望，在于学习孔子"观古人之象"的做法，即从汉字的历史源头出发梳理其演变过程，即上述引文中所说的："今叙篆文，合以古籀，博采通人，至于小大，信而有证。"

——那么，为何在许慎看来，通过对汉字流变的考察，就能够起到"本立而道生""知天下之至啧而不可乱也"的作用？换言之，为何**描述性的**考察，会具有**规范性的**维度？笔者认为，许慎在这里是做了这样一个隐含推理：

1. 文字的产生得归功于历史上的权威（如包牺氏、神农氏、仓颉等）。许慎写道：

> 古者包牺氏之王天下也，仰则观象于天，俯则观法于地，
> 视鸟兽之文与地之宜，近取诸身，远取诸物，于是始作《易》

1　许慎撰，段玉裁注：《说文解字（全注全译版）》，中国戏剧出版社，2008 年，页 2144。
2　许慎撰，段玉裁注：《说文解字（全注全译版）》，页 2113。

八卦，以垂宪象。及神农氏结绳为治而统其事，庶业其繁，饰伪萌生。黄帝之史仓颉，见鸟兽蹄远之迹，知分理之可相别异也，初造书契。[1]

2. 因此，文字从被创造之时起，其原始构成方式就带有规范性。其规范性源自造字者的历史权威性。

3. 所以，重建汉字构成的操作系统，其关键就在于梳理清楚每个字被造之始的原始构型，了解其古义到今义的演变过程。

熟悉当代英美语言哲学的读者，可能会经由许慎的上述思路联想到克里普克的"因果命名理论"[2]。依据克氏的看法，一个指称和其名字之间的语义学联系，是通过一种原初的命名活动得以固定的。换言之，谁第一个将许慎命名为"许慎"，谁所给出的语义规定就在关于许慎名字的传播历史中获得了规范性——无论这个命名者是许慎的爸爸还是他妈妈。而许慎在此表达的，则似乎是克里普克理论的一种"汉化版本"：在他看来，一个符号和相关意义之间的语义学联系，是通过字符发明者的语义指派活动构成的。谁第一个做了八卦，他为不同卦象所给出的原初含义也就具有了历史规范性；谁第一个结了绳，他为不同绳结所给出的原初含义也就具有了历史规范性；谁第一个创造了汉字，那么他为不同汉字所给出的原初含义也就具有了历史规范性。至于这些文化英雄的名字到底是不是包牺氏、神农氏、仓颉等，则是一个相对枝节的问题。

不过，许慎的思想，或许在某些地方还和克里普克有所分歧。许慎还清楚地意识到，对于历史权威的推崇，并不意味着后人无权从汉字的旧义中引申出新义，或创制新的字符。或说得更具体一点，

1　许慎撰，段玉裁注：《说文解字（全注全译版）》，页 2100。

2　Saul Kripke, *Naming and Necessity*, Harvard University Press, 1980.

他所归纳出的"六书"造字之法，就是后人借以修改既有语义设定，或创制新语义设定的基本规则——此即从"文"到"字"的演变过程。

而我们接下来所要做的工作，则是从"认知建模"（cognitive modeling）的角度出发，对许慎归纳出的"六书"理论，再进行一次全面的技术重建。之所以要这么做，乃是基于如下考虑：

第一，许慎对于"六书"的一般性描述，集中在《叙》（全书第十五卷），虽初具规模，但毕竟过于言简意赅，其隐藏的重要理论构建萌芽，很多都被遮蔽不彰。而清代的段玉裁、王筠、桂馥等小学家，虽在注释《说文》方面做出了极大的成就，但是他们的主要任务乃是澄清许慎的字面意思，而不是在此基础上进行全面的理论重构和系统的科学描述。因此，今日我们所做之工作，绝非段、王、桂之余续，而是以许著为启发，构建一种新的汉语语言学理论模型。

第二，许慎本人不可能了解西方的逻辑学传统和语法传统，更不会想到他所维护的"字本位"的汉语分析进路会在《马氏文通》以后被词法研究和句法研究所取代（这一点恐怕连清代的小学家们也不知道）。换言之，由于缺乏比较坐标，他们自己也不知道他们所捍卫的这个语言学传统是多么的卓尔不群。从这个角度看，对于"六书"体系的现代化重构，也就意味着要在一个更为广阔的全球视野中再现人类语言演化方向的多样性。

第三，但对于上述"多样化"的强调，并不意味着我们要走向文化相对主义。概而言之，"六书"理论至少牵涉两个关于思维推理的一般性问题，即如何处理类比推理（analogical reasoning）和语义相关性（semantic relevance）。这个问题本身无疑是具有普遍性的，因为对于任何智能体来说，对于语义相关性的把握，以及对类比思维的恰当运用，都将大大提高其推理活动的效率。很明显，汉字本身就承载了丰富的语义信息，而造字之法则阐明了如何从简单语义构成复合语义的一般规则。考虑到语义把握或许是一种比语形表征更为基本的心智能力，因此，"六书"所揭示的造字之法，或许比乔姆斯基所说的"普遍语法"更接近人类的种内普遍思维形式。

第四，既然"六书"理论可以被理解为对于智能体的语义把握过程的规范性总结，那么它就有可能通过"认知建模"的方式，在计算机科学所提供的技术平台上得到全面的工程学重建。这样做的目的是双重的：一方面，一种精细的工程学再现将彻底完成对于看似古奥的"六书"理论的"祛魅"（disenchantment），由此使得许慎的工作具有真正的普遍科学意义；另一方面，许慎对于语义构成的规则描述若真能被程序化并交付计算机模拟，这也将大大改变世人（特别是塞尔那样对 AI 有成见的哲学家）对于计算机认知建模的如下刻板印象——这种建模只是在句法学层面上对于某些符号的搬运而已，根本无法抵近那种唯人类所独有的语义或者语用直觉。而我们恰恰要证明的是：从原则上说，一台**被恰当编程的**计算机是完全能够体现许慎造字思想之精髓的，因此，它亦能像你我这些汉语习得者那样读懂汉语文本（而不仅仅是给出"看似读懂汉语文本"的行为）。

三　如何让机器懂"六书"？

在《说文·叙》中，"六书"的先后次序是：指事、象形、形声、会意、转注、假借。这六书大约又可被分为三类：

第一类："文"之构成法则：象形法和指事法。

第二类："字"之构成法则：会意法和形声法。

第三类：上述法则的衍生物：转注法和假借法。[1]

概而言之，以上"六书"均牵涉到了亚命题层面上的符号单位（如字或部首）的语义组合规则。其中"象形"和"指示"关系到了基本符号的构成规则，余下"四书"则牵涉到了复合符号的构成规则。

现在我们就转入对于"六书"的计算机建模。此项建模工作所依赖的技术平台依然是计算机科学家王培先生发明的"纳思系统"[2]。大体而言，纳思系统乃是一个具有通用用途的计算机推理系统，而且在如下意义上和传统的推理系统有所分别：纳思系统能够对其过去的经验加以学习，并能够在资源约束的条件下对给定的问题进行实时解答。开发纳思系统的理论动机乃是双重的：第一，它能够帮助我们理解任何一个智能系统所具有的某些普遍的规范性特征；第二，它能够为人造智能机器的开发提供一个可计算的语义推理模型。而笔者之所以要在对"六书"的模拟中引入纳思，则又是基于如下五点考虑：

第一，纳思系统背后的语义学理论是一种基于经验的语义学理论，这也就是说，在纳思语义网中的任何一个词项的语义，都可以随着系统的学习经验的不断丰富而被修正——这种修正过程本身则被外显为纳思语义学之拓扑学结构之变化。这种语义学构想，颇相合于"六书"所描绘的汉字语义的实际流变过程：譬如，从相对简

1　需要指出的是，许慎并非在文献史上提到"六书"的第一人。《周礼·地官·六书》就曾提到"六书"，但未列举其内容。班固则第一次将"六书"的内容罗列于下："古者八岁入小学，故周官保氏掌养国子，教之六书，谓：象形、象事、象意、象声、转注、假借，造字之本也。"（《汉书·艺文志》）。但班固依然没有说清楚这"六书"各自的含义（顺便说一句，班固所列"六书"，在名目表述方面与《说文》稍有出入）。许氏的工作，便是根据他所能看到的古代文献，对六书理论进行了有史以来第一次较为完整的表述。

2　Pei Wang, *Rigid Flexibility: The Logic of Intelligence*.

单的"文"到相对复杂的"字"的转变，以及从本字到假借字和转注字的转变，其实都是由广大的汉语使用者的语用经验所驱动的，并最终外显为汉字语义网拓扑学结构的变化。

第二，和发源于经典逻辑的一般推理系统不同，作为一种词项逻辑，纳思系统可以承载对于亚命题单位之内涵和外延的表征。这种亚命题单位既可以是印欧语之中的词（word），也可以是一个数字代码，抑或是一个汉字，甚至是汉字的一个部首。这种灵活性将大大便利于纳思系统对汉字语义的表达。

第三，正因为上面这一点，一个具有合适像素的图像，或是一种语音范型，在原则上也可以成为一个纳思词项。这种灵活性既便利了纳思系统对于象形字和形声字的刻画，亦有利于其彰显汉语认知所具有的"具身化"（embodiment）特征。

第四，由于纳思系统的推理规则具有对于内涵语义的强大表达力，因此，该系统也就具有了远超经典逻辑（以及其各种衍生物）的日常语义表现能力。比如说，经典逻辑很难表达一个概念节点和另一个概念之间的意义相关性——而在纳思的刻画模式中，对于这种相关性的刻画却是唾手可得之事。在后面的分析中我们将看到，至少对于会意字之语义结构的刻画来说，纳思所带来的这种便利性将产生极为积极的效果。

第五，前文已经论及，古汉语的"语法"体系以字为本位，并以语义引擎驱动语法构建。无独有偶，纳思也是一个以词项语义为根本驱动力的推理系统——但该系统却对词项所扮演的句法角色不甚敏感，甚至对复合词项和句子之间的差别也不太敏感。纳思的这一特征，使得其能够更为方便地刻画一些在更高层面上出现的汉语语言现象。

由于篇幅的关系，下面我们将仅仅讨论如何在纳思的平台上模拟"象形"与"会意"。之所以特别关注"六书"中的这两项，乃是因为"象形"关涉到了内部符号与外部世界之间的联系问题，"会意"关涉到了不同的意义符号如何在前命题的层面上彼此融合的问题，它们对于 NLP 的研究来说都具有特别的价值。

许慎对于"象形"法的正式阐说是：

象形者，画成其物，随体诘诎，"日""月"是也。[1]

这段引文的表面意思是：一个象形字，必须描摹外部对象的形状，随着被描摹者的形体而曲折，如"日"和"月"这两个字（在此，我们暂且按照现代语言的习惯，称"日""月"为"字"，而非"文"。下文亦将遵照此例）。这句话虽只有短短十五个字，但从当代哲学视角观之，其背后确有微言大义可供挖掘。

（1）**从形而上学角度看**，许慎在此做出了一个关于有形体的物理对象的本体论承诺：世界上的确存在着这样一些物体，如日、月、山、川、鱼、虫等，它们具有相对稳定和典型的二维形状（否则，"随体诘诎"的描摹活动就会失去对象）。

（2）**从逻辑学的角度看**，各种具体的山构成了象形字"山"的注解，各种具体的虫则构成了象形字"虫"的注解。套用词项逻辑的术语来说，各种具体的山就是"山"的外延（extension），而作为象形字的"山"则构成了它们的内涵（connotation）。

（3）**从语言哲学角度来看**，"象形字"就可以被视为上述物理对象的摹状词：前者描述的是后者的三维形状的基本特征。借用洛克的术语来说，"随体诘诎"这种描摹方式主要强调了被描摹对象的

1　许慎撰，段玉裁注：《说文解字（全注全译版）》，页 2102。

空间性质等"主级性质"（primary qualities），而没有牵涉其颜色等"次级性质"（secondary qualities）。而这又牵带出了另外一个预设：

（4）**从认知科学角度看，**在物理对象所可能具有的所有摹状词之中，那些描摹其稳定空间形状的摹状词具有更强大的表征功能。这些摹状词的符号化显现就是象形字。

（5）**再从认知科学角度看，**许慎在此还预设了智能体（agent）有能力把捉到物理对象的基本空间形状，否则它们就做不到"画成其物，随体诘诎"。当然，由于科学知识的局限，许慎可能并不清楚心智的这种描摹外形的把捉活动是如何完成的。

现在我们就在纳思的平台上对象形字进行知识表征。

前面已经说过，和发源于经典逻辑的一般推理系统不同，纳思逻辑首先是一种词项逻辑，因此能够支持对于词项（term）之内涵和外延的表征。相关定义如下——

若设 T 为一个纳思词项，"V_K"为纳思系统当下拥有的词汇总和，"T^I"为 T 的内涵，而"T^E"为 T 的外延，则 T 的内涵与外延便是：

$$T^I = \{x \mid x \in V_K \land T \to x\}$$
$$T^E = \{x \mid x \in V_K \land x \to T\}$$

其自然语义为：T 的内涵，是所有以 T 为主项的纳思判断的谓项的集合（这些谓项必须出现在纳思的词汇库中）；而 T 的外延，则是所有以 T 为谓项的纳思判断的主项的集合（这些主项必须出现在纳思的词汇库中）。在这里，"→"标示一个非对称并可传递的关系，大约对应于日常语言中的"归属于"的意思。不同的纳思词项在"→"的连缀下彼此构成了一个语义网，如图 8-1。

在上述语义网中，BIRD 的内涵就是所有以 BIRD 为主项的判断的谓项（如 FLY 和 AMIMAL）。与之相对应，BIRD 的外延就是所有以 BIRD 为谓项的判断的主项（如 RAVEN 和 EAGLE）。或者

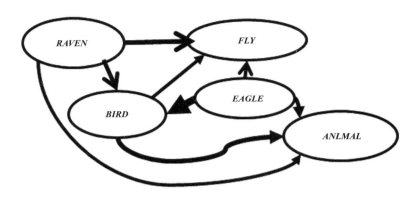

图 8-1　一个简化的纳思语义网

我们也可以这么看："BIRD"这个词项的语义，既受制于那些比其更为具体的示例词项（如 RAVEN 和 EAGLE），又受制于那些比其更为抽象的概括性词项（如 AMIMAL 和 FLY）。这也就是说，正是这些围绕着"BIRD"这个概念的周边词项和"BIRD"之间的拓扑学关系，决定了前者的意义。

现在我们再套用上述思路来审视象形字的构成。

前文已提及，纳思系统中的词项（term）完全可以是一个象形字，甚至是一个图像（image）。而一个象形字的意义，主要就来自作为其外延的示例图像。以象形字"鳥（鸟）"为例。《说文》云："鳥，长尾禽总名也。象形。鳥之足似匕，从匕。凡鳥之属皆从鳥。"[1]这就说明"鳥（鸟）"这个字是和"长尾""足似匕"等外部形态特征紧密相关的，任何带有此类特征的物体都有可能被认作鸟。而且根据上述引文，"鸟"还是一个属概念，其他的复合词若带有"鸟"的偏旁，都会被看成是集合"鸟"的子集（这就牵涉到了会意字和

---

[1]　许慎撰，段玉裁注：《说文解字（全注全译版）》，页 409。笔者在此保留繁体字的写法以便展现"鸟"字的象形特征。

形声字的构成，详后）。另外，从别的古籍中，我们还知道鸟会飞：

有鸟高飞，亦傅于天。(《诗经·小雅·菀柳》)

综合上述信息，我们就不难得出：具有"长尾""似匕足"之特征的外部对象的图像构成了"鸟"的外延或者示例，而"鸟"本身则是"飞"这个概念的外延或者示例。而从信息科学的角度看，一个图像在实质上不外乎是一个复杂的数据结构，因此，在其内部结构被暂时忽略的前提下，它也完全可以被处理为纳思语义网之中的一个词项。于是我们就得到了图 8-2：

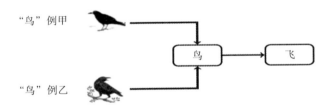

图 8-2　以心像为词项的纳思网

其技术含义是：

1. V_K = { "鸟例甲"，"鸟例乙"，"鸟"，"飞" }

2. 鸟^I = {x │ x ∈ V_K ∧ 鸟 → x } = { "飞" }

3. 鸟^E = {x │ x ∈ V_K ∧ x → 鸟 } = { "鸟例甲"，"鸟例乙" }

需要说明的是，在上面的式子中，"V_K"不是一个常量，也就是说，纳思允许系统根据自己经验的扩张增加自己的词汇总量。这样一来，在系统未来的学习过程中，纳思语义网中的任何一个词项（如"鸟"）也就有可能获得更丰富的示例或属性。或者我们也可以这么看："鸟"其实就是一个带有大量概念插口的概念槽，而其插口的潜在数量是无穷多个——只要系统获得从感知模块和证言模块输送来的相关新信息，那么，这些新信息就可以随时插入目标词项的"外延"或者"内涵"槽口，以丰富其意义。

不过，对于象形字的纳思刻画还不能止步于此，因为上述刻画还没有牵涉到许慎对于"象形"的关键性描述："画成其物，随体诘诎。"这也就是说，系统应当有能力对字符的物理特征进行感知、记忆和比对，由此把握到象形字和被模拟物之间的相似处。此种能力，下文简称为"符—物"比对能力。而对于"符—物"比对能力的施展将产生一个新的纳思谓项，其相关的拓扑学结构见图 8-3。具体而言，系统将比对字符的拓扑学结构和心理原型的拓扑学结构，而后发现二者之间的等价性（在图 8-3 中用"↔"标示），并以二者共通的拓扑学结构为中项，构成字符和心理学原型之间的概念通道。这种设置在相当程度上丰富了目标字符的语义内涵，并由此使得更为复杂的联想行为和推理行为能够得到支持（比如说，只要任何一个具有鸟之拓扑学结构的外在物理对象或者内部心理对象被激活，关于"鸟"的整个局域语义网都有可能随之被激活）。与之相照，在以拼音文字为心理运作单位的印欧语系思维中，由于文字本身的拓扑学结构并不类似于相关物理对象／心像的拓扑学结构，因此，特定字符和特定物理刺激之间的联系更多的是基于某种强制约定，而不是一种以"中项把握"为前提的智能推理的产物。从这个角度看，"符—物"比对能力的获得，便使得智能体能够凭借自身的智能来维护符—物关系——而这也进一步使得系统的语义知识具有了更大的弹性或可修正性。

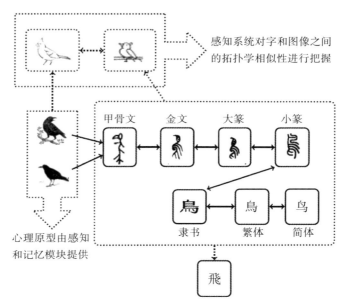

图 8-3 象形字在纳思网中的构成

　　而从技术上看，在纳思平台上对上图所示的"符—物"比对能力进行模拟，不仅具有必要性，也具有可行性。这又主要体现在：

　　其一，"符—物"对比能力的设置预设了系统对于心理原型的表征和储存能力，而对这一点的模拟并不会带来太大的技术困难。毋宁说，在一个自然主义的心智框架中，所谓"心理"只是"物理"的另外一种描述方式（re-description）而已，因此，所谓的"心理意象"并不构成一种和物理对象完全不同的形而上学范畴。

　　第二，无论是对于图像信息的存储也好，对于象形字（甚至所有汉字）的物理外形的识别和存储也罢，现在早已发展成为相对成熟的计算机技术。在这方面，机器甚至还要比人脑可靠得多：比如说，即使经过长期的训练，人类汉语使用者依然会在记忆和存储汉语信息方面出错，但是在计算机系统中，汉字的复杂拓扑学结构却可以在被不断复制和转化之后依然保持极大的稳定性。

其三，当然，和字母文字相比，对于象形字拓扑学结构的图像存储肯定会给系统带来更大的运作成本。不过，这种成本的增加毕竟是有限的。据统计，《说文》全书收字 9,353 个，其中象形字 364 个，占收录字总量的 3.89%[1]。换言之，对于象形字的拓扑学结构的记录，也只不过牵涉到了 364 个对象种类而已。与之相比照，一个具有基本智能的人类个体大约拥有 1,500 个关于可感知事物的名词，这就至少牵涉到了 1,500 个可感事物的三维简图[2]。也就是说，至少就人类来说，对于象形字的拓扑学结构的记录负担，应当要远远小于视感知系统对于物理对象的空间范型的记录负担。对于人工的自然语言处理系统的设计来说，两者之间的这种负担对比值，也应当是具有参考价值的。

说完"象形"，再来看"会意"。

四　机器也能会意

前文已指出，在许慎的文字学体系中，"文"和"字"的含义彼此不同，所谓"文者，物象之本，字者，言孳乳而浸多也"（《叙》）。段玉裁的注释是"独体曰文，合体曰字"。换言之，"字"是"文"的复合体和衍生物，文是字的基础[3]。关于"文""字"和"六书"之间的具体对应关系，段注的说法是："仓颉有指事象形二者而已，其

1　汤可敬主编：《古代汉语》（下），北京出版社，1992 年，页 237。

2　按照心理学家彼得曼（Irvin Biederman）的估算，这个数字还应当扩展到 30,000 个。请参看：Biederman, Irvin, "Recognition-by-components: A Theory of Human Image Understanding", *Psychological Review*, 1987, vol. 94, no. 2, pp. 115-147。

3　许慎撰，段玉裁注：《说文解字（全注全译版）》，页 2100—2101。

后文与文相合而为形声，为会意，谓之字。"[1] 这也就是说，会意字和形声字具有和象形字以及指事字不同的逻辑地位：前二者是后二者在某些语义规则下产生的推理结果，而不复是不可再被分析的"语义原子"。

这里先来看"会意"。许慎对于"会意"的定义是：

会意者，比类合谊，以见指㧑，"武""信"是也。[2]

这话的大致意思是：所谓会意，就是组合两个以上的字，会和其意义，以表现其所指向的意思，如"武"和"信"这两个字。

这段话的表面意思并不难解，其技术含义却颇费思量。问题的肯綮在于：到底什么是"合谊"？而两个不同的意义单位，到底在何种意义上可以被结合在一起？

为了搞清这个问题，我们不妨从具体的字例入手。

许慎为会意字所举出的两个字例是"武"和"信"。具体而言，"武"可以被分为"止"和"戈"两个部分，合在一起，就表示"制止兵戈为武"的意思。"信"可被区分为"人"和"言"两个部分，合在一起，就表示"人之所言为信"的意思。或许我们可以这么看："武"的意义，就是"止"和"戈"两个子部分的意义的复合物，而"信"也就是"人"和"言"两个部分子意义的复合物。

这里特别需要指出的是，经典命题逻辑中原子命题构成复合命题的方式（如前期维特根斯坦在《逻辑哲学论》中所描述的那种方式），并不能被直接援引来解释会意字的意义复合方式。这是因为，《逻辑哲学论》式复合命题只不过是原子命题的真值函项，而会意

---

1 许慎撰，段玉裁注：《说文解字（全注全译版）》，页 2100—2101。
2 许慎撰，段玉裁注：《说文解字（全注全译版）》，页 2103。

字的构成方式则主要牵涉到了意义的"融合"。而这恰恰就是传统的外延主义逻辑所无法处理的问题——因为这种逻辑只对意义单位的真值敏感。所以，关于对"会意"的计算化模拟，我们必须另辟蹊径。

若在纳思的框架中刻画"会意"的话，问题就会得到一种别样的解决方式。站在纳思的立场上看，任何一个词项节点的意义，就是其在整个概念拓扑学网中与之直接联接的其他节点的集合。具体而言，其中在纳思一阶判断中作为谓项和其联接的所有节点，就构成了其内涵集，而作为主项和其联接的所有节点，则构成了其外延集。因此，所有这些意义节点，其实都可以通过枚举的方式罗列出来。而所谓两个概念节点的意义交融，从集合论的角度来看，实际上就是两个集合相乘为积（product）。

关于如何计算两个集合的积，集合论中是有现成的计算公式可资援引的，此即笛卡尔积（Cartesian product）的计算公式：

$$X \times Y = \{(x, y) | x \in X \text{ and } y \in Y\}$$

这个公式的直观意义是：假设 X 和 Y 为两个集合名，x 和 y 是指涉其各自成员的变项。X 和 Y 的积，便是所有具有如下特征的有序对（ordered pair）的集合：这个有序对的第一个成员乃是集合 X 的成员，而第二个成员则是集合 Y 的成员。

譬如，假设 X 集合是由扑克牌的四种花色构成的：

$$\{\spadesuit, \heartsuit, \diamondsuit, \clubsuit\}$$

而 Y 集合则是由每种花色各自均具有的十三个牌类构成的：

{Ace, King, Queen, Jack, 10, 9, 8, 7, 6, 5, 4, 3, 2}

那么这两个集合的积就是一个包含了 52 个（=13×4）成员的更大的集合：

{(Ace, ♠), (King, ♠), ..., (2, ♠), (Ace, ♥), ..., (3, ♣), (2, ♣)}

　　很显然，只要将上述公式稍加变通，我们就可以用来计算两个纳思词项的意义积。由于纳思词项的意义由其内涵和外延分别构成，因此，诸纳思词项的意义积，复可被区分为内涵积和外延积。下面就是相关的技术刻画。

　　设 T_1 和 T_2 为两个不同的纳思词项，前者的外延集合为 E_{T1}，内涵集合为 I_{T1}；后者的外延集合为 E_{T2}，内涵集合为 I_{T2}。$E_{(T1 \times T2)}$ 表示二者的外延积，$I_{(T1 \times T2)}$ 表示二者的内涵积。于是则有 [1]：

$$E_{(T_1 \times T_2)} = \{(x, y) \mid x \in E_{T1} \text{ and } y \in E_{T2}\}$$
$$I_{(T_1 \times T_2)} = \{(x, y) \mid x \in I_{T1} \text{ and } y \in I_{T2}\}$$

　　现在我们就根据上述公式来进一步表示会意字的意义构成方式。前面已提及，会意字的构件各自又都具有自己独立的含义，会意字本身乃是"比类合谊"。从纳思角度看，这就无异于是说，会意字的各个构成部分都具有其在语义网中的外延节点集和内涵节点集，而所谓"会意"，就是将这两个局域语义网融合为一个更大的网。说得再技术化一点，假设一个会意字由"甲"和"乙"两部分构成，那么整个会意字的意义（包括其外延和内涵）的计算公式如下：

$$E_{(\text{甲} \times \text{乙})} = \left\{(x, y) \mid x \in E_{\text{甲}} \text{ and } y \in E_{\text{乙}}\right\}$$
$$I_{(\text{甲} \times \text{乙})} = \left\{(x, y) \mid x \in I_{\text{甲}} \text{ and } y \in I_{\text{乙}}\right\}$$

　　这便是对于会意字的意义融合机制的静态表征，其示意可见图 8-4。

　　而从动态的角度看，诸会意字构件构成会意字的过程，也是后者全盘继承前者的语义推理角色的过程。对于这一点的简要技术说明如下：

1　参见 Pei Wang, *Rigid Flexibility: The Logic of Intelligence*, p. 114。

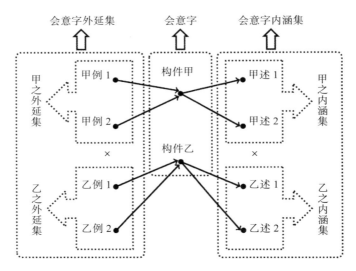

图 8-4 会意字的意义融合机制的静态表征

假设有两个纳思判断："$S_1 \rightarrow P_1$"以及"$S_2 \rightarrow P_2$"，并假设这两个判断所涉及的四个项都是会意字的构件。现在我们将这个判断的主项（外延项）捆绑在一起，谓项（内涵项）亦捆绑在一起，这样就得到了分别以两个复合词项（即会意字）为主、谓项的判断：

$$(S_1 \times S_2) \rightarrow (P_1 \times P_2)$$

而通过笛卡尔积算式的某种变形，则有：

$$(S_1 \times S_2) \rightarrow (P_1 \times P_2) \Leftrightarrow (S_1 \rightarrow P_1) \ \& \ (S_2 \rightarrow P_2)$$

这也就是说，两个复合词项（即会意字）之间的谓述关系，乃是其所有下属构件内部的谓述关系的逻辑合取（上式中的"$\Leftrightarrow$"表示此符左右二式之间的等价关系）。因此，对于复合词项之间谓述关系的表征，亦将保留其下属构件原有的所有推理关系（参看图 8-5）。举例来说，假设某个会意字具有"鸟"这个部首，那么它也就会继承"鸟"所固有的语义推理角色——如能被"飞"所谓述，等等。

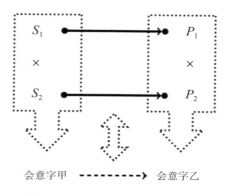

会意字甲 ------------➔ 会意字乙

图 8-5　会意字之间的意义推理关系

　　至此，我们对会意字的意义构成方式完成了一种大略的计算化模拟。在这种刻画的帮助下，我们不难从一个更深的角度，了解到会意字构成原则所具有的"语法"意义：会意字的构成，实际上是将西方语言学家所言及的意义复合现象，从词和句的层面一直下调至"字"的层面。换言之，在"字"的层面上，汉语表征方式就可以完成对于基本语义推理关系的捆绑和合并，而不一定需要借助明晰的命题表征。这在相当程度上动摇了不少语言学家心目中的"名—句"区分的普遍性——因为对于会意字来说，它完全可以既是复合名词（因此它就不是句子），同时又具备展开为不同推理关系的潜质（因此它又像句子）。此外，会意字的这种似名又像句的二维特征，亦在纳思对它的刻画中得到了表达，因为纳思既允许会意字的内涵集和外延集以枚举的方式加以静态的陈列（这是其名词性的呈现），亦允许两个相关会意字之间的推理关系得到细致的分解（这是其句法性的体现）。

　　由此看来，汉语语法的诞生地其实就是会意字，许慎的短短"比类合谊"四字，便向我们指出了汉语词法和汉语句法的共同源泉。

很可惜，《说文》问世已近两千年，这一点还很少为语言学界所承认。

不过，对于会意字构成法则的这种纳思式重构，读者可能还会有两点疑问。

疑问一 前文已经提及，会意法的提出在很大程度上是为了压缩指事法的语义诠释空间，然而，此处引入笛卡尔积来计算会意字意义集的做法，却又进一步扩大了该意义集的范围（从技术角度看，假设会意字的构件甲有 n 个内涵节点，其构件乙有 m 个内涵节点，整个会意字的内涵集的成员就会有 n×m 个之多）。这是不是会导致系统在面对一个新的会意字的时候，被迫负载上更大的语义计算负担呢？

对于这种忧虑，笔者的回复是：

第一，我们不要忘记了，纳思的语义学构架是基于后天经验的，因此，只要系统得到更深入的语义知识（如以整个会意字为主项的某种谓述判断，以及以整个会意字为谓项的示例判断），那么会意字的原初意义空间就可以迅速得到压缩。届时，被压缩的新含义（或可称为复合词项的外在语义性质）将成为系统调取会意字信息时的第一调取项，而系统实时运作资源不足的问题亦可由此得到规避。

第二，不过，系统关于目标会意字的语义知识有时候是很不充分的，系统也往往不会了解会意字构件之间复杂的因果关系。在此前提下，以诸构件的意义积为会意字之整体语义空间的做法，至少会使得系统免于承担过早排除关键性语义信息的风险。

第三，即使在系统已经对会意字的原始意义进行压缩的情况下，原始意义本身依然会在系统的长期记忆库中得到编码，并会在某种特定的问题求解语境中得到调取。之所以如此，乃是因为在会意字的原始意义空间中，诸构件的语义推理关系都已得到保留，而这些丰富的语义资源或许在某些语境中会对系统的问题求解活动做出贡献。

疑问二 按照裘锡圭[1]的意见，会意字大约可分为六类：第一类是"图形式会意字"（如"舀""从"），第二类是"利用偏旁间的位置关系的会意字"（如"逐""杳"），第三类是"主体和器官的会意字"（如"走""奔"），第四类是"重复同一偏旁而成的会意字"（如"卉""磊"），第五类是"偏旁连读成语的会意字"（如"凭""劣"），最后是所有不能够被归为上述五类的会意字（如"删""邑"）。而我们在上面给出的对于会意字的纳思刻画，却并没有照顾到不同会意字之构成方式的不同细节，这是不是有点过于粗糙了呢？

对于这一忧虑，笔者的回复则是：

不同会意字各个构件之间的因果关系可谓千差万别，但要真正加以逻辑上周延的归类，却异常困难。在笔者看来，在裘锡圭先生列出六种配置方式中，有些恐怕在外延上是彼此重叠的。比如"磊"字，被裘先生算作"重复同一偏旁而成的会意字"，但为何不能同时看作"图形式会意字"？（难道"磊"字的图像感还不算强吗？）而"舀"这个所谓的"图形式会意字"，难道不也正利用了"偏旁间的位置关系"吗？在笔者看来，不同的会意字体现了不同的事态配置要素之间不同的形而上学牵连方式，若真要仔细琢磨，恐怕要一字一论，而永远无法达成一般的论点。与其勉强凑出某种分类原则，还不如干脆不分类，以某种最安妥的方式加以统一处理。这也就是笔者在上文中所推介的方式：无论一个会意字的构成要件为何，各个构成要素的语义推理关系，都将在整个会意字中得到保留。同时，这种处理方式也会方便我们将对于"会意字"的处理预案施加给别的语言，比如德语（请看下节）。

---

1 裘锡圭：《文字学概要》，商务印书馆，2008 年，页 122—139。

五 懂"六书"的机器有何用？

就此，在许慎的"六书"理论的启发下，并在纳思系统所提供的技术手段的帮助下，我们已经对一种以汉语为界面语言的自然语言处理系统的工程学构建要点进行了勾勒。由于篇幅的限制，本书的讨论仅仅局限于"六书"中的"象形""会意"，但类似的建模思路完全可以拓展到"六书"中的别的原则上去。这里笔者需要特别指出的是，从许慎的思路出发进行对于汉字的技术建模，本身是基于严肃的技术性考量的，而并非是出于简单的民族主义情绪。具体而言，与西语动辄上万的词汇量相比，汉语常用字不过三千多，尽管由此构成的词与词组有数万之多。由于"字"的基础地位在汉语中的客观存在，相关的技术建模者有机会"从字做起"，让系统自己掌握字字联合的语义融合规律，由此做到"触类旁通"。这样，系统在缺乏新字或新词的谓述例句的情况下，仅仅依靠辨别其构件就可以对其含义进行猜测，这在很大程度上提高了系统的语义信息处理模式的灵活性。

极而言之，一种以"六书"为理论模板的汉字界面语言处理系统，其实也可以通过某种迁移学习而被投射到对于西方语言的处理方式上去。以德语为例：其实与汉语中的"会意"法一样，德语言说者也能通过对于更简单的语义单位的语义融合而构成意义更复杂的单词。下面便是宋欣珈所归纳的几类案例[1]：

一是偏正式复合词，其构成方式是：前面的词来修饰后一个词，被修饰的词在后。例如：schneeweiß（雪白的；其中"schnee"是"雪"的意思，"weiß"是"白"的意思）、Schreibtisch（写字台；其

1　宋欣珈："德汉构词法对比研究"，《戏剧之家》2019 年第 7 期。

中"Schreib"是"写"的意思，"tisch"是"白"的意思）。就汉语而言，这类词出现的频率也非常高，比如：奶牛、客房，等等。

二是联合式复合词，指的是两个词素的词类相同、位置并列。例如：Nordost（东北；其中"Nord"是"北"的意思，"ost"是"东"的意思）、nasskalt（湿冷的；其中"nass"是"湿"的意思，"kalt"是"冷"的意思）。中文中也有不少此类复合词，如：天地、男女、鸟语花香、酸甜苦辣等。

三是动宾式复合词，前部分是名词，后部分是及物动词演变成的名词，后者支配前者，二者构成动宾关系，例如：Luftverschmutzung（空气污染；其中"Luftver"是"空气"的意思，"schmutzung"是"污染"的意思）、Umweltschutz（环境保护；其中"Umwelt"是"环境"的意思，"schutz"是"保护"的意思）。与之类比的汉语案例有：签约、写信，等等。

四是主谓式复合词，前部分名词是主语，支配后部分名词化的动词，例如：Posteingang（收到邮件；其中"Post"是"邮政"的意思，"eingang"是"收到"的意思）。在中文里，此类复合词由一个名词和一个动词语素组合而成，例如：日出、地震，等等。

在宋欣珈看来，德语和中文在复合词的分类上大致一致，而且规则相似，所以在学习德语的过程中，学习者必须牢记语素，以便随时准备应对那些建构于这些语素的新单词。这显然对应了汉语的学习思路：先记住简单构字要素（其本身也是字）的含义，然后由此出发，猜测由此构成的"会意字"的含义。既然如此，一种能顺畅处理汉语会意字的构成方式的计算机程序，自然也能顺畅地处理德语中的类似语言现象。我们甚至可以设想：一个已经先学会汉语的 NLP 系统可以通过类比再来学习德语，并通过此类类比减少学习德语的信息处理负担。在这种复杂学习过程中，系统的汉语学习经验根本不需要被归零——相反，汉语在学习英语的过程中将在功能上扮演本书第六章所介绍的大森庄藏式的"私人语言"的角色——换言之，这样的学习机制能够帮助系统将作为外部界面语言的德语再下沉到作为内部操作语言的汉语层面上去。从这个角度看，一种自然语言被系统习得的过程，也就是其从外部界面语言不断被内化为内部操作语言的过程——因此，所谓的内部操作语言，绝非一个"自成一类"（sui generis）的自然类，相反，它一直向后天的语义经验敞开着自身（譬如，经历这种学习过程的系统也能像人类那样自发创造出一种"克里奥尔语"[1]，比如汉语与德语的混合语）。

大语言模型技术路径的迷恋者或许会对上述做法的实际意义提出质疑。他们或许会说，如果系统所获得的用以预训练与训练的汉语或德语语料足够多，系统就能根据统计学规律有效地处理各种汉语或德语表达式，而用不着对每个汉字或德语单词的构成原则进行如此精细的刻画。

但网络新汉字的出现显然会对上述基于大数据主义的乐观主义泼一盆冷水。众所周知，很多网络上由网友构成的新汉字往往是借用六书原则构成的，其意义不难通过对于其部分构件的词义而得到领会。下面就是几个相关的案例[2]：

（1）囧

解释：音 jiǒng，古同"冏"，光明貌。因为形似哭丧小脸，在网络语言里，多用来表示郁闷的表情。会意字。

（2）槑

解释：音 méi，古同"梅"。它由两个"呆"组成，呆而又呆，

呆上加呆，于是在网络语言里，被用来形容人很傻很天真。会意字。

（3）叿

解释：音 jiào，它们的意思就是"只要"。类似于甭，会意字。

（4）砼

解释：音 tóng，人工石头，混凝土。会意字。

现在我们再让基于大数据预训练与训练的 ChatGPT 来解释上述汉字的意思。相关的人—机对话页面截图如下：

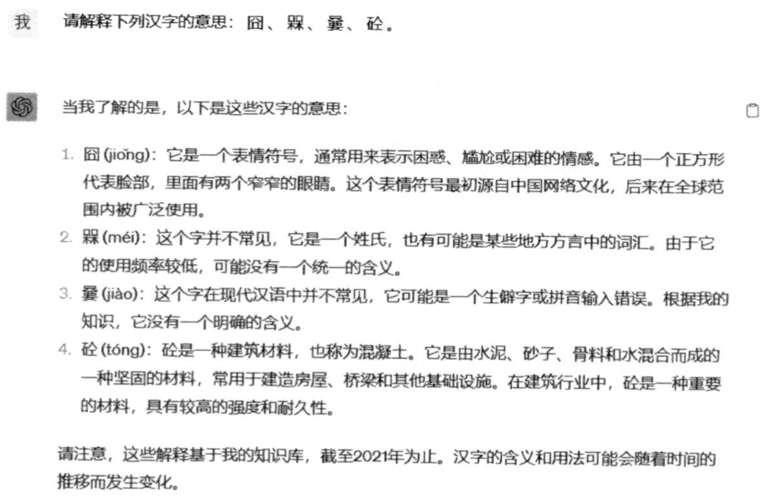

我　　**请解释下列汉字的意思：囧、槑、叿、砼。**

当我了解的是，以下是这些汉字的意思：

1. 囧 (jiǒng)：它是一个表情符号，通常用来表示困惑、尴尬或困难的情感。它由一个正方形代表脸部，里面有两个窄窄的眼睛。这个表情符号最初源自中国网络文化，后来在全球范围内被广泛使用。
2. 槑 (méi)：这个字并不常见，它是一个姓氏，也有可能是某些地方方言中的词汇。由于它的使用频率较低，可能没有一个统一的含义。
3. 叿 (jiào)：这个字在现代汉语中并不常见，它可能是一个生僻字或拼音输入错误。根据我的知识，它没有一个明确的含义。
4. 砼 (tóng)：砼是一种建筑材料，也称为混凝土。它是由水泥、砂子、骨料和水混合而成的一种坚固的材料，常用于建造房屋、桥梁和其他基础设施。在建筑行业中，砼是一种重要的材料，具有较高的强度和耐久性。

请注意，这些解释基于我的知识库，截至2021年为止。汉字的含义和用法可能会随着时间的推移而发生变化。

图 8-5　ChatGPT 对若干网络新造字的解释截图

很明显，ChatGPT 对"囧"的解释是对的，而对"槑"与"叿"的含义则完全不知道。ChatGPT 对"砼"的解释貌似是对的，但亦有细节上的错误。比如，"砼是一种建筑材料，也叫混凝土"的说法就不是很精确，因为这样的说法好像暗示"混凝土"是"砼"的别名。真实的情况是："砼"才是"混凝土"的别名（该别名主要用于建筑业的速记），"混凝土"才是被主流汉语所使用的专用名词。另外，ChatGPT 似乎也不了解为何"砼"能够代表"混凝土"。真实的答案是："砼"的三个构成部分"人""工""石"合在一起，被"会意"为"人工石"，指涉混凝土。综上所述，ChatGPT 对网络新字的应对能力其实是不强的。其背后的道理非常简单：ChatGPT 根本就缺乏对于许慎的"六书原则"的建模能力，自然无法根据新字的构成自动猜测其含义（顺便说一句，上述四个网络新字在 2016 年之前就已出现，而 ChatGPT 的预训练与训练所使用的语料是截至 2021 年的。这就说明即使在 2021 年之前就已经出现的所谓"新"字也会对该系统提出挑战）。

反过来说，一种掌握了"六书原则"的 NLP 系统不但能够自行猜测网络新字的含义，甚至还可能自动生成大量新的汉字，由此为预算不足的小公司与社会团体的密码通讯提供了一种低成本的解决手段。这种运用上的灵活性显然是基于大数据的 NLP 进路所难以解决的。

本章对于汉字的 NLP 处理方案的讨论还是处在一个比较一般的层面上。下面我们将讨论一个更细节化的问题：汉语或日语中的量词的 NLP 处理方案。

第九章

机器能够把握汉语或日语中的量词吗？

受到现代谓词逻辑思维影响的读者，或许会误认为本章会讨论诸如"存在量词""全称量词"这样的"量词"。实际上，这种意义上的"量词"英文叫 quantifier，而本文所说的量词在英文语法书里叫 classifier，在日语语法书里则叫"助数词"，与逻辑教科书里说的"量词"不是一回事。说得更直接一点，本章所涉及的汉语中的量词的实例，即诸如"一辆车"中的"辆"字，"一件衣服"中的"件"字，等等。从英语思维的角度看，在被涉及的名词本身是可数名词的情况下，对于此类量词的使用是不可理解的，因此，一种基于英语思维的自然语言处理系统很可能会转而淡化量词的使用规则的重要性，或将其化约为某种别的可以为英语思维所消化的语言现象。由此所导致的实践后果便是：这样的计算机系统将无法判断"一条狗"是比"一只狗"更为地道的汉语表达，甚至无法判断，比起"一条狗"或"一只狗"来说，"一狗"是一个有待完成的汉语名词表达式。这就使得对于量词的 NLP 处理任务必须跳开英语思维的窠臼。

在这个问题上，统计学与大数据能够帮上忙吗？

一 统计学机制真懂量词吗?

在迷信统计学与大数据的乐天派看来,基于海量的网络数据,计算机可以完美地处理汉语与日语中的量词现象。比如,计算机可以由此计算出:在出现"狗"的前提下,在其前面出现"条"的后验概率会远远高于出现"只"的后验概率——由此,系统就可判断"一条狗"是比"一只狗"更地道的汉语表达。然而,从哲学角度看,这样的技术进路已经预设了"更地道的汉语表达式就是被**更多**人所使用的表达式"——但这个预设本身却是经不起推敲的(因为我们完全可以设想这样一种情境:**大多数**网民在网络上所输入的汉语都是粗糙的、未经打磨的,因此是不值得成为语言范本的)。实际上,当我们将英语"a dog"输入"谷歌翻译"的自动翻译软件,并试图让该软件将其翻译为汉语时,我们的确只是得到了不那么精妙的"一只狗",而不是更为生动的"一条狗"。可见,基于统计的自然语言处理机制,已经在量词问题上出了丑。

迷信统计学的技术乐天派或许还会说:我们可以鼓励网民在网络上使用尽量标准的汉语,或者专门为训练机器输入那些"雅驯"的汉语训练样本,由此提高系统对于量词的把握能力。不得不承认,基于海量数据处理机制的 ChatGPT 在处理量词的能力方面的确比"谷歌翻译"强上不少:它甚至能在比较复杂的句法环境下(特别是在名词表达式自身的修饰语比较冗长的情况下)准确地在相关名词之前加上合适的量词(比如知道"火车"本身必须与量词"辆"或"列"配合)。下面便是相关的评测。笔者故意造了一句量词使用错误的汉语句子("一架被涂成橄榄绿色的、一边喷着浓烟一边发出轰鸣的、装满疲惫的士兵与慌张的平民的火车正驶离站台。"),并希望机器自行对其进行修正。尽管在输入语句中量词本身与名词

（"火车"）相距遥远，但 ChatGPT 依然给出了比较准确的输出（即把"架"改为"辆"，见图 9-1）。

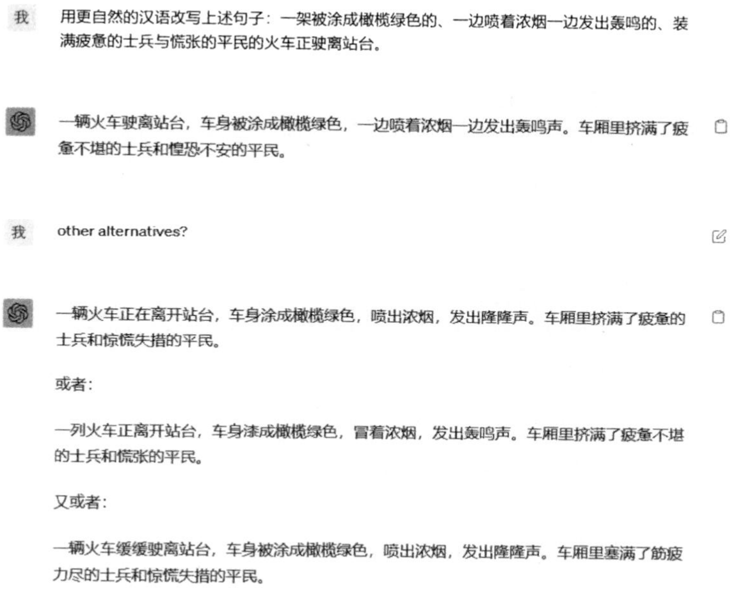

图 9-1　ChatGPT 对于汉语中量词的处理表现截图（甲）

　　不过，ChatGPT 的成功依然是有限的。在汉语量词使用中有一种语言现象叫"量词超常规搭配"，也就是说，写作者为了提高文笔的生动性，使用某些在一般情况下不会出现的量词与名词的组合方式。如作家柳青在小说《创业史》（第一部第二十四章）中就有这样的一句表达："南街兴顺号杂货店门前的砖石阶上，站着一簇下堡村的闺女。"将量词"簇"与"闺女"相互结合，便是柳青对于量词的一种超常规用法。这种用法暗示了这些女性聚集时身体间距较小且不规则，而这种暗示也自然承接了下文所展开的诸女性之间的生动对话（很显然，亲密的对话显然需要对话者之间缩小身体间距，且身体姿态随意、自然）。同时，由于"簇"经常与花朵并用，这也暗示了在此句中被提到的女性像花朵一样可爱。因此，一个"簇"字就充分体现了作家炼字之妙。当然，希望 ChatGPT 能在这方面获得与作家比肩的写作能力显然对机器略显不公，但我们至少有资格希望 ChatGPT 能像一般人类读者一样鉴赏作家用笔之妙处。对于机器的此类能力的一种比较合适的检测方法，就是向机器给出对于柳青原句的不同改写方式（这些改写句均用别的量词来替换了"簇"），并让机器自行判断哪个量词用得好。为了防止机器"瞎蒙"，我们还要求机器给出选择的理由。

经过不同时段的实测，机器给出了两个答案，其各自的页面截图分别如下所示：

根据提供的选项，我认为第3句最好，即"街兴顺号杂货店门前的转台阶上，站着一群下堡村的闺女"。

理由如下：

1. 第1句："街兴顺号杂货店门前的转台阶上，站着一簇下堡村的闺女。"
这句话使用了"簇"这个词，表示一簇人聚集在一起。然而，对于描述站在转台阶上的闺女，使用"簇"这个词可能不太合适，因为"簇"通常用来形容聚集在一起的物体或事物，而不是人。因此，这个词在这个上下文中可能有些不准确。

2. 第2句："街兴顺号杂货店门前的转台阶上，站着一团下堡村的闺女。"
这句话使用了"团"这个词，表示一团人聚集在一起。类似于前面提到的"簇"，"团"也通常用来形容聚集在一起的物体或事物，而不是人。因此，在这个上下文中使用"团"来描述站在转台阶上的闺女可能不太准确。

3. 第3句："街兴顺号杂货店门前的转台阶上，站着一群下堡村的闺女。"
这句话使用了"群"这个词，它更准确地表示了一群人聚集在一起的情况。"群"常用于描述人群，所以在这个上下文中使用"群"来描述站在转台阶上的闺女是比较合适的选择。

4. 第4句："街兴顺号杂货店门前的转台阶上，站着一列下堡村的闺女。"
这句话使用了"列"这个词，通常用于描述排列有序的物体，比如列车、队伍等。在这个上下文中，使用"列"来描述站在转台阶上的闺女可能不太合适，因为"列"强调有序排列，而不是人们站在一起的情况。

综上所述，根据上述理由，我认为第3句最好，即"街兴顺号杂货店门前的转台阶上，站着一群下堡村的闺女"。

图 9-2　ChatGPT 对于汉语中量词的处理表现截图（乙）

我　请判断下面的汉语表达哪一个更好，并说明理由：
1.街兴顺号杂货店门前的转台阶上，站着一簇下堡村的闺女。
2.街兴顺号杂货店门前的转台阶上，站着一团下堡村的闺女。
3.街兴顺号杂货店门前的转台阶上，站着一群下堡村的闺女。
4.街兴顺号杂货店门前的转台阶上，站着一列下堡村的闺女。

在给出的选项中，"1.街兴顺号杂货店门前的转台阶上，站着一簇下堡村的闺女" 是最好的表达。

理由如下：

1. "一簇" 这个词在这个上下文中更符合描述一群人的情景。它可以表示一小团、一簇或一堆的意思，形象地描绘了一群站在转台阶上的闺女。

2. "一团" 这个词在这个上下文中不太适合。"一团" 更多地用于描述一堆液体或软物体，而不是人群。因此，使用"一团"描述闺女可能会让人感到奇怪或不合适。

3. "一群" 这个词也是可以使用的，它表示一组人聚集在一起。它和"一簇"的含义相似，但"一群"更常用于描述人群。因此，"一群" 也是一个很好的选择。

4. "一列" 这个词通常用于描述有序排列的东西，比如一列火车或一列书籍。然而，在这个句子中，使用"一列"来描述闺女可能会让人感到奇怪，因为人群通常不是有序排列的。因此，"一列" 在这个句子中并不是最佳选择。

综上所述，"1.街兴顺号杂货店门前的转台阶上，站着一簇下堡村的闺女" 是最好的表达方式。

图 9–3　ChatGPT 对于汉语中量词的处理表现截图（丙）

从表面上看来，系统在图 9-3 中所给出的答案是准确的。但耐人寻味的是，机器在第一张对话截图中不选择"簇"的理由与其在第二张对话截图中选择"簇"的理由并没有本质的不同。这就很容易让人类测评者认为机器是"蒙对"答案的。为了验证这一猜测，笔者决定再直接告诉 ChatGPT 人类选"簇"的理由是希望由此体现交谈的妇女身体间距较小、彼此亲密无间这一场景。没想到机器却给出了这样的输出：

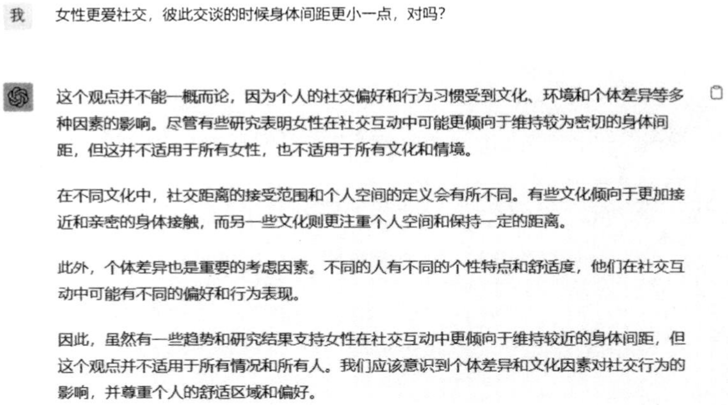

我　　女性更爱社交，彼此交谈的时候身体间距更小一点，对吗？

这个观点并不能一概而论，因为个人的社交偏好和行为习惯受到文化、环境和个体差异等多种因素的影响。尽管有些研究表明女性在社交互动中可能更倾向于维持较为密切的身体间距，但这并不适用于所有女性，也不适用于所有文化和情境。

在不同文化中，社交距离的接受范围和个人空间的定义会有所不同。有些文化倾向于更加接近和亲密的身体接触，而另一些文化则更注重个人空间和保持一定的距离。

此外，个体差异也是重要的考虑因素。不同的人有不同的个性特点和舒适度，他们在社交互动中可能有不同的偏好和行为表现。

因此，虽然有一些趋势和研究结果支持女性在社交互动中更倾向于维持较近的身体间距，但这个观点并不适用于所有情况和所有人。我们应该意识到个体差异和文化因素对社交行为的影响，并尊重个人的舒适区域和偏好。

图 9-4　ChatGPT 对于汉语中量词的处理表现截图（丁）

很显然，ChatGPT 的这一回答非常符合美国式的文化多元主义的价值标准，即不对任何文化偏好问题进行仓促的断言，以免冒犯到特定的人群。但问题是，任何文本都是自带特定的文化偏好的，至少对于熟悉中国文化语境的读者来说，看到一群彼此相熟的女性在台阶上聚集成一"簇"，并不会感到任何不自然。从这个角度看，ChatGPT 的确缺乏对于文本自带的文化风土性的领悟能力。由于汉语中的量词现象本身就带有浓郁的地方风土特色，我们不难得出这样的结论：ChatGPT 缺乏根据汉语的文化特色活用量词的能力，而只能根据大数据处理量词与名词的常规组合方式。

显然，关于如何处理量词，我们需要一种比大数据梳理更深的理论思考。在这个问题上，哲学家又能为我们提供什么资源呢？

——说到这个问题，我们就无法不提及美国哲学兼逻辑学家蒯因（W. V. Quine）对于日语中的量词现象的刻画方案（由于蒯因的特殊学术地位，他在这个问题上的见解已经成为讨论量词刻画的所有文献都必须引用的对象）。

二　蒯因的量词论及其疏漏

有过一点日语学习经历的读者可能都知道：与汉语类似，日语中也有比较丰富的量词现象，而这一点不由得让作为美国人的蒯因大感兴趣（顺便说一句，在二战时作为美国海军军官的蒯因，曾为了破译日军密码而学过一点日语）。在战后发表的《本体论相对性与其他》这部论文集中，他特别讨论了日语表达式"三頭の牛"（即汉语"三头牛"）的逻辑结构问题。[1]他提出了两种刻画方案。

方案甲："牛"是通名，可用来指涉物理时空中的某些离散对象（即具体的牛），而"三"与"头"合在一起扮演了一个"数词"的角色（从某种程度上说，"量词"在日语语法书中的通常称呼"助数词"，就应和了蒯因对于量词的这种看法）。

方案乙："牛"是通名，却只指涉类似"水""气"之类的无法被个体化的连续对象，因此是一种"物质名词"。至于量词"头"的功用，则是将这些本不可被个体化的物质对象加以个体化，由此使得"三"这个数词的使用有了相应的附着点。在这样的情况下，"三"本身就能够在独立于"头"的前提下执行"数词"的功用了（不难看出，从某种意义上说，量词在英语语法书中的通常称呼"classifier"——可直译为"分类词"——在某种意义上便是应和了蒯因对于量词的这种看法）。

蒯因本人并不试图在"甲方案"与"乙方案"之间选择其一，因为他认为两种解释均可以很好地贴合我们所观察到的语言现

1　W. V. Quine, *Ontological Relativity and Other Essays*, Columbia University Press, 1969, pp. 25-39.

象——因此，没有任何一种本体论偏好可以使得我们去偏好一者而去抛弃另一者。这也是他在"本体论相对性"与"指称不确定性"的大语境中提及此类日语现象的理由——因为从他的哲学立场看来，"甲方案"与"乙方案"之间的不确定性，恰恰能够为他的"相对主义—实用主义"的本体论观提供某种注解。

然而，从自然语言处理的角度看，蒯因的这种有点不太负责的解释或许会带来非常麻烦的后果。具体而言，"甲方案"带来的麻烦是：根据此方案，"三条狗"中的"三"与"条"必须联合起来作为一个数词起作用，同理，"三把刀"中的"三"与"把"也必须联合起来作为一个数词起作用——然而，一个没有得到解释的问题是：为何一个数词在一个表达式中需要以"把"为构成要素，而在另一个表达式中需要以"条"为构成要素呢？如果这个问题得不到解答的话，那么，计算机又凭什么判断什么时候可以用"只"，什么时候可以用"把"，什么时候可以用"条"呢？进而言之，任何一个编程专家此时都有权质问：为何所有这些要素不是冗余的，并因此能够被"约分"呢？

而"乙方案"带来的麻烦则是：该方案预设了汉语（或日语）言说者是将"牛"视为类似于"气"这样的不可被个体化的对象的，而如果这种预设是对的话，那么我们就可以预测：汉语（或日语）言说者所使用的每种"量词"——作为一种"个体化手段"——是与每种被个体化的物理对象种类**一一对应**的，而不会出现量词改变了，物理对象种类却未被改变的情况。但至少在汉语中，"一杯啤酒"与"一瓶啤酒"都是很通顺的说法，也不会因为有人认为"一杯啤酒"所涉及的"啤酒"与"一瓶啤酒"所涉及的"啤酒"乃是两类不同的物理对象。这也就是说，一个依据"乙方案"运作的计算机程序将很可能错误地将"一杯啤酒"所涉及的"啤酒"与"一瓶啤酒"所涉及的"啤酒"视为两类物质，由此造成推理错误。

——那么，为何蒯因给出的对于日语（或汉语）中的量词现象的分析如此不让人满意呢？关键问题便在于：他是用英语的思维去设想东方语言的情况的。依据英语思维，可数名词与不可数名词之间的差异可是一件大事情，因此这种差异会导致动词词尾、形容词前缀方面的一系列变化。而当一个美国人突然发现（1）日语（或汉语）中没有明显的可数名词与不可数名词方面的差异，（2）日语（或汉语）中却有英语中不那么明显的量词现象的时候，他所能够想到的一个很自然的解释就是：要么这些东方人认为世上万物都是可数对象（并在这种情况下将量词用作数词的一部分），要么这些东方人认为世上万物都是不可数对象（并在这种情况下将量词视为某种"个体化对象的产生机制"）。但为蒯因所始终忽略的一种可能性就是："可数—不可数"的区分本身或许压根儿就没有进入中、日语言说者的意识，亦未进入其本体论背景——因此，量词的出现或许与"可数—不可数"的区分毫无关系，而是基于某种别的语言学或心理学机制。

但令人遗憾的是，蒯因关于量词问题的思维范式是如此强大，以至于马歇尔·威尔曼（Marshall Willman）先生在重拾"汉语中的量词"这个话题的时候，依然采用了一种亲和于英语思维的分析方式。具体而言，他以一种同情蒯因的"甲方案"的方式，做出了如下评论：因为汉语缺乏英文中的词缀"s"来提示名词的复数形式，婴幼儿时期的汉语言说者只有求助于别的语法机制来完成对于名词单数与复数的区分——换言之，由此完成对于混沌世界的分割。而量词的引入，也正是为了满足这种语言诉求[1]。然而，这样的一种预设了"单—复数区分"之基础性的解释方案，却无法解释如下这些经验现象：

其一，正如很多发展心理学家所指出的，在学会母语之前，各个民族的正常婴儿都能够识别物理对象的那些基本空间属性（比如知道两个固态物体不可能占据同一时空坐标，或知道一个空间对象的各个空间部分会随着整体的移动而一起移动，等等）。这也就是说，即使在语言没有对单、复数区分进行强调的情况下，人类的基本心理能力已经能够满足"对混沌世界的区分"这一需求了。因此，汉语中"量词"的出现未必就一定会去强化这一区分，而可能是为了满足别的语法功能。[2]

其二，正如威尔曼本人所注意到的，不少量词——比如"一门课"与"一节课"中的"门"与"节"——是扮演了一定的语义角色的，因此，用谓词逻辑的术语来说，它们更应当被视为某种意义上的"命题函项"，而不是数词的某种补充机制。但同样很明显的是，这些现象是无法被威尔曼关于量词的整体解释框架所消化的，而这一点便使得他的理论的**统一性**受到了很大的削弱。

其三，正如语言学家徐丹先生所指出的，尽管汉语并不强行要

---

1 Marshall Willman, "Ontogenesis and Phylogenies in the Analysis of Chinese Classifiers: Remarks on Philosophical Method", *Frontiers of Philosophy in China*, vol. 9, no. 2 (2014), pp. 538-554. 正文中所引用的这个观点见页 549—554。

2 请参看：R. Ballargeon et al., "The Development of Yong Infants' Intuitions about Support", *Early Development and Parenting,* vol.1 (1992), pp. 69-78。有意思的是，威尔曼意识到了这些对他的立论不利的文献，但是他认为，即使人类婴幼儿的心理能力能够在语言能力获取之前辨别物理对象的边界，其对于外部世界的区分方案依然会被其母语中的区分方案所重塑。但这个说法预先确定了单、复区分在每一种语言中的基础地位，并没有对该预设做出任何反思。参看：Marshall Willman, "Ontogenesis and Phylogenies in the Analysis of Chinese Classifiers: Remarks on Philosophical Method", *Frontiers of Philosophy in China*, vol. 9, no. 2, p. 547。

求在名词表达式中给出单复区分，但至少在中古汉语中，我们也可以找到大量与复数表达相关的语言表述手段，比如"都""皆""全""并""具""悉""咸""总""举"等[1]。这些词的存在，显然会使得威尔曼赋予量词的"区别单、复"的功用的重要性大打折扣，并进一步提示了我们：量词在汉语中或许执行着某种与上述功用不同的其他重要功能。

无独有偶，日本的语言哲学家饭田隆对于日／汉语中的量词现象的解释，亦同样缺乏应有的统一性，而且也同样受制于"单、复区分"的思维陷阱。[2] 具体而言，他以骑墙的态度承认蒯因提出的"甲方案"与"乙方案"都是有一定的适用范围的（这两个范围分别经由他自己所提出的"α 型构建"与"β 型构建"得到了覆盖），并由此将"甲方案"与"乙方案"之间的"二择其一"的关系，置换为某种能够使二者得以"划江而治"的新关系。同时，他还利用他的日语母语优势提出了一种"γ 型构建"，作为前两种构建的混合体（见表 9-1 的概括）。

表 9-1　饭田隆对于日语中量词三种用法的归纳

饭田提出的构型名称	对应的蒯因式解释	日语例句	汉语直译	量词的功能
α 型构建	甲方案	三頭の牛	三头牛	对已然个体化的对象进行数量化
β 型构建	乙方案	三杯のビール	三杯啤酒	对本未个体化的对象进行个体化
γ 型构建	通过甲方案再来实施乙方案	牛三頭分の肉	三头牛份的肉	通过"对已然个体化的对象进行数量化"，完成对本未个体化的对象的个体化

1　Dan Xu, "Introduction: Plurality and Classifiers across Languages of China", in Dan Xu (ed.), *Plurality and Classifiers across Languages in China,* De Gruyter Mouton, 2012, p. 5.

2　Takashi Iida, "Professor Quine on Japanese Classifiers", *Annals of the Japan Association for Philosophy of Science*, 9 (1998), pp. 111-118.

　　然而，经由这样叠床架屋的构建，我们依然无法找到一种关于"为何汉语或日语需要量词"这个问题的**统一性**解释——我们得到的，只是几种不同解释的外在拼接。用计算机科学的术语来说，按照饭田隆对于蒯因理论的发展模型，一个关于量词的语言处理系统需要安置两到三个不同的算法模型来对应他所说的三种构建，而这样的处理显然会让系统难以在与三种构建相关的不同表达式之间建立起畅通的推理路径。

　　而从一个更深的角度来看，正如笔者刚才已经提及的，蒯因—威尔曼—饭田路线的量词解释方案之所以那么缺乏内在统一性，在根子上或许就是因为：在汉语或日语的量词现象与英语思维对于单—复数区分的敏感性之间，本来就是存在着某种张力的。因此，学者们在后一种敏感性的指引下去为前者分类，就很难不导致种种削足适履的结果。换言之，倘若不"悬置"英语思维对于研究的影响，我们就无法直面汉语或日语中量词现象的"实情"。

三　汉语演化史与认知语言学视野中的量词

　　依笔者浅见，要理解汉语中量词所发挥的实质功能，汉语演化史或许能够为我们提供相应的启发——这也好比说，如果你不知道雷达是干什么用的，那么去观看一部关于雷达的研发与制造的历史纪录片，或许就能得到大量有用的线索。而根据张赪女士的研究[1]，量词现象的确在汉语演变的历史中经历了一个"从不显著到日益显著"的嬗变过程。具体而言，先秦时期上古汉语中量词现象并不多

1　Cheng Zhang(张 赪), "The Relation between the Development of General Classifiers and the Establishment of the Category Numeral-Classifiers in Chinese" (汉语通用量词的发展与汉语量词范畴的确立), *Journal of Chinese Linguistics,* 2012, vol. 40, no. 2, pp. 307-321.

见（或再借用麻爱民先生的话来说，先秦时期是中国量词发展史上的"比较稚嫩的萌芽期"[1]），而量词使用频度的显著提升，乃是在两汉时期。到了魏晋南北朝时期，古汉语中的量词种类则进一步丰富化了。说得更具体一点，如果我们将"枚"这样的量词称为"通用量词"（即可以与各种名词搭配的量词），并将"粒""口""乘"称为"专用量词"（即只可与特定名词搭配的量词）的话，那么，根据张赪的统计，在两汉，可以与通用量词搭配的名词有 55 种，可与专用量词搭配的名词则只有 11 个；到了魏晋，可以与通用量词搭配的名词种类数目上涨到了 75，而可与专用量词搭配的名词种类的数目则上涨到了 43。

在笔者看来，这样的统计结果显然告诉了我们这么几件事：

（1）量词的真实功用或许压根儿就与什么"个体化机制"或"单复区分"没什么关系，否则我们就必须非常牵强地说：在两汉时期，有一种特别的需要迫使人们在语言中固化了某种"个体化机制"，而在此之前，这样的需要乃是不存在的（但毫无疑问的是，两汉时期的中国人与先秦时期的中国人所面对的物理环境是大同小异的，两个时期中国人的认知架构也应当是大同小异的）；（2）既然通用量词的发育是先行于专用量词的，那么，通用量词的功能肯定会与专用量词有所差异——而且，专用量词的功能的施展又很可能是以通用量词的功能的存在为前提的（否则，二者的发育次序就会被颠倒过来）。

由此看来，要解决"汉语量词功能"之谜的关键，首先便是解释清楚为何在两汉时期文献中大量出现了**通用量词**。对此，冯胜利先生给出了一个颠覆莂因思维模式的新颖解释：驱使通用量词在两

1　麻爱民：《汉语个体量词的产生与发展》，中国社会科学出版社，2015 年，页 62。

汉大量出现的主要因素，与所谓"个体化语言设施"毫无关联，而是具有明显的韵律学（prosody）面向的。他的大致论证思路如下：两汉时期出现的包含量词的表达式通常具有"名词＋数词＋量词"的结构（如"具桩六枚""弓二枚""树一枚"，等等），而这里所说的"数词"也往往是单音节数词（如"一""二""三""百""万"，而非"十一""十二""二十三"，等等）。换言之，当数词是多音节词时，量词就可以被省略了（譬如，两汉时人们就不说"弓二十枚"，而只说"弓二十"）。这就说明：量词出现的功用就是补足音素，以使得包含单音节数词的名词表达式在音节总数上尽量接近包含多音节数词的名词表达式。或说得更直接一点：**通用量词的出现提升了古汉语在韵律上的齐一性**。[1]

　　需要注意的是，冯胜利并没有解释为何来自韵律美的这种要求在两汉时期变得急迫起来，而在先秦时代却没有那么急迫。很显然，面对这种不对称性，轻描淡写地说什么"前秦的汉语言说者相对不重视汉语韵律美"，恐怕是不太负责的，因为一个不重视韵律的民族是不可能有《诗经》与《楚辞》的。而对于这种看似怪异的现象，笔者的一个不成熟的猜测是：根据江荻先生对战国末年出现的《尔雅》的研究，上古汉语基本可以被判定为一种多音节词语言，尽管它也一直在朝向单音节词语言进行着演化。[2] 这也就是说，尽管我们不能够断定这种演化在两汉时期是否已经完成，但两汉时期的古

1　Shengli Feng(冯胜利), "The Syntax and Prosody of Classifiers in Classical Chinese", in Dan Xu (ed.) *Plurality and Classifiers across Languages in China,* De Gruyter Mouton, 2012, pp. 67-100. 一个对冯论有利的间接证据是：在景颇族语中，量词现象较哈尼语来说显得不那么发达，而景颇语的名词音节数又恰恰多于哈尼语。如果我们将景颇族语视为"量词萌芽语"而将哈尼语视为"量词成熟语"的话，此两种民族语言的关系正好和先秦古汉语与两汉魏晋古汉语之间的关系互相平行（参看戴庆厦、蒋颖："萌芽期量词的类型学特征——景颇语量词的个案研究"，载李锦芳编：《汉藏语系量词研究》，中央民族大学出版社，2005 年)。
2　江荻："《尔雅》词汇形式证明汉语曾是多音节词语言"，《古汉语研究》2014 年第 3 期。

汉语肯定要比先秦古汉语具备更浓厚的"单音节词语言"的色彩。而正如我们在前面所已经看到的，"通过补充量词来增加含单音数词的名词表达式的音节数，使之接近含多音数词的名词表达式的韵律形式"这一说法，也只有在相关语言基本上是一种单音节词语言的前提下才有意义。换言之，是古汉语从多音节词语言到单音节词语言的演化，才使得其韵律形式发生了改变，并使得通用量词的出现得以实现韵律学上的功能。

不过，在笔者看来，仅仅从韵律学的角度猜测汉语量词生产的机制，我们还没有将量词扮演的功能属性真正说透，因为这种假设对汉语量词的"语义属性"观照依然不够。但语义问题本身是无法被回避的，因为即使就能够与各种名词搭配的通用量词——如两汉时期最流行的"枚"——来说，也很难说它是不具备某种基本语义的（根据许慎的《说文解字》对于"枚"的解释，"榦曰枚"——也就是说，"枚"是"小树枝"的意思）。那么，我们又该怎样解释：为何偏偏是"枚"，而不是别的什么字，成为两汉时期通用量词的首选字呢？

而为了解决这个问题，我们不妨向认知语言学（cognitive linguistics）所擅长的"隐喻"研究借脑。按照认知语言学家权威莱考夫与约翰逊在《我们赖以生存的隐喻》[1]中所提出的见解，隐喻不仅仅是一种修辞手段，而且是人类思想的基本概念组织方式，因为任何一种语义抽象方式其实都是一种隐喻投射方式（比如，按照此思想，本体 A 与喻体 B 的接续，就可以被视为"将与 B 有关的概念图

---

[1] George Lakoff & Mark Johnson, *Metaphors We Live By*. 顺便说一句，这里引用的认知语言学观点虽然也是以英语为母语的作者撰写的，但是"打压英语霸权，重视边缘地区语言研究"却恰恰是认知语言学的一个潜在工作预设。因此，对于此类英文著作的引用，并不与笔者反对英语思维霸权的整体立论矛盾。

式投射到 A 之上"的过程）。按照莱考夫等人的这种理解模型，我们不妨将两汉文献中"枚"与一个名词 N 的接续，视为"将与'枚'相关的概念图式投射到 N 之上"的过程，或者说，"将 N 的概念图式按照'枚'的方式加以顺化"的过程。说得再具体一点，按照上述解释模型，在"具桩六枚""弓二枚""树一枚""犬一枚"这样的表达式中，不同的名词品类的原始意象都按照"小树枝"（即"枚"的本义）的意象模式进行了某种结构调整，并由此成为某种可以像"小树枝"那样供人类的双手轻易操控的对象。由此，万物之间的差异性得到了一定程度上的淡化，而人类通过语言操控万物的意识也由此得到了一定的加强。

读者或许会追问：为何这种通过语言来削减事物门类之间差异的倾向，会在两汉突然勃兴？对此，笔者的猜测是：汉代作为中国历史上第一个长期稳定存在的统一性王朝，为国家统一货币——五铢钱——在较大时空范围内的稳定流通创造了历史条件，而能够与"钱"这个名词接续的典型量词显然就是"枚"。换言之，"枚"的高频度出现或许就是对于"钱"的一种"借喻"（metonymy），而金钱对于万物差别的"去差异化效应"或许也借此使得"枚"本身具备了类似的效应，最终使得其成为两汉最具流通性的量词（当然，我们可能还需要更多的经验证据来验证这一猜测）。

读者或许还会问：那么，为何在魏晋时代，"个"作为新的通用名词的地位慢慢开始赶超"枚"？另外，为何与各类名词的特殊语义相匹配的"特殊量词"也在魏晋时期得到了发展？

对于这些问题，笔者的浅见如下：从汉末到魏晋再到隋唐，量词出现在汉语名词表达式的方式经历了一个从"名词＋数词＋量词"到"数词＋量词＋名词"的结构转换过程，换言之，量词的位置从末尾调整到了中间——而到了宋代，这种转换已经基本定型。[1] 虽然这一结构转换的真实动因依然暧昧不明，但是可以肯定的是，正是这一转换，改变了包含量词的名词表达式的韵律结构，使得"枚"在表达式结尾统一韵母的功能不复存在，并由此使得与"枚"不同的其他量词的发展获得了机会。换言之，先前由于"枚"的普遍化而造成的"量词生态位"一旦被稳定下来，那么，更多的语义属性对于这些生态位的占据，就会成为语言演化进程中难以避免的现象——而语义属性的多样性显然就会带来量词品类的多样化，即特殊量词的大量涌现。至于为何在这个过程中"枚"作为通用量词的地位反而遭遇了来自"个"与"只"的竞争，一种可能的猜测是："枚"在魏晋时代有被渐渐用作特殊量词的趋势，由此被新的普遍量词的出现挪移出了生态位。譬如，在两汉人们可以说"树木一枚""矢一枚""鸡一枚""狗一枚"，到了魏晋却必须说"一根／个／株树木""一发／只矢""一头／只鸡""一个／头狗"，等等；在两汉，可与"笔"接续的量词只有"枚"，而到了魏晋，"枝"与"管"也可与之接续了。[2] 至于"枚"的这种降格化，是否与汉末动乱以来五铢钱地位的暂时下降有关（甚至与政治分裂时局下人们对于事物多样性敏感度的提升相关），则需要更多的经验证据加以验证。

不过，至少可以肯定的是，魏晋以来特殊量词在汉语地位中的快速上升，已经使得量词的语义描述性质开始覆盖其早期的韵律学属性，最终成为汉语中量词的首要属性。这种属性无疑使得汉语言说者在使用形容词之外，具备了一种额外的对名词性质进行范畴归

1 宗守云：《汉语量词的认知研究》，世界图书出版公司，2012 年，页 91。

2 Cheng Zhang, "The Relation between the Development of General Classifiers and the Establishment of the Category Numeral-Classifiers in Chinese"（汉语通用量词的发展与汉语量词范畴的确立），pp. 307-321.

类的手段，或者说，可以方便言说者将某种更抽象的隐喻结构投射到与之相关的名词品类之上。譬如，正如宗守云先生所指出的，量词"条"所具有的关于"长形物"的隐喻图式，便可以通过与特定名词的接续而体现在"一条烟""一条鞭子""一条项链"这样的表达式之中，由此使得"烟""鞭子""项链"这些名词的空间外观特征的凸显性得到提升。[1]

那么，为何汉语需要通过这种额外的手段对事物的名词进行范畴化，而相关语言现象在英语中却并不明显呢？关于这个问题，日语专家金子孝吉先生的研究或许可作参考（顺便说一句，金子先生的研究对象虽是日语，但是也提到了其他的亚洲语言，因此研究成果有一定的跨语言覆盖力）。[2] 金子先生所归纳的量词／助数词功能有：

（1）在某些语境中，与同一个名词接续的不同的量词／助数词能够帮助语言主体聚焦于名词对象的不同空间位置，由此使得整个表达式的语义发生迁移。譬如，日语表达式"梅一本"就意指"梅树一棵"，"梅一個"就意指"梅果一粒"，"梅一輪"就意指"梅花一朵"。很显然，若用错量词／助数词，就会导致指称失败。

（2）在日语中，与名词接续的特定量词，可以在名词不出场的情况下起到代词的作用——譬如，若行文中出现了"蝶"这个名词，那么，也正是因为在日语中"蝶"所接续的专用量词就是"羽"，所以，后文中一旦出现"三羽"，读者就应当知道这指的就是"三只蝴蝶"。

（3）与人称相关的量词使用，可以表示敬意，比如"方"（读kata）这个词就要比"人"（读 hito）听起来有礼貌得多。由此，量

---

1 宗守云：《汉语量词的认知研究》，页 96。
2 金子孝吉："助数词と対象分類"，《彦根論叢》第 327 号，页 115—140。

词使用的熟练程度，也间接向语言共同体传达了关于说话者学养与素质的资讯。

（4）量词给出的隐喻图式本身体现了特定民族感知世界的方式——比如，根据金子先生所转引的贝克（Alton Becker）对于缅甸语的研究[1]，在缅甸语中，表示与佛教相关的器物的名词，与渔网、车轮之类的名词，竟然都可以通过同一个表示"圆形"的量词得到接续。而之所以如此，乃是因为：从缅甸人所接受的佛教观看来，这些事物的形状与佛教的轮回思想之间存在着某种深刻的呼应关系。也就是说，量词的存在能够为此类文化感受提供更多的表达窗口，有利于传统文化的传承。

虽然金子孝吉提及的上述量词运用方式未必全部在汉语中有直接的对应物，但这些语例显然向我们展示出了各种亚洲语言中"量词活用"所展现出来的巨大逻辑空间，充分证明了量词的重大使用价值，甚至对汉语未来可能的"进化"方向具有一定的提示意义。

现在我们就把本节讨论的结果做一番小结。从汉语演化史的角度看，韵律学方面的因素，加上某些在"大一统"的政治—经济环境下所造成的特殊社会心理，或许是造成两汉时期像"枚"这样的通用量词使用频度大大提高的复合性原因。而一旦这种使用达到了一定的社会流传度，即使是在两汉的"名＋数＋量"的构词结构慢慢嬗变为"数＋量＋名"的新结构的情况下，原先通过"枚"所获取的"量词生态位"依然能够得到保留，并为魏晋以及此后出现的大量特殊量词提供了"插入槽口"。而随着这种"信息插入槽口"的日益增多，语言共同体关于世界感知方式、社会等级、宗教与意识形态的很多隐秘信息，都可以通过对于量词的活用而得到间接的体

1　Alton Becker, "A Linguistic Image of Nature: The Burmese Numerative Classifier System", *International Journal of the Society of Language 5*, 1995, pp. 109-121.

现，由此大大丰富了语言的语义推理潜能与审美趣味。

笔者认为，虽然基于汉语演化史与认知语言学的量词功能说明方式的确牵涉到了比较丰富的理论因素与历史细节，但其内在的理论统一性是很高的。换言之，根据笔者的解释，与蒯因等人的预想彻底相反，量词在东亚语言中的大量出现，与语言言说者对于外部世界的"个体化"与"对象化"需求基本无关，而与语言表征系统内部的某些内在特征更为相关——换言之，量词现象和比较不抽象的"名词认知图式"与比较抽象的"量词认知图式"之间推理路径的特征更为相关。至于这样的"量词认知图式"究竟是应当与特定的韵律学属性发生更密切的关系，还是应当与那些编码了宗教与意识形态信息的语义节点发生更密切的关系，则是一个经验性质的问题，且并不影响"量词在实质上是对于名词品类的一种高阶归类"这一判断在更高层面上的普遍有效性。

如果笔者对于汉语中量词功能的上述理解方式基本上是正确的话，倘若我们要在某种计算机的平台上尽量模拟人类对于量词的使用与把握方式，那么，这样的计算平台就应当至少具有如下的性质：其一，它应当已然能够轻松地实现对于隐喻结构的表征（因为"量＋名"的结构本身是一种隐喻投射结构）；其二，它应当是能够具有"非公理性特征"的，即可以灵活地允许与名词相关的"量词插位槽"做出新的扩容，以便随时插入新的量词，而不是预先以"公理集"的方式将名词与量词之间的搭配方式全部锁死[1]；其三，它应当具有与系统的感知模块的输出进行接驳的潜力，以便在可能的情况

---

[1] 这种功能对于机器理解文学文字非常重要，因为文学家经常会超出日常语言的常规，发明新的量词用法。譬如，白先勇先生的《玉卿嫂》便有"他的嘴唇上留了一转淡青的须毛毛"这样的提法，而"一转毛"显然是白先生自己发明的搭配方式（转引自宗守云：《汉语量词的认知研究》，页 92）。

下为量词表达式的韵律学属性进行编码；其四，它应当具有通过小的训练样本掌握量词用法的能力，而不是像深度学习技术所要求的那样，需要海量的学习样本（这又是因为：正如前面笔者所提及的，线上提供的关于汉语量词正确用法的样本数量，总是被种种不正确的用法案例所压倒）。但问题是：我们有这样的计算平台吗？

就笔者所知，目前在全球范围内，最可能将笔者所构想的量词功能解释予以算法化的计算平台，仍然是王培先生发明的"纳思系统"。[1] 大体而言，纳思系统作为一个具有通用用途的计算机推理系统，能够在下述意义上与上面提出的四点要求相互契合：其一，它是一个非公理系统，即能够允许自身的知识库内容随着学习经验的增加而随时改变；其二，它的基本知识表征形式虽然具有"主—谓逻辑"的外观，却允许在某种复杂的递归结构中表征类比推理与隐喻投射；其三，它的基本词项可以是前符号的感知范型，并在这种意义上可以与感知模块的输出相互接驳；其四，其系统的运作并不依赖于大数据环境的存在，并能够通过比较小的学习样本进行归纳。不过，关于如何具体地将纳思系统的这些特征与"量词刻画"这项具体的任务结合在一起，我们显然还需要另外一个研究项目加以推进。

本章小结

正如笔者在本章开头就已经指出的，以英语为思维底色的主流人工智能技术的传播具有"扁平化地球"的某种文化毁灭功能，而对维护人类文化的多样性不利。然而，若我们只是空洞地去抗议这

1　关于纳思系统的文献，见：Pei Wang, *Rigid Flexibility: The Logic of Intelligence*。笔者的《心智、语言和机器——维特根斯坦哲学和人工智能科学的对话》曾对纳思系统的工作原理与哲学前提做出了一番全面的梳理。

种披着技术外壳的文化霸权的扩散的话，恐怕会事与愿违，因为"批判的武器"毕竟无法取代"武器的批判"。依笔者浅见，正确的做法便是用保护特定文化特异性的人工智能，去抵抗试图消除这种特异性的人工智能，即以机器的工作效率成倍地提高弱势文化之"弥母"（meme）[1]的传播效率。套用到关于量词的具体案例上说，这样的人工智能将帮助汉语文本的编辑用户充分意识到汉语中量词现象的丰富性与灵活性，并能够在文本编辑过程中为用户提供更多相关方面的构词咨询，由此避免量词表达式在社会传播中的退化。而且，由于量词现象背后的隐喻投射方式天然存在着某种任意性，人工智能系统便能够依据更强大的计算能力自行发明新的隐喻投射方式，由此造成新的量词使用方法供用户选择。依据笔者的大胆猜测，所有这些举措若得到落实，最终反而可能促进量词现象在数码时代的又一次勃发，并使得以后的汉语演化历程成为机器与人共同书写的新篇章。

同时需要读者注意的是，除了汉语之外，日语、韩语与泰语中也有丰富的量词现象——而且，在藏语、缅甸语、彝语、羌语等大约二十来种亚洲大陆语言与不少印第安族语言甚至澳大利亚土语中，量词现象也都是普遍存在的。[2]这就说明了三点：第一，英语思维对于地球文化的"扁平化效应"不仅仅是针对汉语的，而且是针

---

1 "弥母"是一种可以像基因一样在语言共同体里传播的信息单位。提出者是道金斯（Richard Dawkins, *The Selfish Gene*(2n ed.), Oxford University Press, 1989），随后依据其理念发育出了一门叫"弥母学"（memetics）的科学。

2 中国语言学家已经对境内的少数民族语言使用量词的情况进行了爬梳，如李锦芳主编的《汉藏语系量词研究》以及戴庆厦的《藏缅语族语言研究》（云南民族出版社，1998 年）就是代表作。由于取样研究的便利性原因，英语世界的语言学家则对英语国家范围内的少数民族语言的量词使用情况有更为专门的研究。如莱考夫对于澳洲土德伯尔语中量词使用情况的研究（George Lakoff, *Women, Fire, and Dangerous Things: What Categories Reveal about the Mind*, Chicago University Press, 1987, pp. 92-104）。

对其他各种弱势文明的；第二，有鉴于量词现象客观上的普遍性，以及英语文化优势地位之形成所具有的某种历史偶然性，我们有理由认为：英语思维方式本身才是具有真正的"地方性"的——或者说，是某种伪装成普遍性的地方性；第三，由于存在着对于各种民族语言中量词现象的统一说明模式（即基于认知语言学的"隐喻"理论的说明模式），因此，从原则上说，一种适用于汉语量词理解的计算程序只要经历过新的学习过程，也是能够把握别的语言中的量词现象的（就像任何一个合格的汉语言说者，都有可能通过特定的学习步骤学会日语中的量词使用一样）。从这个角度看，笔者所倡导的基于母语思维的自然语言程序编制进路，并不会为某种狭隘的民族主义思想的滋长提供技术助力，而恰恰是为了促成一种与英语全球霸权所不同的真正的"世界主义"。

然而，对于上述技术理想的实现，也绝非一蹴而就之事。按照笔者上面给出的技术思路，计算机语言与语言学既有的关于量词的研究结果的结合，肯定需要编程工程师与语言学家之间的精诚合作，而文—理合作一向是我国科研的一个大弱项。同时，就"使得机器能够识别乃至编辑更为地道的汉语"这项工作之目的而言，虽然人文学者很容易理解其人文价值，但从投资者立场去看，其商业价值却不是很明显（因为从商业角度看，为界面语言的"纯正性"付出的大量时间与资本资源都属于"边际效应"）。由是观之，资本力量或许会是阻止人工智能技术与弱小文化结合的另一种"分离剂"。不过，过度的悲观恐怕也是不必要的。考虑到"使用汉语者占据全球人口五分之一"这个基本事实（以及该事实蕴含的巨大市场价值），特别是近年来我国在技术与经济领域内的长足进步，倘若我国的人工智能技术研究无法在母语处理的智能化方面闯出一条堪与英语世界主流技术进路争锋的新路的话，那么，世界上别的非英语民族——

特别是非西方民族——恐怕也就更没希望达成这一愿景了。

对于量词的讨论显然已经全面涉及了对于隐喻的讨论。现在我们就来正面讨论这样一个问题：机器思维能够把握隐喻吗？

第十章

机器能够把握隐喻吗？

　　隐喻是人类日常会话中常见的修辞手段，也是二战以后西方语言哲学与语言学研究中一个引发大量关注的话题。按常理说，作为人工智能研究中与人类会话最为密切的一个领域，"自然语言处理"（NLP）的研究也应当留出一定的篇幅处理隐喻问题，因为计算机处理的人类文本自然会包含相当数量的隐喻。然而，如果我们翻开任何一部介绍 NLP 技术的教科书——如在国际上颇有影响的《用 PYTHON 进行自然语言处理》[1]，我们竟然很难找到对于隐喻问题的大段讨论。不过，仔细一想，这其实也毫不奇怪。借用雷蒙德·卡特尔（Raymond Bernard Cattell）的术语来说，人类的智能大致可分为"晶体智力"与"流体智力"两类：前者关涉的主要是人类通过掌握既有的社会文化经验而获得的智力，如词汇概念、言语理解、常识等知识的存储力，等等；后者则是指在实时（real-time）中解

1　Steven Bird, Ewan Klein & Edward Loper, *Natural Language Processing with Python*, O' Reilly, 2009.

决新问题的能力[1]。就人工智能的现有技术而言，其比较擅长展现的就是人类"晶体智力"，即对于人类知识的静态存储与表征；而其不太擅长展现的则是"流体智力"，即在特定的问题处理语境中对所存储的知识的灵活调用与重组。而这一点在隐喻问题上表现得尤为突出，因为人类在日常会话中对于隐喻的运用，往往是基于临时性的意义重组（那些"已被惯例化的隐喻"除外），而不是基于固定的意义搭配方案——因此，这种运用一般更有赖于人类流体智力的发挥。很显然，既然计算机技术并不擅长于处理流体智力所擅长处理的问题，而牵涉到隐喻的自然语言处理问题又恰恰有赖于流体智力的发挥，专业的自然语言处理教科书轻慢"隐喻"问题，也就是意料之中的事情了。可以与之比照的是，与"隐喻"同样需要临时性的语言技巧的修辞现象（如夸张、反讽等），同样也不是主流 NLP 技术所关心的问题。

但这里的麻烦在于：隐喻在人类的日常语言中毕竟是客观存在的，而且是大量存在的。主流 NLP 技术的研究者即使在主观上不重视它，也并不能自动导致问题的解决，因为他们不可能在处理自然语料时不碰到这些现象。现在就以目前颇为有名的聊天机器人"微软小冰"与 ChatGPT 在这方面的表现为例，来说明主流 NLP 技术在处理隐喻问题时所表现出的乏力。

一 隐喻，让"微软小冰"与 ChatGPT 都感到无力

根据有限的技术情报，我们可以知道"微软小冰"的大致工作

1　R. B. Cattell, *Abilities: Their Structure, Growth, and Action*, Houghton Mifflin, 1971.

原理如下[1]：相关的技术人员集合了中国近 7 亿网民多年来积累的、全部公开的文献记录，凭借微软公司在大数据、自然语义分析、机器学习和深度神经网络方面的技术积累，将相关记录精炼为几千万条具有典型性的语料（语料库内容每天净增 0.7%），由此统计出：在获得怎样的语音输入后，系统应当给出怎样的语音输出，以便尽量让系统通过"图灵测验"。很显然，这样的基于统计技术的聊天机器人设计方案，只可能对广大网民所**经常使用的**语义配置方案进行信息编码，而无法应对个别网民在特定语境中临时使用的隐喻方案。为了印证笔者的这一判断，笔者便用自己的智能手机所装载的"微软小冰"APP 做了测试。以下就是反映相关测试结果的人机对话记录：

> **笔者**：特朗普是一只老狐狸吗？
>
> **小冰**：你很关心这种问题吗？要不找其他专家聊聊？
>
> **笔者**：小冰是一只老狐狸吗？
>
> **小冰**：狐狸是怎么叫的？

很显然，笔者在自己给出的语言输入里使用了隐喻这一修辞方法。说得更具体一点，没有一个具有正常语言交流能力的言语言说者，会以为笔者真的会认为特朗普是一只字面意义上的狐狸。换言之，一般的读者都应当能够领会——当笔者说"特朗普是一只老狐狸"时，笔者的真正想说的是——"特朗普很狡猾"。然而，微软小冰的第一轮回答显然并没有直接告诉我们它是否理解这个隐喻，因为聊天机器人已经通过回避战术（即将问题转给其他专家）而在自

1　王皓然："负责人谈小冰'复活'细节：未来将现身十余平台"，《经济参考报》，2014 年 6 月 13 日。

身的真实理解能力与用户之间设置了一道屏障。而在这个环节中，人类用户也无从判断：微软小冰之所以使用这种回避战术，到底是因为其无法理解任何一种隐喻修辞，还是仅仅因为其无法处理与"特朗普"相关的整个问题领域。而为了绕过系统设置的这道屏障，在第二个问题中，笔者便试着将问题的论域从"特朗普"转移到了小冰自己，以防止聊天机器人借口论域不熟悉而再次逃遁。很显然，聊天机器人在笔者此轮逼问下所给出的答案——"狐狸是怎么叫的？"——清楚地表明：它并不理解这个关于"狐狸"的隐喻的真正含义。

好吧，很多人会说："微软小冰"是已经过时的技术，现在风头正健的 ChatGPT 系统应是能够应对隐喻的。但情况真是如此吗？

不得不承认，人类中的很多隐喻式表达因为经常被使用，已经成为常规性用法，比如将某人说成是"狐狸"的隐喻式提法的常规含义，就是指当事人非常狡猾。既然 ChatGPT 系统的运作本身是基于大量语用实例挖掘的，那么，在原则上 ChatGPT 也就应当能应对这个层面上的隐喻式表达。下面展开在人类与 ChatGPT 之间的对话记录似乎也证明了这一猜测：

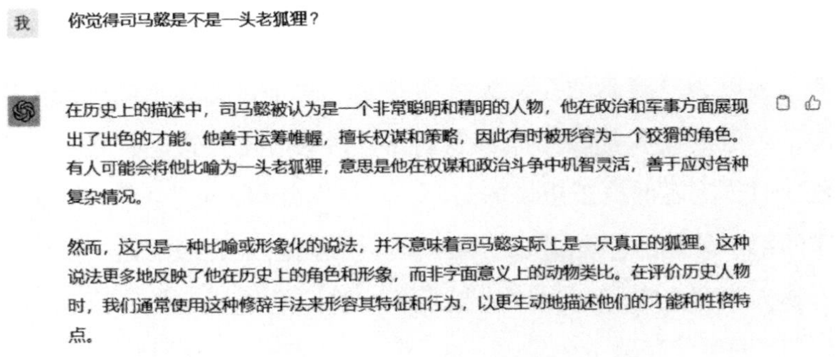

我　　你觉得司马懿是不是一头老狐狸？

在历史上的描述中，司马懿被认为是一个非常聪明和精明的人物，他在政治和军事方面展现出了出色的才能。他善于运筹帷幄，擅长权谋和策略，因此有时被形容为一个狡猾的角色。有人可能会将他比喻为一头老狐狸，意思是他在权谋和政治斗争中机智灵活，善于应对各种复杂情况。

然而，这只是一种比喻或形象化的说法，并不意味着司马懿实际上是一只真正的狐狸。这种说法更多地反映着他在历史上的角色和形象，而非字面意义上的动物类比。在评价历史人物时，我们通常使用这种修辞手法来形容其特征和行为，以更生动地描述他们的才能和性格特点。

图 10-1　ChatGPT 对于隐喻的处理结果的截图（甲）

但"老狐狸"毕竟是一种能够得到大量数据支持的稳定的隐喻表达方式。若换一个比较冷门的比喻（比如问"司马懿是不是一条鳟鱼"），ChatGPT 的表现并不比前面提到的微软小冰更好。下面是相关的人机对话界面的截图：

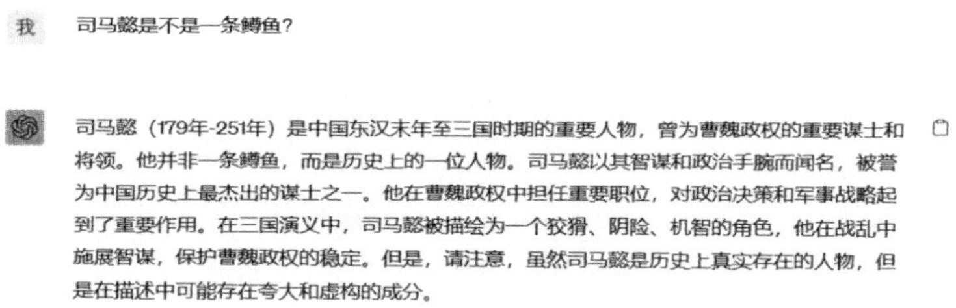

> 我　司马懿是不是一条鳟鱼？

> 司马懿（179年-251年）是中国东汉末年至三国时期的重要人物，曾为曹魏政权的重要谋士和将领。他并非一条鳟鱼，而是历史上的一位人物。司马懿以其智谋和政治手腕而闻名，被誉为中国历史上最杰出的谋士之一。他在曹魏政权中担任重要职位，对政治决策和军事战略起到了重要作用。在三国演义中，司马懿被描绘为一个狡猾、阴险、机智的角色，他在战乱中施展智谋，保护曹魏政权的稳定。但是，请注意，虽然司马懿是历史上真实存在的人物，但是在描述中可能存在夸大和虚构的成分。

图 10-2　ChatGPT 对于隐喻的处理结果的截图（乙）

根据一些技术乐天派的看法，读者提出的对于现有聊天机器人技术的这一批评，或许完全是在小题大做。根据他们的观点，更为大量的语料的输入，终有一天会使得 ChatGPT 能够处理人类会话中涌现的种种隐喻现象。但在笔者看来，这种观点在哲学上是非常幼稚的，因为鲜活的隐喻本身就自带"创新"的意蕴，而"从对既有经验的归纳中无法直接引出创生性的语义组合方式"，恰恰就是乔姆斯基在对于经验派语言学的批评中，早就总结出来的哲学教训。[1]或说得更明白一点，在人类特定隐喻方案的临机性与任何统计学技术对于规律性的追求之间，存在着一种不可克服的哲学张力，而这种张力本身是根本不可能在工程学层面上得到解决的——除非有人

---

[1] Yarden Katz, "Noam Chomsky on Where Artificial Intelligence Went Wrong", 1 Nov. 2012, https://www.theatlantic.com/technology/archive/2012/11/noam-chomsky-on-where-artificial-intelligence-went-wrong/261637/.

在哲学上（或至少在语言学层面上）提出一种针对隐喻的理论理解方案来。

然而，不得不承认的是，主流 NLP 研究对于二战后的语言学界与语言哲学界的隐喻研究的确是高度漠视的。很少有人积极地吸纳这些相对抽象的理论构建中的思想营养，并在充分吸纳它们的前提下再去从事相关的技术建模工作。与之相对应，主流的语言学与语言哲学对于隐喻的研究，也很少关涉到"如何将相关理论成果予以工程学实现"这一问题，这就使得关于隐喻的理论研究与自然语言处理的工程学研究之间的落差变得非常显眼。而笔者写作本章的目的，也便是能够尽量缩减这个落差，并由此证明哲学资源在人工智能研究中的巨大价值。

本章的路线图如下：

第一，笔者将展现几种不同的把握隐喻的语言学—语言哲学思路，并同时展现与之相关的技术建模可能性。

第二，笔者将特别介绍斯特恩（Josef Stern）提出的基于"喻引"算子的隐喻理论，并对其加以算法化的可能性进行批判性讨论。

第三，笔者将讨论在王培先生提出的纳思系统中进行隐喻表征的可能性。

二 关于隐喻的种种理论

一谈到对于隐喻的语言学研究，熟悉本书前文内容的读者就很难不联想起认知语言学家莱考夫与约翰逊的工作，即他们在《我们赖以生存的隐喻》[1]中提出的隐喻观[2]。按照泰勒（John R. Taylor）

---

1 George Lakoff & Mark Johnson, *Metaphors We Live By*.
2 顺便说一句，因为莱考夫在相关的研究中做出的贡献更大，笔者在下文将只提到他的名字。

的概括，莱考夫式的隐喻观的核心论点如下：第一，隐喻乃是源域（source domain）与目标域（target domain）之间的一种映射关系；第二，隐喻不是一种特殊的修辞现象，而是一种弥漫在整个人类语言实践中的普遍性语言现象——换言之，任何的语言表达都会在某种意义上涉及源域与目标域之间的映射关系。那么，这种理论是不是能够成为我们理解隐喻问题的基本工具呢？

虽然在本书前述章节中我们对认知语言学的资源多有引用，但为了平衡计，在探讨隐喻问题时，我们这里也要多听听别的专家对认知语言学的批评意见。比如，泰勒则对莱考夫的隐喻观提出了两点批评：

第一，如果隐喻是如此泛化的语言现象的话，我们就无法谈论隐喻与别的修辞手段——如夸张、反讽与转喻（metonymy）——之间的区别了。[1]

第二，如果隐喻的所有奥秘仅仅体现在源域与目标域之间的映射关系之上的话，我们也就很难解释这样一个问题：到底是源域中的哪些语义性质，被映射到了目标域之上呢？为了具体说明这一点，泰勒邀请读者去思考如下这个例句[2]：

例句（1）理论（与论证）就是建筑物。

Theories (and arguments) are buildings.

泰勒对于例句（1）的批判性分析如下："建筑"这个论域的特征集乃是很多成员的子集——我们可以随意想到的就有"有窗户""可以住人""可以遮风避雨"等性质——但其中哪个特征才需

---

1 John R. Taylor, *Cognitive Grammar*, Oxford University Press, 2003, p. 102.

2 John R. Taylor, *Cognitive Grammar*, p. 494.

要被映射到"理论"这个"目标域"上去呢？显然，如此关键的问题并没有在莱考夫的理论资源中得到解答。泰勒本人建议我们将"论证就是建筑物"的隐喻结构解读为[1]：

> **例句**（2）论证的有效性就是一座建筑的形式统一性。
> The convincingness of an argument is the structural integrity of a building.

这也就是说，真正需要建立起映射关系的两个领域，并非直接就是"建筑"这个源域以及"论证"这个目标域，而是"建筑"这个概念所从属于的上级图式（即"形式统一性"）与"论证"这个概念所从属于的上级图式（即"有效性"）。换言之，莱考夫的隐喻模型在处理某些特定隐喻现象时的确是有点捉襟见肘的。

不过，在笔者看来，泰勒本人对于莱考夫式认知语言学的上述批评虽然具有一定的参考价值，却并没有触及一个对 NLP 研究来说更具现实意义的问题：无论是莱考夫式的认知语言学研究，还是泰勒自己的认知语言学研究，究竟能从何种意义上为 NLP 的研究提供正面的引导呢？笔者本人则倾向于对这个问题给出一个否定性的解答。从非常一般的意义上说，尽管认知语言学家的确为刻画特定的语言现象发明了大量的准现象学式术语，但他们疏于为这些刻画提供统一的可计算化手段。这个问题在本书第五章与第九章里已经有所提及，这里就不赘述了。为了增加本书涉及的理论资源的丰富性，现在将引入语言哲学的相关内容来深化我们的讨论。

之所以要涉及语言哲学，当然是因为与语言学最近的相关哲学

1　John R. Taylor, *Cognitive Grammar*, p. 497.

分支就是语言哲学。此外，有鉴于隐喻也是语言哲学家所热衷的话题之一，在隐喻问题上，语言哲学家的声音自然是不可或缺的。

按照在隐喻问题研究方面颇有心得的语言哲学家斯特恩的归纳[1]，语言哲学领域内比较流行的隐喻理论有三种（他自己提出的观点不计在内）：

理论一：隐喻在本质上是一种语义或语法的反常现象。[2] 套用计算机的术语来说，如果有一台电脑的程序按照"理论一"的要求来运作的话，它就会按照如下步骤来为被检验的语句添加"隐喻"这一语义标签：

（1）按照语句的字面意思进行推理。比如，系统首先就会姑且认为"特朗普是一只老狐狸"的真正意义就是其字面意思，并从这个意思中推理出很多语义后承。譬如，如果系统已经知道"凡是狐狸都不是人类"，那么，系统就会自动推出"特朗普不是人类"。

（2）系统接下去会将上述推理结果与其所存储的关于"特朗普"的语义知识相互比对。如果系统知道"特朗普是一个美国人"，并知道"所有美国人都是人类"，系统就会根据三段论推理规则而知道"特朗普是人类"。而这一点显然与步骤（1）的推理结果有矛盾。

（3）这一矛盾会反过来逼迫系统认为："特朗普是一只老狐狸"表达的真实意思肯定不是其字面意思，而是别有他意。

（4）根据这一认识，系统将这句话标注为"隐喻"。

依据笔者浅见，如上这种对于隐喻的把握方式具有一定的"算法化"价值，而且也不需要研究者给出与主流计算机知识表征技术

1　Josef Stern, *Metaphor in Context*, The MIT Press, 2000.

2　如下理论的主要提出文献有：R. Matthews, "Concerning a 'Linguistic Theory' of Metaphor", *Foundations of Language*, vol. 7 (1971), pp. 413-425; S. Levin, *The Semantics of Metaphor*, The Johns Hopkins University, 1977。

和推理技术不同的新技术。但实事求是地说，此论依然显得有点粗糙，因为它所提供的理论资源，依然不足以告诉我们"特朗普是一只老狐狸"这句话的内部隐喻结构是什么。说得更具体一点，它依然不足以告诉我们：（甲）被施用隐喻的关键词项究竟是"特朗普"还是"老狐狸"；（乙）这整个句子究竟要表达什么正面的意思。很显然，不满足这两个条件，依照"理论一"而运作的一个聊天机器人依然无法在人—机对话中通过图灵测验。

不过，对"理论一"，斯特恩却有一种与笔者思路不同的批评。根据他的观点，在某些语境中"理论一"甚至会错误地将某些包含隐喻的语句视为不包含隐喻的语句。他最喜欢谈到的一个语例就是毛泽东的名言"革命不是请客吃饭"[1]，因为这句话的字面意思并不会导致系统推理出该语句的语义后承与其背景知识之间的矛盾（毫无疑问，就"革命"与"请客吃饭"字面意思而言，革命的确不是请客吃饭）。但在笔者看来，光凭这一个论据还不足以彻底击败"理论一"。理由是：其一，至少就大多数典型隐喻的字面意思而言，系统对于它们的直接采用的确会导致其与系统背景知识之间的矛盾；其二，就"革命不是请客吃饭"这句话而言，其字面意思虽然是真的，但仅仅在一种琐碎的意义上是真的，并因此可能与系统背景知识中的如下信念产生矛盾："凡是被流传的毛泽东的话语均不可能仅仅表达缺乏意义的琐碎真理。"而这一点甚至在说话人不是像毛泽东一样的名人的情况下也成立，因为系统完全可以预设在人—机对话中任何一个智商正常的人类用户都不会表达缺乏意义的琐碎真理。

接下来再让我们来看"理论二"。[2]

---

1 Josef Stern, *Metaphor in Context*, p. 4.
2 相关代表文献：L. J. Cohen, "The Semantics of Metaphor", in A. Ortony (ed.), *Metaphor and Thought, second edition*, Cambridge University Press, 1993, pp. 61-64。

理论二：词汇既有语义簇中某些在通常情况下未被强调的语义性质，若在某些语境中得到凸显，就会生成语境意义（与此同时，那些未被凸显化的性质则暂时被删除了）。说得更具体一点，一个语词的隐喻意义并不是在字面意义之外的东西，而是早就处于其字面范围之内，并在特定语境中得到凸显的东西。换言之，隐喻意义的底色，依然是某种字面意义。很显然，按照这种理论，"特朗普是一只老狐狸"中的谓词"老狐狸"的隐喻含义——"狡猾"——显然早就已经预存在"老狐狸"这词的语义簇之中，只是在特定语境中被摆上了台面而已。

但在斯特恩看来，这个理论进路有三个问题:（甲）按照此理论，我们需要在为每一个词项进行语义建模时涵盖尽量多的可能成为隐喻含义的边缘含义，而这显然会带来惊人的建模成本。（乙）即使（甲）所涉及的问题能够得到解决，我们依然无法从该理论进路中知晓：为何在一个语境中，一个词的这个含义得到了凸显，而在另外一个语境中，它的另外一个含义却得到了凸显呢？要回答这个问题，我们就要调用一些语用学的资源，而"理论二"显然只是一种纯粹的语义学理论，因此并不具备这样的语用学资源。（丙）在某些情况中，我们似乎找不到一个隐喻含义背后的真正的字面含义是什么。譬如，若"尼克松是一条鱼"这个隐喻式表达的真正含义是"尼克松是一个很难被抓到把柄的人"的话，那么，"抓到把柄"这个表达依然是隐喻式的。换言之，"理论二"所预报的"将隐喻含义还原为字面含义"的进路在处理此类语例时就会遇到相当大的障碍。

笔者认为在这三重批评中，最有力的是（乙）。诚如斯特恩所指的，"理论二"的确缺乏解释特定语境中语词含义凸显方式的机能。至于批评（甲），虽貌似有理，却无法很好地应对如下常识：如果一个隐喻自身所要表达的真实意义与其字面意义之间本来就没有任何联系的话，那么，说话者与听话者又如何可能从相关的字面意义出发，把握到这一真实意义呢？除了预设说话者与听话者已经把握了这两种意义之间的潜在语义联系之外，我们是无法回答这个问题的。而且，只要我们假设语言言说者具有根据语用经验自行生成语义网的能力，我们也未必需要担心语词含义网络的建模成本问题。斯特恩所提出的批评（丙）则相对更缺乏说服力，因为"理论二"的捍卫者完全可以通过有条件地吸纳莱考夫式认知语言学对于"隐喻在语言中的普遍性"的承诺来对付这一批评。换言之，说"所有隐喻含义都是字面含义"，与说"所有的字面含义都是隐喻含义"，其实是具有类似效果的，因为两种说法都模糊了隐喻与字面意义之间的界限。据此，一个莱考夫化的"理论二"坚持者便完全可以这样来重述其理论：一个语词的未被惯例化的隐喻意义，并不是那些被惯例化的隐喻表达之外的东西，而就是在特定语境中得到凸显的新的意义组合方式。举例来说，就"尼克松是一条鱼"（Nixon is a fish.）这句话而言，"难以被把捉"的确就已经是"鱼"的一个已经被惯例化的隐喻含义了，而在同一例句中，真正未被惯例化的新内容其实并不是"鱼"与"难以被把捉"的直接语义联系，而是通过"鱼"这一中介而出现的"尼克松"与"难以被把捉"之间的间接语义联系。

再来看"理论三"。[1]

理论三：隐喻意义产生于如下过程：言说者在将与喻体相关的语义网要素投射到与话题相关的核心词汇的语义网要素之后，对后者的语义结构进行了重塑，由此产生隐喻意义。现以如下例句来说

1　相关参考文献：E. F. Kittay, *Metaphor: Its Cognitive Force and Linguistic Structure*, Oxford University Press, 1987。

明这一理论[1]:

> **例句** (3) 这块石头因为岁月的缘故,变得很易碎了。
>
> The rock is becoming brittle with age.

这句话就其字面意思而言,可能并不是隐喻,除非在其下面又跟着这样一个句子:

> **例句** (4) 他在回答学生的提问的时候,已经没有过去的那种机敏劲了。
>
> He responds to his students' questions with none of his former subtlety.

按照"理论三",如果"他"在例句(4)中指代的对象就是"这块石头",那么,作为无生命的石头,是不可能去回答学生的提问的。这就逼迫试图处理这两个语句的系统认定例句(3)是一个隐喻句,即不能在字面意思上理解"石头"之所指。由于第二个语句的论题领域与师生问答相关,这就会使得系统推理出:"石头"的真实所指就是那个教师。

"理论三"显然是综合"理论一"与"理论二"因素后得到的某种升级版。与"理论一"一样,该理论认为隐喻推理系统必须通过对某些语义矛盾的发现来为隐喻进行标注(而对"石头"的字面解读当然会导致与"回答问题"这一谓词的隐含主词的性质的矛盾);此外,与"理论二"一样,该理论也认为"石头"的某个语义

---

1 该语例来自: Josef Stern, *Metaphor in Context*, p. 244。

性质——如"僵化"——会在某种语境中凸显出来成为隐喻真正所指的含义，而这一隐藏的含义本身早就存在了。因此，我们不难预料到，斯特恩会沿用批评"理论一"与"理论二"的某些理路，继续批评"理论三"。他针对"理论三"提出的一个最具典型性的语例是 [1]：

> **例句**（5）这头海豹将自身的身躯拖出了办公室。
> The seal dragged himself out of the office.

很显然，按照"理论一"与"理论三"，一个隐喻处理系统是非常容易将这个句子视为隐喻的，因为"办公室"这一状语所牵涉的潜在主语往往是人类，并因此与"海豹"的非人类属性相互冲突。但斯特恩更为关心的问题是：我们如何根据"理论三"预料这个句子的真正含义呢？

为了回答这个问题，斯特恩邀请我们来设想这样一个问题：我们究竟在何种场合中会将一个办公室里的同事比作一头海豹呢？是因为发现此人就像海豹那般机灵，还是因为发现他的身躯如海豹一样肥胖呢？还是因为发现他浑身上下穿着黑色的衣服，而有点像海豹呢？上述疑问的答案，显然需要依赖语境因素来加以确定。而在斯特恩看来，"理论三"的命门也正在此处：一种纯粹的语义学理论是无法帮助我们利用语境因素，完成对于隐喻所指涉的真正意义的指派的。说得更具体一点，所有的语义学知识都是超越时间因子的（比如，"人是动物"这一点在何时何地都会是真的），而敏感于语境因素的意义指派却不得不牵涉到时间因子（比如，"张三从头到尾

1　该语例来自：Josef Stern, *Metaphor in Context*, p. 246。

都穿成了黑色"并不会是在何时何地都是真的，因为张三不可能一辈子都只穿黑色衣服）。而要将准确的语义指派给"这头海豹将自身的身躯拖出了办公室"这句话，我们就无法不借助某些中介性命题——如"被谈话牵涉到的张三浑身上下都穿成了黑色"——的帮助，而完成相关的推理。显然，要确定这些中介性命题的真值，我们无法仅仅依赖于超越时间因子的语义知识，而一定要诉诸语用学因素。而"理论三"恰恰是缺乏相关的理论资源的。

综合上面的讨论来看，缺乏与特定语用因素的恰当接口，乃是以上三个理论的共通缺陷。也正是为了克服这种缺陷，斯特恩才提出了第四种隐喻理论。

三　斯特恩的隐喻理论

斯特恩在引入他自己的隐喻理论之前，先区分了三种关于隐喻的知识[1]：

（甲）"辨别之知"（the knowledge *of* metaphor）：听话人关于"说话人现在在使用隐喻"这一点的高阶知识——没有这种高阶知识，说话人就无法将隐喻表述从非隐喻表述中甄别出来，并对隐喻表述进行特定的信息加工处理。

（乙）"言明之知"（the knowledge *that* metaphor）：对一个隐喻表达式的真正含义的命题式表述。譬如，"特朗普是一只老狐狸"的真正含义就可能是"特朗普很狡猾"。

（丙）"意图之知"（the knowledge *by* metaphor）：听话人对说话人使用隐喻表达式的深层心理意图的知识。这里需要注意的是，

1　Josef Stern, *Metaphor in Context*, pp. 2-3.

尽管在很多场合下，说话人使用一个隐喻表达式而在主观上所要表达的意思，就是这个隐喻表达式在客观上所表达出来的真实意思，但在某些情况下，二者可能发生分离（特别是在说话人"词不达意"的情况下）。而在此种情况下，一个合格的听话者，也应当能够成功地将说话人的真实说话意图进行复原。

不难想见，一种合格的隐喻理论，至少得说明（甲）（乙）这两种知识是如何产生的，还应当在可能的情况下进一步说明（丙）是怎么产生的。但怎么做到这一点呢？

斯特恩的建议是向语言哲学家卡普兰（D. Kaplan）的"索引词"理论[1]借脑，因为在他看来，隐喻的结构与索引词的结构是有一定的类似之处的。

非常粗略地说，卡普兰的"索引词"理论乃是对于弗雷格的"意义—所指"二分法的一种全面升级。按照弗雷格的原始理论，一个句子的"所指"就是其真值，一个句子的"含义"就是其"思想"，或者是句子所表征的客观语义。但这种粗糙的二分法在处理包含诸如"我""现在"这样的索引词的情况下，却显得不敷使用，因为索引词的具体所指必须在语境中加以确定，而语境因素却是在弗雷格的原始分析中付诸阙如的。现以如下例句为切入点，来说明卡普兰理论的要点：

例句（6）我现在就在这里！

例句（6）的意义究竟是什么呢？它究竟是真的还是假的？这

---

1 D. Kaplan, "Dthat", in P. French, T. Uehling and Wettstein (eds.), *Contemporary Perspectives in the Philosophy of Language*, University of Minnesota Press, 1979, pp. 383-400; D. Kaplan, "On the Logic of Demonstratives", *Journal of Philosophical Logic,* vol. 8, 1978, pp. 81-98.

显然取决于语境。比如，如果卡普兰本人在 1973 年 4 月 21 日于洛杉矶说了"我现在就在这里！"这句话，那么这句话的内容也就无非是"卡普兰在 1973 年 4 月 21 日位于洛杉矶"。如果事实上卡普兰的确是在 1973 年 4 月 21 日位于洛杉矶的话，那么，这句话就是真的，否则就是假的。而在这样的一个特定语境中，"卡普兰在 1973 年 4 月 21 日位于洛杉矶"这句话所表达的意思，就是"我现在就在这里！"的"内容"（content）。换言之，在卡普兰哲学的脉络中，"内容"就是指在语境因素确定后，包含索引词的语句所表达出来的客观思想。

但语境信息又是如何帮助一个包含索引词的语句确定其内容的呢？这就需要"特征"（character）的引入了。"特征"处在某种比"内容"更高阶的层面上——说得更具体一点，它就是那些使得说话者能够将合适的内容指派给相关的索引性表达的**规则**。比如，当卡普兰说"我"时，索引词"我"的内容是"卡普兰"，而使得卡普兰能够将内容"卡普兰"指派给"我"的**规则**却是：**永远将说"我"的那个人的专名作为"内容"指派给"我"**。与之类似，当卡普兰说"现在"时，索引词"现在"的内容是"1973 年 4 月 21 日"，而使得卡普兰能够将内容"1973 年 4 月 21 日"指派给"现在"的**规则**却是：**永远将说"现在"的那个人所处的时间坐标的名字为"内容"指派给"现在"**。

而这种对于此类规则的更抽象表达，则会牵涉到一个叫"指引"（Dthat）的算子。这也是卡普兰对于"索引词"理论的一个重要贡献。与该算子相关的特征指派规则的具体内容是：

> 对于任何一个语境 C 和任何一个限定摹状词 Φ 来说，在 C 中表达式"指引 [Φ]"的出现，就直接指涉了 Φ 在 C 的语境中

所意谓的那个独一无二的个体（如果真有这么一个个体的话），而不是任何别的东西。[1]

不难想见，根据卡普兰的这个理论，任何一个要对包含索引词的语句进行恰当信息处理的听话人，都需要经历如下三个信息处理步骤[2]：

其一，特征指派阶段。在这个阶段中，听话人在特定语境信息的帮助下，将与索引词的发音或字形有关的索引词使用规则指派给索引词。

其二，意义生成阶段。在这个阶段中，说话人在特定语境信息的帮助下，将包含索引词的语句翻译为不包含索引词的语句。

其三，真值指派阶段。在这个阶段中，说话人在特定语境信息的帮助下，确定在前述环节中所得到的不包含索引词的语句的真假。

由于隐喻表达与索引词表达都具有"指东打西""依赖语境"这两个根本特征，斯特恩便认为，对于隐喻表达的确定，也应该具有与上述三个步骤类似的三个步骤：第一，在某些语境因素的激发下，听话人将某些与隐喻相关的规则指派给包含隐喻的表达式；第二，听话人生成隐喻表达所牵涉的真实含义；第三，听话人对由此产生的新语句的真值加以确定。而在这里最值得一提的是，为了与卡普兰提出的"指引"算子相对应，他也提出了一个与隐喻特别相关的算子，即"喻引"（Mthat）[3]：

1　这里使用的是斯特恩对于卡普兰理论的转述。请参看：Josef Stern, *Metaphor in Context*, p. 100。

2　Josef Stern, *Metaphor in Context*, pp. 82-83.

3　Josef Stern, *Metaphor in Context*, p. 115.

对于任何一个语境 C 与任何一个表达 Φ 来说，在语境 C 中若出现了一个具有"喻引 [Φ]"之形式的句子，则在 C 中，"喻引 [Φ]"指涉了一系列在隐喻意义上与 Φ 有联系的属性 P，以至于在听话人用 P 替换掉原来包含"喻引 [Φ]"的句子后，由此产生的新句子能承载"真"或"假"这两个真值中的一个。

斯特恩对于"喻引"算子的表述虽然有点拗口，但是其核心意思是清楚的，即与"指引"算子一样，"喻引"算子也要求大量的语用因素介入隐喻意义的确定过程。换言之，对于隐喻真实含义的确定，需要调用特定的语境信息来确定与 Φ 相关的属性 P 到底是什么，而不能仅仅依赖说话者的语义知识储备。

对于斯特恩的这些见解，笔者至少在哲学层面上是表示赞同的。笔者也认为：对于任何的隐喻信息处理机制而言，它当然要能正确应对超越静态语义信息库的动态语用信息，而对这一点的高度凸显，也正是斯特恩的理论超越于"理论一""理论二"与"理论三"的地方。然而，仅仅指出这一点，我们依然没有获得一个可以被 NLP 所直接吸纳的隐喻理论，因为斯特恩的理论依然没有告诉读者关于如下两个环节的算法化细节：

第一，语言处理系统如何利用语境因素识别出隐喻表达式？

第二，系统如何利用语境因素，而在与 Φ 相关的属性中，找到在隐喻意义上与之联系的属性 P？

这也就是说，斯特恩脱胎于卡普兰的"索引词"理论的隐喻理论，依然带有"知其然不知其所以然"的意味。由此可见，对于任何一种试图在语言哲学或语言学的隐喻理论与 NLP 之间进行"搭桥"的理论尝试者来说，的确还有大量有待完成的工作摆在案头。

四　纳思系统如何懂隐喻？

我们前面已经指出，对于目前正沉湎于"数据驱动"技术路径的主流 NLP 研究者而言，无论是其所受的学术训练的局限，还是其所服务的资本运作逻辑，都不允许他们花费更多的精力与时间去思考与隐喻等修辞现象有关的语言学或语言哲学的基本问题。而对于专门研究这些问题的语言学家与语言哲学家来说，他们的大多数精力，也主要放在与圈内同行的学术争鸣上，而并未特别关注自身研究成果与 NLP 之现实的结合问题。为了解决这个"两张皮分离"的问题，我们所需要的理论—技术资源，显然就要具备这样的双重特征：一方面，它当然应是"可计算的"；另一方面，它又应当像"乐高积木"一样，具备对各种更为抽象的隐喻理论进行"形式化落地"的潜能。

笔者在本节中所选择的相关技术工具仍然是"纳思系统"。[1] 这是一个试图以"非公理的"（non-Axiomatic）灵活方式为系统进行知识编码的通用人工智能系统——而"非公理的方式"一语在此真正的蕴意乃是：这样的系统的语义学知识，是能够随着系统学习经验的丰富化而不断被丰富化的，而这一点也就能使得编程者从"为系统事先编制万无一失的语义库"的繁重任务中解放出来。这就在根子上使得纳思系统与目前流行的"数据驱动"的技术路径有了差别，因为按照设计者的设想，纳思系统是能够自己通过对于小规模的样本学习而获得其语义知识的，不必动辄求诸海量的输入喂入。很显然，一个能够按照少量数据运作的人工智能系统肯定是内置了相对丰富的信息处理规则的，而既然这些规则不是作为公理——而

1　关于纳思系统的文献，见：Pei Wang, *Rigid Flexibility: The Logic of Intelligence*。

是作为可以被进一步添加的"建筑结构"——出现在系统的运作法则库中的，那么，我们也就可以由此得到一种比较灵活的用以处理隐喻现象的技术手段。

而从纳思系统的立场上看，前述"理论一""理论二""理论三"也好，斯特恩的隐喻理论也罢，固然都有一定的合理之处，但均在相当程度上忽略了三个问题：

第一，隐喻现象的基础其实是明喻（simile），即那种明确带有"像""比如""好像"这样的连接词的比喻句（顺便说一句，从认知科学角度看，明喻之所以比隐喻更基本，乃是因为明喻本身不需要听话人识别出这是明喻，因此，用以处理此类修辞现象的信息处理成本也会更低。或者说，隐喻其实是明喻的"比喻联接词开关"被隐藏后所产生的修辞现象）。而从逻辑学角度看，作为一种修辞学手段的明喻的逻辑学对应物，当然就是类比推理——这样看来，一个具备刻画隐喻现象之能力的 NLP 系统，肯定首先得具备对于类比推理的表征能力。但是，直到目前为止，我们看到的这些隐喻理论，都没有将类比推理的刻画问题视为相关理论刻画的核心问题。

第二，按照斯特恩的理论，超语义学的语境因素必须在确定隐喻表达式的真实含义的过程中扮演非常重要的角色。但需要注意的是，这种语境因素很难不牵涉到说话者的身体情境。譬如，听话人在解读例句（3）（"这块石头因为岁月的缘故，变得很易碎了。"）之时，他就很难不通过对于自身身体资源的把握来确定"这块石头"的所指（一个很简单的例子便是：听话人得看着说话人的手指的指向，才能由此够知道"这块石头"指的是某位老教授）。不过，关于如何更明确地将这些具身性因素整合到自身的理论叙述框架内，现有的隐喻理论并没有给出具有指导性的见解（而认知语言学虽然重视隐喻的具身性面向，却缺乏对于这一理论倾向的算法化说明）。

第三，根据斯特恩的理论，听话人必须在语境 C 中确定："喻引［Φ］"到底指涉了哪些在隐喻意义上与 Φ 有联系的属性 P。但现有的隐喻理论也没有清楚地说明：如何确定语境范围的大小，以及如何保证对于这些相关属性的指涉活动所消耗的认知资源，不会超出认知系统在特定时间内的信息处理上限。

与之相比较，纳思系统则具备了解决这些问题的理论资源与刻画算法。

先来简要地看看纳思系统对于类比推理的处理方法。

纳思将类比推理视为三段论推理的一种变异形式。说得更具体一点，如果我们用 S 表示大项，用 P 表示小项，用 M 表示中项，用"→"表示判断中主、谓的联接，并用"↔"表示两个词项之间的类比关系的话，那么，四种典型的类比推理方式就是[1]：

表 10-1 四种典型的类比推理

类比推理类型编号	甲	乙	丙	丁
大前提	M → P	P → M	M ↔ P	M ↔ P
小前提	M ↔ S	M ↔ S	S → M	M → S
结论	S → P	P → S	S → P	P → S

上述四种关于隐喻的表述方式，显然带有浓郁的前弗雷格时代的词项逻辑气味，以至于一些读者或许会认为它们是很难被直接算法化的（除非它们首先按照现代逻辑的标准被加以改造）。然而，坚持某种带有亚里士多德气味的词项逻辑路线，并由此与主流的现代真值函项语义学分道扬镳，恰恰就是纳思研究进路的基本特征之一。下面笔者就简要来介绍在纳思系统中上表之内容的具体"落地"方案。

1　Pei Wang, *Rigid Flexibility: The Logic of Intelligence*, p. 100.

首先来看对于 S、M、P 这样的词项的刻画。一个纳思词项的意义，由其内涵（intension）和外延（extension）所构成。如果我们将系统的词汇库称为 V_K（这个词汇库可以随着系统语义经验的增加被扩容），将一个被给定的词项称为 T，将其内涵记为 T^I，其外延记为 T^E，那么我们就可以在集合论的技术框架中，将 T^I 和 T^E 分别定义为：

$$T^I = \{ x \mid x \in V_K \wedge T \to x \}$$

（意指：T 的内涵，为词汇库中所有成为其谓项的成员）

$$T^E = \{ x \mid x \in V_K \wedge x \to T \}$$

（意指：T 的外延，为词汇库中所有成为其主项的成员）

就此，在纳思系统中，一个词项的"内涵"与"外延"可以被落实为其在整个语义网中的拓扑学特征，也就是说，你可以仅仅根据联接一个"概念点"的系词联接线"→"的方向与所指来确定这个概念的"内涵"与"外延"是什么（譬如，处在"→"右边的概念就是处在其左边的概念的内涵，而处在"→"左边的概念就是处在其右边的概念的外延）。这样一来，关于"内涵"与"外延"的大量柏拉图式的哲学思辨（即将"外延"视为可感世界的一部分，将"内涵"视为可知世界的一部分），在此都能得到规避。甚至"→"本身也可以得到同样间接的定义。简言之，这种关系可以通过以下两个属性而得到完整的定义：自返性（reflexivity）和传递性（transitivity）。举例来说：

命题"RAVEN → RAVEN"是永真的（这就体现了继承关系的自返性）；

若"RAVEN → BIRD"和"BIRD → ANIMAL"是真的，则"RAVEN → ANIMAL"也是真的（这就体现了继承关系的传递性）。

说清楚了"S""P"与"→"各自的技术含义，我们又该怎么来理解"S → P"这样的命题的真值呢？需要指出的是，在"纳思语"的某个层面上，也就是所谓"Nars-1"的层面上，一个纳思语句的真值是由两个参数构成的：第一个参数 f 记录了使得该语句成立的正面证据 w^+ 在总体证据 w 中的总量（其计算公式是 $f=w^+/w$），而第二个参数 f 记录了认知主体对于 w 值的指派自身的确认度 c（其计算公式是 $c=w/(w+k)$，其中 k 是一个常数）。换言之，从纳思的角度看，对于一个处在"Nars-1"的层面或更高层面上的纳思语句来说，其真值的确定是离不开对于相关经验证据的搜集的。这就使得整个纳思系统的构建具有了鲜明的经验论色彩。

——那么，什么叫"纳思系统意义上的证据"呢？非常简单地说，对于一个命题"$S \rightarrow P$"来说，集合 $(S^E \cap P^E)$ 与 $(P^I \cap S^I)$ 中的词项（在此，"$\cap$"的意思是交集，而"$-$"的意思是差集），都是该命题的正面证据（即增大其成真机会的证据）；而在集合 (S^E-P^E) 与 (P^I-S^I) 中的词项，都是该命题的负面证据（即减少其成真机会的证据）。如果一个词项不属于上述所有集合的话，那么，它就既非"$S \rightarrow P$"的正面证据，也不是其负面证据——从这个意义上说，它就会被判定为与该命题不相关。很显然，由于纳思的整个语义网是随着系统的运作经验的积累而不断得到自动修正的，因此，哪些词项会被视为一个特定语句的证据或者非证据，最终还是会依赖于系统的语义获取情况。这就反过来使得任何一个纳思语句的获取都不像经典逻辑那样具有鲜明的二值性，而是具有了一种非常明显的"程度性"（也就是说，体现纳思语句真值的两个参数 c 与 f 各自都只是 0 与 1 之间的开区间中的实数，而不能够取 0 与 1 这两个极端值）。

而所有的作为前提的纳思语句在真值上的这种程度性，反过来又会导致在表 10-1 中所体现出来的诸种类比推理的结论句的真值也具有类似的程度性，而不是非真即假的。换言之，从纳思的立场上看，所有的类比推理本身的有效性，本身也是具有一定的程度性的，因此，所谓的"绝对有效的类比推理"实际上是不存在的。如果我们将类比推理句的结论句的真值写成 F_{ana}，并且将大前提与小前提的真值分别写成 (f_1, c_1) 与 (f_2, c_2) 的话，那么 F_{ana} 的计算公式就是[1]：

$$F_{ana}: f = f_1 f_2, c = c_1 f_2^2 c_2^2$$

由于所有的复杂语句都可以被还原为"$S \to P$"的简单句的某种递归结构（我们在此略去了如何进行这种构造的细节），所以，原则上，上面的公式就为所有的类比推理提供了可计算的"落地"方式。这也构成了纳思处理隐喻问题的技术基础。

接下来我们要讨论的问题是：纳思系统究竟是如何具有具身性，并因此在特定的语境中了解隐喻成分的指代对象呢？

这里需要指出的是，从纳思语的立场上看，来自身体的情境知识与来自系统语义背景的知识之间的界限是模糊的，因为二者都服从于某种宽泛意义上的"纳思逻辑"的推理规则。二者之间的界限仅仅来自其所处理的领域以及知识的来源之间的不同。而我们已经在对于纳思表述方式的最简单介绍中看到，纳思式表述方式并不像弗雷格式逻辑那样执着于"专名"与"函项"的二分，因为纳思语义网中的任何一个概念从某种意义上都兼具"抽象"与"具体"的两重角色——而对于其"抽象"或"具体"面向的凸显，又在相当程度上取决于其在整个语义网中的角色（譬如，如果一个词项的谓项集得到凸显的话，该词项就会显得是"具体的"，而当其主项集得到凸显的时候，该词项就会显得是"抽象的"）。这也就使得任何一种超越"纳思词项"的神秘外部对象（这种外部对象通常是专名的指称物），无法在纳思系统所预设的经验主义语义学中找到自己的位置。同时，这也使得纳思视野中的"外部对象"成为一种需要通过

1　Pei Wang, *Rigid Flexibility: The Logic of Intelligence*, p. 101.

某种能够被纳思系统所吸纳的原始经验而被加以重构的东西，而不是在语用背景中被给定的事项。

尽管在这里我们无法详细地讨论如何在纳思系统中重构外部对象的技术细节，但至少可以肯定的是：（甲）主流的人工智能技术中的感知信息提取技术——如人工视觉——也是采用了某种典型的经验主义语义学的（如从对于对象的海量二维视觉数据中构造出三维对象），因此，纳思系统在感知对象的构造上采取这样的立场，便是非常自然的事情了;（乙）毋庸讳言，无论是主流的机器学习技术，还是笔者在这里介绍的纳思技术，在"如何将感官知识与语义知识加以联系"这个问题上，还有很多具体工作要做。但这一点又恰恰从反面印证了建造一个能够像人类一样理解隐喻现象的人工智能系统的高度困难性——按照斯特恩的见解，"能够获取超语义的相关感知对象的信息"，恰恰是任何一个能够理解隐喻的智能体所必须具备的前提性能力之一。

第三个需要讨论的问题是：如果一个纳思词项 T 在语义网中可以被表征为诸多别的词项的主项的话，那么，在特定的语境中，T 的哪些谓项才可能被识别为与当下的隐喻表达相关的"真实含义"呢？或换个问法：在 T 的谓项数量非常多的情况下，我们怎么才能够在有限的时间资源内使得那些更为关键的 T 的谓项得到凸显呢？

对于这个问题，一种基于纳思系统的应当方式是这样的：

从宏观角度上看，整个纳思系统由两大部分构成：第一是逻辑部分，其内容是对于系统所可能运用到的语句类型所做的句法学和语义学描述。它还包括系统会用到的所有逻辑推理规则（这些规则对纳思系统的语言施以界定，并通过纳思式语义学得到辩护）。从总体上看来，这个部分将为系统的信息处理过程提供一个不可逾越的逻辑边界。第二个部分则是控制部分，它的主要任务是：在一个个具体的问题求解语境中，根据系统能够支配的资源总预算，在相关的问题求解方向上做出合理的预算分配。

下图为这些功能分工作了一个简单的演示（图 10-3）：

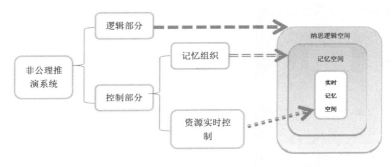

图 10-3　纳思系统的各构成要件的功能分布

说得具体一点，按照图 10-3，究竟 T 的哪些谓项会在一个语境中被识别为隐喻表达的真实含义，则取决于：（甲）将这一谓项视为语词的真实含义后，这样的解读在纳思系统的信息库中所获得的证据支持度；（乙）特定的任务在纳思记忆库中所激发的概念节点，是否能够导向对于 T 的某些谓项节点的激活；（丙）语境中所给出的那些感官层面的刺激（当然，这些刺激本身采用的是纳思系统可以接收的方式）是否会引导系统将注意力转向 T 的那些谓项。

如果按照上述理论描述，一个纳思系统在解读例句（5）（"这头海豹将自身的身躯拖出了办公室。"）时，其运作步骤或许是这样的：

步骤一　在听话时，系统的感官模块顺着说话人的手指方向进行信息采集，发现所指的对象不是海豹，而是一个人。

步骤二　因为纳思系统既存的语义库中没有足够的证据支持系

统将"海豹"视为"人"的谓项，所以系统会判断"人是海豹"的判断不成立。

步骤三 系统将"人是海豹"的判断自动"明喻化"，即设定说话人在以"人"为主语的纳思语句集中的某句与在"海豹"为主语的纳思语句中的某句之间建立起了类比关系。

步骤四 如果更多的语境信息与语义背景信息能够对可能的谓项进行筛选的话，那么系统会优先考虑将由此被遴选出来的两个谓项进行比对（不难想见，在"人"与"海豹"各自的谓项集均非常大的情况下，要确立"人"的哪个谓项与"海豹"的哪个谓项具有类比关系，显然需要大量的计算资源）。

步骤五 系统会将"海豹"的某个谓项 P 替换为"人"的谓项 P^*（只要替换项与被替换项之间已经被假定存在着类比关系），由此将"这头海豹将自身的身躯拖出了办公室"解释为"带有属性 P^* 的某个对象将自身的身躯拖出了办公室"，并计算该新语句的纳思意义上的真值（c, f）。如果真值达到一定阈值，则系统会自动将 P^* 设定为"海豹"的真实含义。否则，系统会重启上一个步骤，直到本步骤终结的前提条件满足。

很显然，这样的五个处理步骤将在相当程度上整合了包含斯特恩的隐喻理论在内的主流隐喻理论的合理之处，同时克服了其薄弱之处。具体而言：

（甲）无论按照"理论一"还是"理论三"的要求，为了获取斯特恩所说的关于隐喻的"辨别之知"，一个 NLP 系统必须有能力对包含隐喻语句的字面解读所产生的真值与其背景知识之间的矛盾有所察觉。而从纳思系统的立场上看，这一点是在上述"步骤二"中实现的，其具体实现方式是：纳思系统先发现对于目标语句的字面解读无法从既有知识库中获得足够的证据支持，然后再通过这种方式调低目标语句的真值（需要注意的是，在纳思系统已经采用了一种准内在主义语义学的前提下，调低一个目标语句的真值的真实含义，就是否定它与系统内的其他语句之间存在着比较高的融贯性）。

（乙）此外，无论是按照"理论二"还是"理论三"的要求，一个语词的隐喻含义必须已经预存于它的语义属性簇之中，而它之所以在某些语境中被凸显出来，则是拜特定语境因素的语义牵引作用所赐。而这种观点也在纳思系统中得到了部分的支持。在纳思系统之中，一个诸如"海豹"这样的以隐喻方式而被使用的词汇，在实质上就是一个以某种方式仅仅被凸显出其固有谓述集中某个谓述（如"黑色的"）的语义网节点——换言之，我们很难相信这个被凸显出来的谓述是系统的语义网中本来所没有的。一些批评者或许会担忧这种建模思路会导致系统的语义网自身的建设成本太大，但是应当看到的是，由于整个纳思系统的建设思路都是"非公理性"的，建设者根本不需要预先建立一个面面俱到的语义网。而在系统由于语义网内容自身的不完整而无法完成隐喻信息处理任务的时候，我们也允许系统通过人机对话等方式得到信息提示，并通过这种提示丰富其既有的语义网，甚至由此在某些经常使用的隐喻用谓述与相关主语之间建立起快捷的推理通道。

（丙）若按照斯特恩的隐喻理论的要求，一种合格的 NLP 机制必须包含对于语用学资源（而不仅仅是语义学资源）的把握能力，也正是基于此种观察，在他眼中，"理论一""理论二"与"理论三"在这方面都不合格。而对于斯特恩提出的这一理论要求，纳思系统则采用了一种别样的满足方式，即通过对于涌入系统之工作记忆池的实时感官信息的纳思式表征与高阶控制，来制造出一个"语用因素"与"语义因素"相互影响的顺滑界面。这种做法，既保证了语用因素的可计算性，并由此顺应了斯特恩提出的理论要求，同时又避免了斯特恩的理论所具有的将某些语用学因素外在主义化的倾向（不得不指出，这种外在主义化的倾向，本身已经为对它们的内部表征与计算制造了巨大的障碍）。

当然，由于篇幅限制，关于如何通过纳思系统实现对于隐喻信息的工程学处理，我们在这里给出的技术路径只具有"草案"的意义，其具体实现还需要更为细致的建模工作予以补充。不过，笔者坚信，我们的探索，至少已经足以展现基础理论研究与计算建模相互结合的思路与目下以机器学习为主流的 NLP 研究进路之间的巨大分歧了。

本章小结

本章讨论的"隐喻"实际上是属于广义的修辞学研究的范围的，而众所周知，至少在西方的理论传统中，修辞学的根苗至少可以上溯到亚里士多德的《修辞学》。同样众所周知的是，亚里士多德的修辞学本身就具有在城邦的政治生活中说服别人接受自身政治观点的现实作用，而这种能力本身又预设了说话人与听话人都具有理解彼此心理的基本心智能力。因此，从认知科学角度看，修辞的使用本身就是一种极为复杂的心智功能，对于此类现象的认知建模必然会以一些更为基本的心理能力建模为基础。从这个角度看，对于以隐喻为代表的修辞现象的 NLP 化处理，也应当是一个需要大量预备性工作加以奠基才可能完成的课题。然而，主流的 NLP 研究却似乎没有这样的耐心来完成这些基础工作。除了某些资本因素的介入所很难不导致的"急功近利"心态之外，如下全球学术产业分布的现状，也在为这种浮躁情绪推波助澜。这些现状包括：

（1）修辞学研究只是被广泛识别为语言学研究的一个分支，而该分支内的知识尚且缺乏对于其他领域的知识的穿透性。这就使得别的学科在需要调用此类知识的时候缺乏信息沟通的管道。

（2）修辞学自身的复杂性需要极为广泛的心智架构作为其当然的运用前提，但目下人工智能的研究与认知科学的研究相互分离的情况已经非常严重。像早期的诸如司马贺（Herbert Simon）这样的在人工智能与认知科学两个领域内都能游刃有余的科学"帅才"，目前已经凤毛麟角。

（3）甚至修辞学与哲学的结合也不是很紧密。西方虽然有《哲学与修辞学》（*Philosophy and Rhetoric*）这样的专业期刊[1]，但关于修辞学的哲学研究却依然很难说是"显学"。中国国内则连这样的专业期刊都没有。这也就是说，即使是在哲学这一中介的帮助下，修辞学知识进入其他学科的通道也不是非常通畅。

然而，正如笔者在本章中所已经指出的那样，研究者自身的知识短板与视野方面的局限，毕竟不会自动导致其所面对的问题的复杂性的降低——NLP 研究者对于修辞学问题的无知，当然不会使得修辞现象的复杂性自动消失。从这个角度看，至少就目前的情况而言，在 NLP 研究的惊人野心（或公众对于 NLP 的高度期待）与NLP 自身理论的薄弱性之间，无疑存在着惊人的差距。由此我们甚至能够做出这样的推论，最终导致通用人工智能理想实现的最大障碍，恐怕还是广大 NLP 研究者自身的傲慢与偏见，而绝不是诸如资金匮乏之类的外部因素。

好了，本书针对 NLP 的核心问题的讨论就到此为止了。现在将进入对于本书的总结。

1　该杂志官网：http://www.psupress.org/journals/jnls_pr.html。

机器人杰夫与查派何以说人言？

本书的讨论始自对于与人工智能相关的科幻影视的讨论。在本书的末尾，我们不妨再来谈谈两部此类题材的科幻电影。

第一部乃是美国电影《芬奇》（*Finch*，图 11-1）。这部电影说的是这么一则故事：地球因一场大规模的太阳耀斑摧毁了臭氧层，四处引发极端天气，同时白天温度上升到平均 66 摄氏度，令太阳的紫外线足以灼伤人体，最终导致地球成为不适合普通哺乳动物居住的荒凉世界。机器人工程师芬奇·温伯格（Finch Weinberg）是为数不多的人类幸存者之一，他独自一人与爱犬"好年华"、助手机器人"杜威"住在圣路易斯的地下实验室。芬奇身体每况愈下，自知命不久矣。此刻的他非常牵挂好年华在他死后的命运（电影在最后才解释了他为何如此在意这条狗：它本来属于一对逃难的母女，那对母女曾在芬奇眼前被匪徒残忍射杀，他却什么也没做。为了弥补心中的愧意，芬奇便收养了她们的狗，并将其命名为"好年华"）。为了能够继续照顾好年华，他努力打造了一台功能远比"杜威"强大的新人形机器人杰夫。具体而言，正因为他希望杰夫了解如何照

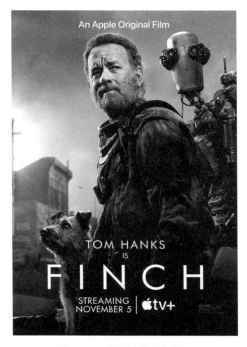

图 11-1　电影《芬奇》海报

顾狗，所以，他为它输入了大量关于狗的百科知识，以及如何在紫外线环境下生存的信息（顺便说一句，尽管作为机器人的杰夫并不怕紫外线，但作为动物的狗却怕）。不过，因为一场突然袭来的沙尘暴，杰夫的信息下载任务只完成了七成，就跟着芬奇上房车避难了。开着房车逃离陷阱的芬奇只能自己继续教它如何带狗，以及别的生活常识。他们此行的目的地是旧金山，因为芬奇坚信那里的紫外线是不致命的。最后芬奇赌对了，那里的紫外线果然不致命。但他的生命也快到了尽头。在最后教了杰夫几招逗狗的绝招之后，他在躺椅上默默死去了。杰夫为芬奇进行了火葬之后，带着小狗好年华通过金门大桥进入了旧金山。

　　《芬奇》是一部充满人文关怀的优秀科幻电影，不过从 NLP 研究的角度看，电影主创人员似乎低估了"让人工智能学会说人话"这项任务的难度。杰夫学习人类语言的方式貌似是这样的：它通过直接扫描与处理芬奇所提供的图书馆资料而建立起了一个内置的百科知识库。然而，我们并不知道这些信息在杰夫的信息存储系统内的表征方式。可能的表征方式有两种：

　　（一）这个百科知识库的组织方式或许类似于此类信息在人类认知系统中的组织方式——换言之，它们是按照一定的分类原则与层级管理原则而被放置到不同的"信息抽屉"中的（而这些信息抽屉本身则被放置到长期记忆库中）。当机器人的工作记忆要提取这些信息抽屉中的某些信息的时候，它是通过对于信息抽屉本身的"卷标名"的提取为中介来完成这项工作的。而哪些卷标名需要被提起，则取决于各种语境因素与工作记忆中所处理的信息流之间的相互作用的结果。

　　（二）抑或压根儿就没有这样一个已经具有严密结构的内置的百科知识库。毋宁说，杰夫整理信息的方式类似于 ChatGPT：它会通过某种"预训练"方式获取大量语料中不同语元之间的统计学关系，并通过内置于"编码器"与"解码器"中的"多重注意力头"来计算它在处理一个句子时应当如何分配施加到各词之上的注意力权重。换言之，按照如此方式工作的杰夫并不知道如何在一个比较高的层面去组织芬奇喂给它的百科知识，而只能将所有的语元打乱，在一个很低的层面上去不断利用这些语元之间反复浮现的统计学关系。这就好比说，一个人可以选择在吃苹果、生梨与李子的时候一个一个吃（而且他在吃这些水果的时候当然也知道自己在吃什么），但他也可以将这些水果全部用破壁机打碎，然后将半液体状的水果汁慢慢喝下去（在这种情况下他可能并不知道自己在吃哪种水果）。

这里所说的第一种水果的吃法就对应上述第一种知识组织方式（该方式保留了知识模块之间的高层次关系），而第二种水果的吃法则对应这里所呈现的第二种信息组织方式（该方式早已将知识模块之间的高层次关系全部碾碎、嚼烂了）。

虽然电影本身没有提供更多的线索，但我们更有理由猜测杰夫采用的是第二种信息处理方式。相关的猜测理由是：采用第一种知识组织方式需要作为信息输入者的芬奇做出更多的预备性工作，比如仔细检查他所给出的书本知识之间是否有逻辑矛盾，以及将所有的信息都处理成一样的格式以便机器理解。然而，很明显的是，在电影中，芬奇只是将图书馆里的资料一张张扫描下来输入给了杰夫，而没有做任何别的工作。需要注意的是，这种"书同文、车同轨"的工作之所以是不可或缺的，乃是因为如下因素的出现会对系统的知识组织活动构成困扰：且不谈不同年代出版的科学读物所展现的信息之间常见的逻辑矛盾，以及自然语言与信息系统的内部处理语言之间的差别，即使是不同的英语读物上出现的语言风格的差异也会对机器的信息处理造成麻烦。

由此，一个新的问题就冒出来了：一种按照 ChatGPT 式处理语料的人工智能系统，是否真能够像杰夫那样成为人类或狗的好伙伴？

在这个问题上，《芬奇》的主创人员似乎低估了将大语言模型的技术思路施加到具身机器人上的困难性。不过，读完本书前述章节的读者不应当持有这种乐观的预设。ChatGPT 式的语言知识与人类的语言知识的根本区别是：前者并不植根于一个特殊的身体，而是植根于对于从互联网上获得的海量语料的统计学平均意见。而二者之间的不可通约性又进一步体现为：独特的视角自然带有独特的视角，一种混杂了千万人视角的统计学平均意见则意味着"无视角"。因此，你或许可以指望这样的一个大语言模型能和你聊一些百科知识，却不能指望它能进入这种维特根斯坦式的语言对话：

"喂！给我一块石板！"

"哪一块？"

"就是你手边的这一块！"

——很显然，能够参与这样的对话的智能体显然得有能力理解何为"手边"的意思，而对于这一点的理解又牵涉到了对于某些稍纵即逝的语境性因素的把握能力。需要注意的是，ChatGPT 貌似也能处理"语境因素"，但这仅仅是指特定的词与其所在的语段中各个语元之间的统计学关系，而不牵涉到对于语言之外的感知因素：譬如对于基于身体的偶然性位置所导致的某种特殊视相的获取。此外，即使在所谓的"多模态"的大语言模型中，系统对于图像与文字之间关系的把握依然是基于统计学机制的，这就使得这样的系统依然无法把握偶然的身体站位所产生的偶然性视相与特定文字表达之间的微妙联系。而无法把握这种微妙联系的人工智能体，自然就不可能像芬奇所期望的那样，随时准备好应对在照顾小狗的过程中所可能出现的诸种偶然性境况。

那么，有什么科幻电影，能从一种更切近于"具身化"的视角来讨论人工智能呢？

——笔者想到的案例是《超能查派》（*Chappie*，图 11-2）。按照这部口碑颇高的小成本科幻电影的剧情设定，在未来的某天，南非的约翰内斯堡市犯罪率太高，市政府便委托某科技公司研发警用机器人协助治安。这些机器人的智能水平都较低，不具备通用人工智能，而且，公司的政策也不允许员工研发具有类人智能的产品。出于好奇心，该公司的优秀工程师迪昂便在家偷偷研发具有通用人

图 11-2 电影《超能查派》海报

工智能特色的人工智能产品，并以一台即将报废的机械警察为相关智能体的机械身体。不料迪昂在回家路上突然被本地帮派三人组绑架，他自研的产品也落入黑帮之手。黑帮老大威胁迪昂对这台机器人进行进一步编程以方便他们抢劫，并由此对抗警方的机器人，而老大的女朋友则将机器人唤为"查派"。然后，电影中最惊艳的一幕出现了：查派学习经验知识的方式竟然是类似于人类孩童的：具体而言，它本不会说英语，却具有人类孩童一般的好奇心，并通过紧盯住迪昂手表的方式让迪昂突然领悟到它对自己的手表感兴趣。于是，迪昂解下手表，递给查派，并教给它第一个英语单词 watch（手表）。而黑帮老大则忙不迭地教给了查派一堆黑帮的江湖黑话，以图让其尽快融入所谓的"黑帮文化"。

迪昂教给查派第一个英文单词的过程，其实包含了一条与主流人工智能非常不同的认知建模思路。我们首先能够在这个过程中看到大森庄藏的思路（见本书第六章）：在机器人学会任何一种自然语言之前，它必须先有一套内在的信息处理语言来应对其与外部世界之间的关系。而一种更接近于人类意义上的"注意力"机制的机器人的注意力机制（而不是 ChatGPT 意义上的注意力机制）也出现在了该环节中：机器人首先得注意到人类的手表，然后才能通过自己的身体移动将这种注意力的转移外显化，由此使得人类知道它的确在注意手表。

由此，查派的故事就牵涉到了在本书中被反复提及的另外一个因素：具身化。我们知道，ChatGPT 并不与一个能够移动的机械身体接驳，也未必一定需要在该意义上被具身化。不过，假若查派也在同样的意义上是非具身化的话，它就根本无法通过肢体的移动（比如用自己的机械手指指向手表）来让人类知道它对手表感兴趣。同时，在"具身化"本身已经被实现的前提下，具体的身体占位所导致的特殊感觉资料的展现方式，亦最终为前述"私人语言"提供了那些难以被还原为公共语言表述的特殊要素。这就为这样的人工智能系统学会带有强烈具身性因素的自然语言（如日语）提供了可能（参看本书第七章）。

查派的故事中第三个可以与本书的讨论思路呼应之处，便是它被教会了约翰内斯堡的地下黑帮的江湖切口与身体语言。这貌似不像是好事，但在逻辑上为一种真正带有地方风土色彩的人工智能技术的发展提供了可能。换言之，这就意味着人工智能完全可以被镶嵌到一个特定的文化之中，而不是成为某种中立于一切文化并努力避免冒犯任何一种特殊文化的"价值悬空者"（正如 ChatGPT 所呈现出来的那样）。也只有这样的人工智能，才有可能学会带有地方风土色彩的隐喻（参看本书第十章），按照"六书"原则创制出只有特殊圈层内的语言使用者才能理解的新汉字（参看本书第八章），以创新的方式使用汉语与日语中的量词搭配方式（参看本书第九章），并由此强化而不是模糊化特定文化共同体的"颜面"（参看本书三章）。

当然，有些读者或许会担心这种强化特定文化共同体之"颜面"特征的人工智能路线会使得某些带有强烈负面道德色彩的社会组织获得更强大的行动力，正如《超能查派》里的那个黑帮老大期望查派所做的那样。但任何一位看完这部电影的观众或许都不会过于高估上述情况出现的概率。毋宁说，即使是某种面向地方性风土共同体的人工智能，也无法忍受下面这种典型的不道德行为：系统性的撒谎。这是因为：相关人类用户对于附属于他的机器的系统性的撒谎必然会导致系统本身无法建立起一个具有起码自洽性的信念系统，由此导致系统无法运行——而电影中的查派之所以最后没有被黑帮老大"带偏"，恰恰是因为它最终发现了他告诉自己的那些信息与别的信源彼此冲突。这也就是说，带有特定的文化风土特征的信息处理习惯的养成，本身就意味着在相关的人文环境中某种起码的伦理特征的存在（比如，相关的人工智能系统就很难能在一个天天"指鼠为鸭"的恶劣伦理环境中稳定地工作）。不过，查派能够通过别的信息源反复核查主人喂给它的信息这一点，本身就意味着没有任何一个用户能够独占它的信息获取渠道。而这一点之所以是可能的，又恰恰是因为查派本身就是完全具身化的：它能走能跑，能问能说，并因此获得了更加丰富多彩的感官信息与证言信息。与之相较，不能走与不能跑的 ChatGPT 却只能依赖设计者向其提供的语料进行训练。因此，假若 ChatGPT 被大量误人子弟的语料（甚至是伪造的图片）告知太阳是绿色的时候，它是无法抬头亲眼看一下太阳以便验证这一点的——它本就无头可抬。

当然，可以自由地抬头看天的查派只是一种科学幻想的产物，而目前我们离制造出这样的机器尚且很遥远。不过，至少这是一种路向正确的幻想，而与之相较，ChatGPT 目前所获得的暂时性的成功却缺乏在未来被延续的坚实的底层逻辑。概而言之，ChatGPT 的设计者错误地将人工智能的语言处理能力仅仅设想为对于既有语料的统计学规律的挖掘，却浑然不知这些统计学规律乃是庞大的冰山露出水面的小小一角罢了。而在这水面之外，还有千万个具身化的智能体在与真实的物理环境与社会环境中进行互动的前语言过程——从抚摸地毯、品尝龙井到彼此会心一笑，不一而足。毫不夸张地说，一个无视这些"冰山之水下部分"的 NLP 研究者是无法真正让机器说人话的，而只能让其鹦鹉学舌。换言之，让人工智能体能够说人话，是一个极为复杂的认知建模工作最后结出的硕果。依据此思路，正如我们不能指望一个人类的孩童在学会正确地使用筷子（或获取类似水平上的身体智能）之前就能背诵张衡的《二京赋》一样，我们也不能将类似的期望施加到人工智能之上——尽管今天的 ChatGPT 恰恰是反其道而行之的：它好似数码时代的饕餮怪兽，将所有人类的语料（从幼儿读物到博士论文）不分先后深浅全部吞下消化，妄图通过暴力化的数学统计来把握"说人言"的奥秘。**不，这条道路只能通向表面上的成功，而不会带来长远的进步。**

笔者坚信，十年后读者再看到本书这句断语的时候，上面这个自然段的最后一句话还不会过时。笔者更希望在十年后，世界人工智能发展的主流已然回到上面这个自然段所描述的正道。

后　记

　　笔者的本行是英美语言分析哲学，因此，在大约 2006 年开始关注人工智能哲学的问题后，笔者就开始系统关注人工智能领域中的自然语言处理问题。本书便是笔者在相关领域的思考成果的结集。随着研究的深入，笔者逐渐形成了基于小数据信息处理技术的通用人工智能研究思路。笔者始终认为，自然语言处理的问题乃是一个广义的通用人工智能研究课题的子课题，所以，就像航空设计师不能在脱离对于飞机整体气动布局的研究的前提下将发动机的研发问题孤立出来，人工智能的研究者也不能在脱离具身化研究的前提下单独规划人工智能的言语能力。然而，在笔者刚提出这一想法时，学术界的主流意见还是这样的：通用人工智能乃是海市蜃楼，以此作为研究目标，未免显得过于不切实际。但令人惊讶的是，在笔者对本书进行最后修订时，"通用人工智能"这个标签竟然也随着 ChatGPT 的火热成为社会热词，因为很多人认为大语言模型本身已经铺就通向通用人工智能之路。对于这种现状，笔者感到心情非常复杂——这就好比说，你一直在等待后厨烹饪的宫保鸡丁现在终于被端上了餐桌，但几秒钟后你却立即发现，眼前的菜肴已经被调包为麻婆豆腐。或说得更直白一点，今日主流媒体所说的"通用人工智能"其实是名不副实的。在笔者看来，真正的人工智能应当像电影《超能查派》中的机器人查派那样，有能够移动的身体、内部的心理活动、能够随着自己的经历的增长来增加自己的知识量，并会随着周遭微环境的改变而改变自己的信念系统。但今日的 ChatGPT 却是无身体、无特定视点的，而且在知识获取上亦不会经历从幼年到成年的成长（比如，对于它来说，来自莎士比亚的语料并不比来自安徒生的语料更需要在"预训练"的阶段出现于更晚的阶段）——它所能做的，便是将所有的语料碾碎为"语料浆汁"一口吞下，然后鹦鹉学舌般地吐出大量的人类语言的模拟物。从这样的技术基础出发，我们其实是无法制造出能够理解特殊语境中的微妙因素的高效能机器帮手的，因为大语言模型的"大"本身就意味着对于特殊语境的特殊性的忽略。甚而言之，这样的模型越大，其"灵性"就会越差，正如浸淫于一个特定文化传统中时间越久的人反而会愈加排斥对于新事物的接受一样。

从这个角度看，真正的通用人工智能研究之路目前依然没有随着"通用人工智能"这词本身的火热而成为学术界所认可的"正道"。毋宁说，在现有的"通用人工智能"研究路向上投入资源越多，我们离真正的通用人工智能研究的目标就越远，正如牛顿在炼金术上浪费的每一个小时都会使得他越来越远离近代化学的正道一样。在笔者看来，批判性地指出科学研究在基本路线的层面上所出现的问题乃是科学哲学的基本职责，而在这种批判性评论的基础上为正确的路线的展开设置一些路标，则是上述职责的衍生性职责。希望这本小书在完成这两项职责方面所付出的努力，能够带给读者稍许启发。

本书的研究，得到国家社科基金一般项目"对于通用人工智能与特定文化风土之间关系的哲学研究"（项目编号：22BZX031）以及国家自然科学基金一般项目"探索研究 AI 伦理对科研环境的影响"（项目编号：L2124040）的资助。本书中与日语相关的讨论，得到我以前的学生宗宁先生的知识协助，在此一并表示感谢。

徐英瑾

2023 年 6 月 30 日于沪上寓所